すべてを電化せよ!

科学と実現可能な技術に基づく脱炭素化のアクションプラン

著/Saul Griffith
訳/鴨澤 眞夫

O'REILLY®
オライリー・ジャパン
Make:

ELECTRIFY

AN OPTIMIST'S PLAYBOOK
FOR OUR CLEAN ENERGY FUTURE

SAUL GRIFFITH

アーウィン、すべてにありがとう。

特に、私に希望と人生の目的を与えてくれたハックスリーとブロンテのことを。

目次

日本語版への序文

私が本書の英語版を上梓してから多くのことが変わりましたが、同時にまったく変わっていないこともたくさんあります。世界の炭素排出量は史上最多に達しました。これをただちに削減することは、われわれの急務です。それも、これまでより速く。現状を正直に評価すると、温暖化を１・５℃に抑えるというパリ協定での目標は達成不能です。それにはすべての国が、それぞれの目標を上回るような取り組みが必要になるのです。

アメリカはインフレ低減法（ＩＲＡ：Inflation Reduction Act）を制定しました。「すべてを電化せよ」法案とも言えるものです。私もリワイヤリング・アメリカ（Rewiring America）の創業などにより、その取り組みにいくらか関わることができ、誇りに思っています。需要側の機器――人々のクルマや家、家電製品は、ＩＲＡによって世界で初めて適切に評価されました。ＩＲＡはインフラ投資雇用法案（ＩＩＪＡ：Infrastructure Investment and Jobs Act）と共に、米国の気候政策対策の中核を成しています。ウクライナ戦争をきっかけに、米国は防衛生産法（ＤＰＡ：defense production act）も活用し、ヨーロッパをロシアのガスから切り離すクリーンエネルギー技術の製造を開始しました。DPAは私が本書で提案したものに近く、ヨーロッパだけでなく世界全体の脱炭素化を実現するでしょう。

ヨーロッパは2022／23年の冬が悲劇となることをエネルギーシステムの劇的な転換と効率化によって免れましたが、予想されていた通りの穏やかな天候に救われた面もあり、つまり我々は温暖化の話ばかりしているわけです。

ほとんどの自動車メーカーが2025年から2040年の間に化石燃料車の製造をほぼ停止するとの声明を発表しています。トヨタは数少ない例外です。

最近の研究では、再生可能エネルギーの豊穣、すなわち過剰供給は、再生可能で信頼性のあるエネルギーを100%にする現実的な方法として示されています。これは8章「23／7／365」で非常におおまかにモデル化して示したとおりです。その意味するところは、1日のうちのある時間帯や、1年のうちのある季節には、エネルギー、特に電力が非常に安くなるということです。

最近の研究としては他に、地球のエネルギーシステムの全面的な脱炭素化に必要な金属類、希土類元素、その他の構成要素が十分に存在することを示したものが出てきました。これは驚くべきことです。人類史上初めて、完全にリサイクル可能で排出もない、水系や生態系を損なうこともない材料によるエネルギーシステム、というものを想像可能になったのです。電化を通じ、持続可能性と循環経済という目標を達成する技術的な道筋がひらけ、しかもそれが人間の活動に厳しい制約を設けることなく実現可能になったのです。
私は2022年の後半に日本を訪れ、世界遺産に登録された熊野古道を歩きました。およそ150キロメートルに10日をかけて、時には千年以上前の巡礼道を歩きました。それは多数のソーラー設備が設けられた村々を結ぶことを常としていました。日本はこのエネルギー転換において世界をリードする文化を持っているように私には思えます。世界を脱炭素化するのに必要な高品質の機器を製造する方法を知っている現実的な人々、電化の容易な効率的な自動車と住宅、素晴らしい新幹線、そして私が世界で一番気に入っている自動車カテゴリー、軽自動車。この本のアイデアが日本の文化に根付き、日本が水素への過剰投資のような誤りを避けつつゼロ排出を実現し、世界中のゼロ排出技術の構築を助けてくれることを願っています。

ソール・グリフィス、2023年2月

はじめに

本書で私は気候変動の緊急事態に新しい角度からアプローチする。障壁ではなく解を探すのだ。気候変動の解決の味わいは少なくともニンジンのようであることが必要で、アイスクリーム味であれば最高だけど、苦痛なものでならないのは確かだ。苦痛ではなく後悔抜きの成功への道を示していきたいと思う。

気候変動論者やその対策に携わるあまりにも多くの人々が、次の問いから始める。「政治的に可能なのは何だろう?」。われわれの子どもを含めた沢山の人々を、より厳格な気候変動対策を求める抗議の行進に駆り立てたフラストレーションが、こうした傾向を招いたとも言えよう。しかし政治的に可能なことだけを狙うのは、始める前から野心にフタをしているだけだ。

本書では、何が政治的に可能か、という問いを後回しにして、まずは気候変動の解決に技術的に必要なことは何か、国の経済にも素晴らしいやり方であるものは何かということを問いかける。技術的に必要なことがわかれば、あとアメリカに必要なのは技術力、産業、労働力、規制改革、そしてクリティカルである金融の、集中的な動員である。すべてのステークホルダーが協調し、全国民のための最小コストのゼロカーボンエネルギーシステムの実現に努める必要があるのだ。

本書は完全な脱炭素化へのひとつの可能な道すじを詳しく解説する。完全ですきのない未来像を描こうと努めているため、私がクリーンエネルギー・ソリューションから良いところだけチェリーピックしていると思う読者もいるかもしれない。本書は技術動向には不可知論で望むつもりであるが、見込みのある技術的帰結の追求を捨てたわけではない。核融合は素晴らしいだろうし、二酸化炭素貯留は有効であろうけど、特定のアイディアを称えるために私はここにいるわけではない。私が支持する技術は、「準備ができており、かつ機能すること」という試験にパスした技術だ。

この〝機能する道すじ〟を一番よく要約すれば、「すべてを電化せよ」である。

本書は実際のデータに基づいたものであり、その大部分は、私が米国エネルギー省との契約によりまとめた、米国のエネルギー経済分析という前例のないものによる。こうした細部は、抽象的な概念ではなくむしろ世界を規定する認識可能な技術群のストーリーをもたらした。本書では、すべてを電化すると何が起きるか、ということについて、高解像度のビジョンを提供する。生活は変わるだろうか。驚くことに、答えは「すごく変わるとは言えない」だ。変化は良い方向に起きる：より清浄な空気と水、増進する健康、安くなるエネルギー、そしてより安定した送電網である。われわれ市民はアメリカンドリームで約束された複雑さや多様さの大部分を保持し続ける。これまで通りのサイズの家と車でだ。ただしエネルギー消費は今の半分である。これはゼロ・エミッションのために「効率化」を志向した1970年代的物語を吹き飛ばすサクセスストーリーだ。我が国が直面しているのは自ら遂行すべき変化であり、喪失ではない。

すべてを電化しながら最小コストのエネルギーを確保するにはどうしたらよいだろうか。まず、政策決定者は連邦、州、地方自治体のルールと規制を書き換えなければならない。これらは化石燃料の世界向けに作られており、米国がかつてないほど安価な電気を得ることを妨げているのだ。我が国は第二次大戦に勝つためにやったような、さまざまな技術ソリューションの生産拡大を大規模に実行する必要がある。イノベーションの気概を失ってはならない——とはいうものの、大きなブレイクスルーが必要なわけではない。何万もの小さなイノベーションとコスト削減が最終目標達成の鍵である。最後に、ゼロカーボンエネルギーシステムへの移行には低利の「気候変動ローン」による格安の資金調達が必要だ。資金が上位10%の富裕層にしかまかなえない状況では気候変動は解決不能である。全員を未来に連れて行くメカニズムが必要だ。我が国の歴史には先例がある。過去のアメリカは官民一体の資金調達の創始者だったのだ。これをイノベーティブに応用することで現代の我々も為すべきことを為せるようになる。

技術、金融、規制を適切におこなうことで、米国のすべての家庭が年間数千ドルを節約することができる。

このとき米国内では現在の3倍の電力を供給する必要がある。新しいルールによる新しい送電網（インターネットのように運用されるもの）を実現するのに必要なのはムーンショットの工学プロジェクトだ。私はこのために「送電網の中立化」が不可欠であると主張する。

われわれの子どもたちにふさわしい気候目標を達成するのに必要な産業動員は、その規模、スピード、範囲において第二次大戦での「民主主義の兵器廠」に匹敵するものが求められる。パンデミックと経済危機からの復活に奮闘する世界にとって、これほど多くの雇用を創出するプロジェクトというのは他にない。私がある経済学者と行った分析では、気候問題に積極的に取り組むことを選択することで、2500万人分の高収入雇用が国中のあらゆる郵便番号（郊外、田舎町）にわたって創出される。

これは簡単ではないし、政治的に不可能と言う人も多いだろう。しかしそれでも私は、それが可能であることを本書で主張する。地球は政治より大きいし、課題の規模に合わせて政治も変わる必要があるのだ。

この惑星上でのわれわれの将来は危機に貧している。億万長者たちは火星に逃げる夢を見てもいいかもしれない。しかしそれ以外の……、つまり残される我々は、戦わねばならないのだ。

1 希望の光

○二酸化炭素の排出をすべてなくすためには、ほぼすべてのものを電化することが唯一の現実的な選択肢となる。
○気候変動目標の達成には、家庭用の電気ソリューション（電気自動車、ヒートポンプ、屋上ソーラー）の導入率を100％にする必要がある。これは、あなたのゼロカーボン・インフラストラクチャである。
○炭素排出量を減らすためには、発送電インフラの大規模な整備が必要である。
○誰もがこのソリューションの一部を担えるようにするために、新たなファイナンスのメカニズム――各種の「気候変動ローン」――が必要だ。
○すべてを電化するには、電力は現在の3～4倍必要だ。この電気は、家庭、企業、電力会社を対等に扱う「グリッド中立制」で発電、送電、蓄電する必要がある。

○化石燃料への補助金や、再生可能エネルギーおよびクリーンなソリューションのコストを人為的に上昇させる規則や規制は撤廃されなければならない。
○地球の気温が2℃上昇することを許容した脱炭素化でさえ、予定通りに進めるためには戦時中のような産業界の動員が必要である。
○1・5℃の気温上昇に収めることは、マイナス排出技術の推進、大量排出量者の退場なくしては不可能だ。

本書は、未来に向けて戦うためのアクションプランである。気候変動への対処が遅れている今、私たちはエネルギーの需給双方での完全な転換に取り組まなければならない──「脱炭素化の終盤戦」である。世界にはもう時間がないのだ。

多くの政治家、活動家、学者、科学者を含め、多くの人々がすでにあきらめている。現状肯定の慣性の強さと、気候変動に対する否認が蔓延する中、私も絶望を感じることがある。しかし私はあきらめることを拒絶する。我々は化石燃料の利益代表者だけでなく、未来を救うために政治を変えるのは間に合わない、と考える人たちとも戦わなければならない。私はエンジニアとして、またエネルギーシステムの専門家として、データに目を凝らし、炭素排出量を地球を居住可能に保てるレベルに、未来の世代のために美しいまま残せるレベルに抑えるための、道筋を見出すことができる。もしアメリカがこれを正しく実行すれば、すべての消費者が生活費を節約でき、米国は何百万もの良質な新規雇用を創出することが、そして地域経済を再活性化させることができるのだ。

本書では、気候危機を回避するための、実行可能な道筋を描き出す。私が示す道筋は唯一のものではないが、気候の破局を回避するために世界をひっくり返す必要はないことをあなたに確信してもらえる程度には、詳細に説明することができるものだ。我々の手には、気候変動に対処する最後のチャンスがある。かすかな希望がある。そして今すぐ行動を起こさなければならない。

いまは脱炭素化の終盤戦である。これは、化石燃料の燃焼に依存する機械や技術を、二度と製造・購入してはならないということだ。電気自動車（EV）に移行せず、みんなでもう1台だけガソリン車を購入する、ということが可能なほどの「炭素予算」は残っていない。地下にガス暖房機をあと1台ずつ設置できるような時間も残っていないし、天然ガスの尖頭負荷発電所を新設する余地もない。石炭を使うものについては、余地がまったくない。電力会社でも、中小企業でも、あるいは家庭でも、化石燃料を使う機械を所有しているのであれば、それが最後の1台とならなければならない。

私の希望の光は、クリーンエネルギーの未来に対する障壁の多くが制度的、官僚的なものであり、技術的なものではないと知っていることだ。我々には気候変動に対処する技術的手段があり、自動車や快適な住居をあきらめることなく、きれいな空気と緑豊かな未来を手に入れることができる。だれもが気候変動への対処には奇跡が必要だと考えるようになっている。それは違う。ハードワークが必要なだけだ！　あまりにもお金がかかると言われてきたが、正しくやれば節約にすらなるのだ。懐疑論者は雇用の喪失を言うが、グリーンな未来の受容は、実は何百万もの雇用創出となる。多くの人が、クリーンエネルギーの未来では全員が不足の中でやっていかねばならないと信じているが、実際は、我々はより良いものを得ることになる。

この計画を達成するためには、当然ながら多くの障壁がある。私が技術的に必要なことについて語っていると、政治的な障壁について語ってくれる人がたくさんいる。無邪気または非現実的に聞こえたとしても、我々はこうした障害をひとつずつ――できれば一度にたくさん――除去する方法を考えねばならないのだ。政策立案者は、現在の経済的・政治的情勢ではこれこれのみが可能である、という思い込みを変えねばならない。彼らの野心が「政治的に可能なこと」に留まるなら、みんな絶望だ。

ありがたいことに、気候変動のためにストライキをしている若い人たちはあきらめていない。彼らおよびその他の、各々の役割を果たしている人々に感謝しよう。本書は、希望を持っている――そして戦う意志のある、あなたのための本だ。私は本書を、将来の需要が見えるものになるように書いた。それによって、あなたの政治家への請願が詳細に、ビジネスリーダーへの要望が具体的になるようにしたかったのだ。彼らが我々の望む未来への道筋を示さないので、我々がいまそれを示し、急き立てなければならないのだ。

私の挑戦は、技術的に必要なこととは何であるかを、最高の・収集しうるもっとも包括的なデータを基に、非常に詳細に回答することだった。技術的に必要なことさえ判れば、それを政治的に可能にし、経済的に実行可能にするにはどうしたらいいかという問題に、クリエイティブに取り組むことができるのだ。

友人の生物工学者、ドリュー・エンディ（Drew Endy）が皮肉るように、「人類史上初めて、90億人がこの地球上で繁栄するための技術を手に入れたのに、政治と制度が追いついていない」のだ。

我々の指導者たちのCOVID－19パンデミックの軽減失敗を見ると、気候変動への取り組みにもあまり期待できないだろう。彼らは危機に対する準備を整えず――科学者たちはずっと前から予測していたのだ――パンデミックへの対応を物の見事に失敗した。とはいうものの、COVID－19は我々に重要な教訓を与えた。COVID－19に成功裏に対処するために「平らにする」必要があった図1－1のカーブは、気候変動に成功裏に対処するために「平らにする」必要のあるカーブと同じ形をしている。とはいえ気候変動には、さらに難しい面がある。COVIDでは、ウィルスに20日先んじて対策する必要があったのに対し、

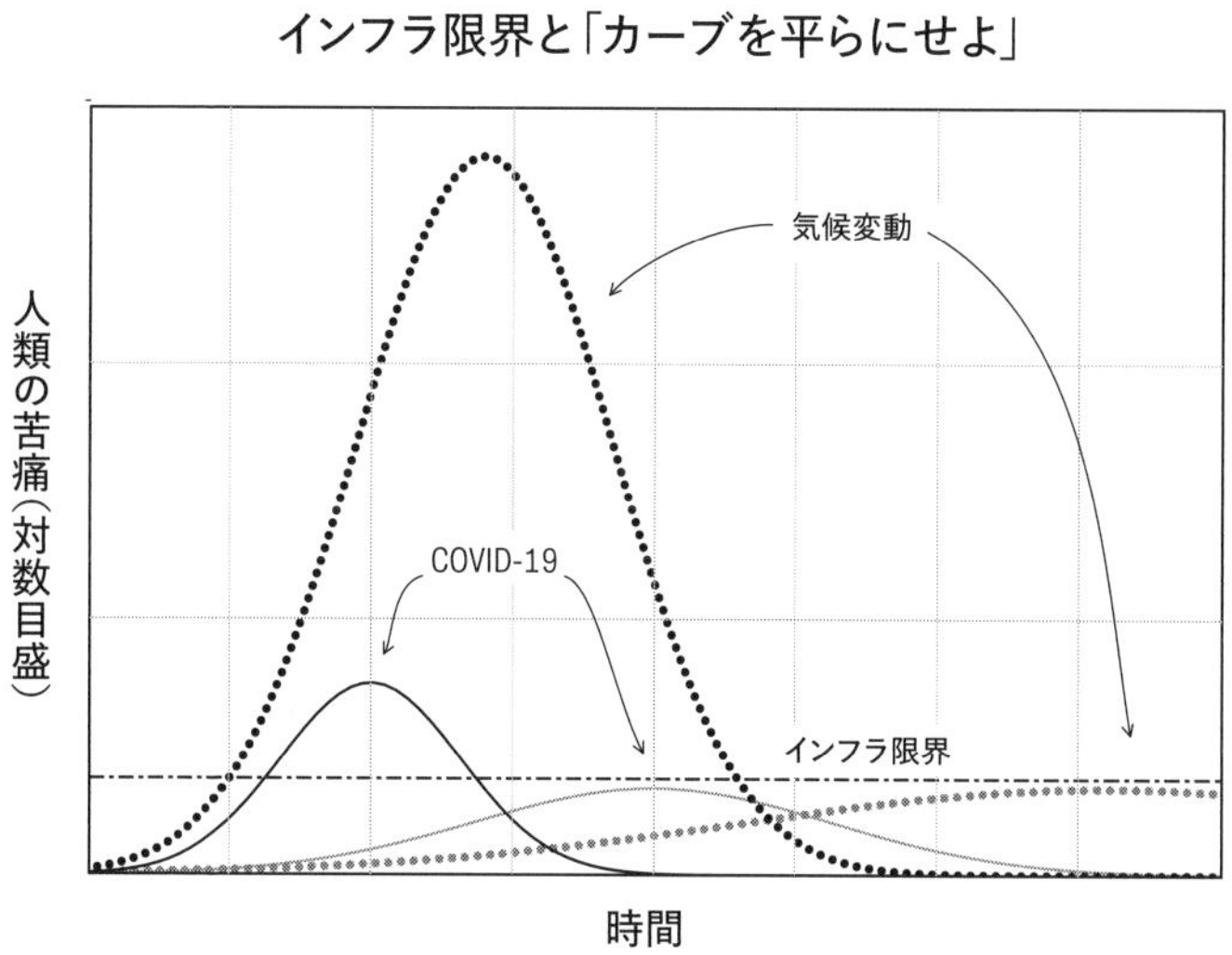

図1-1：カーブを平らにせよ！　気候変動はCOVIDと似ている。最悪の影響が明らかになるずっと前に行動する必要があるのだ。COVIDでは、数週間先立って行動する必要があった。気候変動では、数十年先立つ必要がある。COVID-19では、「インフラ限界」は病院のベッドだった。気候変動では、それは地球のライフサポートシステムだ。

気候変動では20年先んじて対策する必要があるのだ。どちらも事前準備と科学的根拠に基づく政策が必要な問題なのである。

いまやCOVID－19には複数のワクチンがあり、これを実現した科学者や技術者に私は感謝する。我々はすでに、気候変動を解決するためのワクチンも持っている。そのワクチンとは、クリーンエネルギー・インフラストラクチャだ。すなわち：風力タービン、太陽電池、電気自動車、ヒートポンプによる膨大な電化転換、そしてこれらすべてを結びつける、インターネット的な中立性を持った電力網の大幅な拡大だ。

ちょっと意外かもしれないが、政策立案者が要求される規模でのインフラ電化にコミットすることで、すべてのアメリカ人にとってエネルギーコストは低下する。特に、政策決定者がプロジェクトに適切な資金調達メカニズム（融資、インセンティブ、補助金など）を伴わせ、電化された未来を誰にとっても手の届くものにした場合の効果は非常に大きい。我々には、クリーンで緑豊かで繁栄した未来を享受するのに必要なレベルに二酸化炭素排出量を抑えるための、クリーンエネルギーの解決策がある。

私にはまだ希望の光が見えている。しかし、その希望を未来の現実にするには、いくつか決定的な問いを立て、それに答えなければならない。これが本書の焦点となる：

緊急なのは何か？：人間活動による二酸化炭素の排出は、地球を危険なレベルまで温め、想像を絶するほど多くの人々に害を与え、経済を破綻させ、戦争や大量移住を引き起こし、種を滅ぼし、環境を破壊する。「約束された排出量」、すなわち、すでに存在する機械によって燃焼される予定の化石燃料があるため、状況は一般に認識されている以上に緊急である。気候変動目標の達成を可能にするには、脱炭素エネルギーソリューションをほぼ100％の導入率とする必要があるし、それも今すぐ始める必要がある。これは現在実現可能なソリューションをただちに拡大する必要があるということであり、奇跡や未開発の解決策（空気中からCO_2を高い費用対効果で吸い出す技術とか）に期待してはならないということだ。これについては2章で解説する。

我々にインスピレーションを与えるものはあるか？：本書で紹介する計画はあまりに大胆不敵であり、ほとんど実現不可能に思えるかもしれない。しかし気候変動に関して、我々が自分を置くべき場所はそこである：不可能を可能にしなければならない。アメリカが恐るべき困難に取り組んで成功した歴史事例を見れば、不可能を必然に変える道筋が見えてくるはずだ。3章で論じるように。

我々の知識はどこから来ているのか？：過去40年間、政府機関や科学者たちは気候変動への対処に必要な情報を収集してきた。高度に詳細なこれらのエネルギーデータの理解により、科学者たちはいまや、どこで化石燃料エネルギーを脱炭素資源に置き換えられるか、その方法、またその過程で節約できるエネルギー量を知っている。4章で見ていく。

気候変動に対する考え方をどう変えるべきか？：この問題は、これまでのエネルギー危機とは異なり、効率の向上や現システムの単純な改善では解決しない。変革が必要なのだ。エネルギー利用パターンの歴史的推移には、すごいニュースが隠れていた：我々はライフスタイルを大きく変えることなく、慣れ親しんだものを手放すことなく完全に脱炭素化し、しかも現在の半分のエネルギーでそれを実現することができるのだ。クリーンエネルギーの未来は単純に良いものなのである。5章で紹介する。

やらなければいけないことは？：（ほぼ）すべてを電化することだ。供給側では、膨大な風力・太陽光（そしておそらく多少の原子力）の導入が必要だ。これらはすでに、天然ガスその他の化石燃料よりも安く発電できる。水素やバイオ燃料は、特定の用途（航空機用バイオ燃料など）を除き、主役になることはないだろう。需要側では電気自動車、ヒートポンプ、エネルギー貯蔵を大幅に普及させる必要がある。6章で解説する。

我々のエネルギーはどこから来るようになるのか？：我々のエネルギーは、ほとんどの場合、太陽その他の再生可能エネルギー源から供給されるようになる。人は想像できない未来を恐れるものだが、こうした恐怖を除くべく、7章ではエネルギー供給の基本的な物理学を概説し、未来のクリーンな電力供給がどのように行われていくかを描く。

1日24時間、週7日、年間365日稼働させる方法は？：明かりが消えるのは嫌なものだ。では、慣れ親しんだ高信頼のエネルギーをこのシステムで供給可能であることを保証するにはどうすればいいか？　8章では、この問いに答えていく。

インフラストラクチャとは何か？：多くの人は、インフラストラクチャについて時代遅れの概念を持っており、この言葉が道路、橋、ダム、送電線だけに適用されるものと考えている。これでは我々が築かねばならない新しい世界を表現するには不十分だ。バランスの取れたエネルギーインフラにとって、我々の家屋、自動車、暖房システムが不可欠であることを認識すれば、その購入資金の調達について新しい考え方が可能になる。消費者も、個人の気候影響の大部分がごく少数の頻度の低い決断により決まることを認識できるので、日々の小さな決断から開放される。これについては9章で論ずる。

こんな進路変更をする余裕が我々にあるのだろうか？：地球全体と国の経済を勘案すると、

アメリカにはクリーンエネルギーに「切り替えない余裕」がない。化石燃料とは異なり、再生可能エネルギーは安価で、しかも今後も安くなる。10章で解説するように、これらの技術がスケールアップすれば、クリーンエネルギーはかつて原子力エネルギーについて言われたように「計るには安すぎる」ものに、基本的にはなっていく。

お金の節約になるのか？：エネルギーが安くなれば、あらゆるものが安くなる。クリーンエネルギーへの移行が家庭ごとの家計に及ぼす影響を示すため、私は台所のテーブルを起点にして広げていくモデルを構築した。このモデルでは、クリーンエネルギーを正しく利用することで、消費者一人ひとりのエネルギー費用が節約できることを具体的に示している。これは11章でお見せする。

移行に必要な費用をどうやって払うのか？：たぶんより良い質問は、「どの程度の金利で払うのか？」である。これは、借入こそが気候変動へのインフラストラクチャの資金調達方法であるためだ。脱石油のための技術はすべて、初期資本コストが高く、燃料費や維持費といったライフタイムコストが安い。アメリカは、１９２０年代の自動車ローンの発明、１９３０年代の30年政府保証の近代的住宅ローン、ニューディール時代の地方電化などで、同様の金融問題を解決してきた。12章で論じるように、いまも同様の財政金融的解決策が求められているのだ。

過去の代償をどう支払うか？：気候変動活動家は我々の人生の終わりまで化石燃料企業と戦うことができるが、アメリカ人として団結し、こうした企業に100年にわたる貢献に感謝して、未来のための戦いに参加してもらうこともできる。13章を参照されたい。

どうすればルールを書き換えることができるのか？：我々は、化石燃料で動く世界のために作られた規制の遺産を背負って生きている。化石燃料への補助金が問題であることは広く理解されているが、より重要かつあまり知られていないことがある。政策立案者は、正しい行動の価格を人為的に引き上げている規制を撤廃する必要があるのだ。我々のリーダーは、アメリカが作りうる最高のエネルギーシステム、電気自動車、電気化された建物を奨励する、シンプルな規則を作る必要がある。14章で論ずる。

雇用と経済はどうなりますか？：COVID危機は、大恐慌以来の高い失業率を引き起こした。第二次世界大戦時の製造活動のように、アメリカはインフラへの――今回はクリーンエネルギーへの――大規模投資による新規雇用創出が可能だ。脱炭素経済への転換によって、何百万もの雇用が作り出せるのである。15章で示す。

我々はこの巨大な挑戦をやりとげられるだろうか？　前例はあるのだろうか？：第二次世界大戦の産業動員が、この問題を解決するための規模、困難さ、コストにおける、最も近い類型である。16章では、第二次世界大戦がどのように展開されたかを詳細に説明し、気候に関する今回の戦いに勝つ方法を探る。

気候は環境問題のひとつにすぎないのではありませんか？：その通り。たとえ気候変動を解決したとしても、海洋のプラスチック汚染、アマゾンの熱帯雨林火災、サンゴ礁の農業排水による破壊といったことは変わらず起きる。17章では、我々の生活の中を流れる膨大な物質のすべてについて見ていく。これにより、エネルギー消費量や二酸化炭素排出量を削減できる機会だけでなく、大量の二酸化炭素を吸収し、地球への影響を減らせる機会についても、どこにあるのか見えるようになるだろう。

炭素隔離、炭素税、水素など、すべてを電化することなく気候変動と戦う計画についてはどうでしょうか？：炭素隔離は量が多すぎ、炭素税はもはや手遅れ、水素は偽の神である。付録Aで解説しているが、これらは多少は必要ではあるものの、「刑務所から釈放」カードにはならない。

変化を生むにはどうすればいいだろうか?:戦争規模の動員努力には、誰もが個人的な努力と技能で寄与することができる。気候変動との戦いに勝利する唯一の方法は、闘い続けることだ。政治家や企業のリーダーに、「さらに上」を要求し続けるのだ。我々は妥協をひとつするごとに、気候変動との会戦にひとつ負ける。政治家が2050年に向けて目標を設定したら、あなたは2030年に向けた目標を要求する必要がある。産業界が天然ガス経由での移行を表明すれば、天然ガスをやっている時間はないと(そしてそれは天然でもなんでもないと)答える必要がある。中国やロシア、インド、ブラジルがやらないから何をやってもいいという人々がいれば、アメリカが他の国々に道を示すのだと答える必要がある。世界には、絶望により遅れるほどの余裕もない。絶望を希望に変え、希望を行動に移さねばならないのだ。ということを付録Bでは論じている。

あなたは誰?:私は科学者であり、エンジニアであり、発明家であり、そして子どもたちにより良い世界を残したいと願う父親である。そして子どもたちにも、地球とその生き物たちへの畏敬の念を感じてほしいと願っている。私がそれを楽しめたのは幸運だった。私はこの戦いに参加し、全力を尽くしている。データは言う。希望を持つことはまだ合理的であると——しかしあまり長いことではないと。我々はこの気候危機に大きく勝つことができる。しかしこれが最後のチャンスだ。もし勝てれば——勝つ以外に選択肢はないので、勝ったときには、と言うべきだが——我々はこれまでよりずっとよい暮らしを手に入れることができるのだ。

気候危機である。プラグイン！　電化せよ！

本書は主に、米国のエネルギーシステムに関連する温室効果ガス排出量の75％近くを占める部分の緊急事態について取り扱っている（米国は地球規模の問題を代表するものであり、本書は一貫して米国に焦点を当てているものの、普通は地球全体への分析を代替するものと考えてよい）。[*1] 残りの排出の由来は農業セクター（約12％）、土地利用及び林業（7％）、そして工業的な非エネルギー利用排出（7％）にある。本書で示すような気候変動対処のための総動員は、工業的非エネルギー排出の大部分への対処になるし、他の二つの排出にも多少の削減をもたらす。アメリカのエネルギー供給を脱炭素化することは、私たちがやる必要のあることの約85％にあたるのだ。私は信じねばならない。我々が問題の85％の解決にコミットすれば、賢く情熱的な人たちが残りの15％で持ち場を担ってくれることを。エネルギーと無関係な排出について、本書で時おり言及するにとどめているのは、これが理由である。

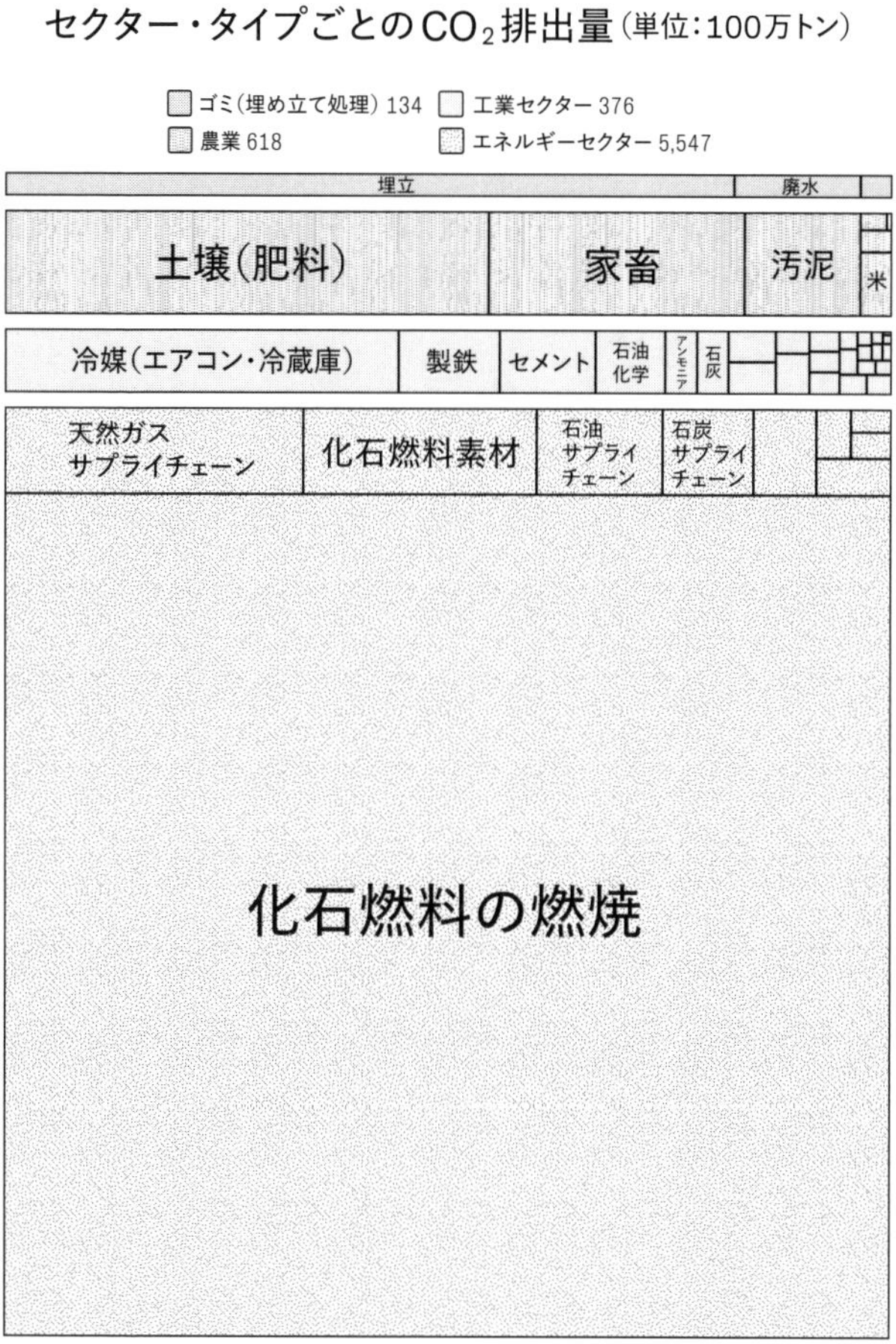

図1-2：本書が主として扱うのは、CO_2排出の最大要因、エネルギーセクターにおける化石燃料燃焼だ。出典：環境保護庁による米国の温室効果ガス排出量推定値より。土地利用による「負の排出量」は示していない。

2 時間は思ったより残されていない

○気候変動は多くの人の認識より緊急事態である。
○もっともよく提示されている排出量予測は、大気からのCO_2除去によって我々が急速に、今世紀後半には「負の排出」を達成することを前提としている。これはまだ成功の見込みがない。我々は奇跡に依存することはできない。
○「約束された排出量」――すでに存在する機械によって燃焼される予定の化石燃料――があるため、状況は一般に認識されている以上に急を要する。

気候変動について、科学は明瞭である。科学者たちは、すでに地球温暖化について膨大な記述をしている。彼らは現在の炭素排出量推定から将来気候を予測することができる。我々は確信をもって理解しているのだ。我々が環境と人類の破滅に向けて突進していることを(付録C「気候科学入門」参照のこと)。

科学についてはもはや議論の余地はない。科学に基づく議論だけではまったく十分ではない、という人もいる。科学的な進化論は150年以上前から存在し、反論不能な証拠があるにも関わらず、我々が自然プロセスにより進化したと信じるアメリカ人はわずか35%程度である。2019年末、私はケニアのリフトバレー(初期の人類が進化した場所)に住む友人、ルイーズ・リーキー(Louise Leakey)を訪ねた。彼女の家族は、何世代にもわたって人類の進化の起源を研究してきたのだ。ルイーズが私の6歳の娘に、100万年前の頭蓋骨にあらわれているいくつもの特徴を示していくと、非常に明白なことが浮かび上がっていった――疑う余地は本当にあまりないのだ。

地球温暖化の科学的根拠を疑う人たちにとっても、炭素ゼロの未来を目指す努力を支持する理由は存在する。つまり、それは我々全員のお金を節約し、経済全体を向上させ、空気をきれいにし、健康を増進させそうなのだ。とはいえどんな証拠を示すかにかかわらず、我々は幅広い合意なしに気候変動を解決しなければならない可能性が高い。文化は科学より動きが遅いからである。

我々が緊急事態にあることを認識する人は、政治的立場に関わらず、世界中で増え続けている。ローマ法王、[*2]ダライ・ラマ、民主党の多くの指導者、ミット・ロムニー、マイク・ブラウン、リンゼイ・グラハム上院議員などの共和党員、[*3]ユース・クライメート・ストライカーズのような若い活動家、エクステクション・リベリオンのような古株の活動家、民主党や共和党の若い世代[*4]などである。世論調査によれば、アメリカ人の大多数は政府が気候や環境を保護するために十分なことをしていないと考えている。[*5]また国連の気候変動枠組条約事務局長であったクリスティアナ・フィゲレスのようなエスタブリッシュ層の人物ですら市民的不服従を呼びかけており、[*6]ジェーン・フォンダはこれにより何度も逮捕されている。[*8]

気候災害を緊急事態と考えるかどうかは、住んでいる場所、暑さ、海面上昇の程度によるだろう。私の意見は、そして事実上すべての科学者の意見は、これは確実に緊急事態である、である。

○あなたが（私と同じ）オーストラリア人である場合、1℃の温暖化が引き起こす火災、洪水、人間や野生動物の死亡数、干ばつは、すでに破壊的なものとなっている。2020年1月の山火事では2500万エーカーが焼け、10億匹の動物と2ダースほどの人間の命が失われたものと推定されている。珊瑚礁はすでに死滅しつつある。2℃（3・6℉）での影響は恐ろしいものとなるだろう。

○あなたが（やはり私と同じ）カリフォルニア人である場合、メガファイアの増加による死者、家財の損壊、移住、大気汚染の増大を目にすることになる。
○あなたが低標高の島嶼や、バングラディシュのような数億人が氾濫原に居住する地域に住んでいる場合、1・5℃上昇なら困難な、2℃であれば壊滅的な、鉄砲水、水位上昇、水質汚染、疾病、生命と家屋の喪失が広範囲にもたらされるだろう。
○ニューヨークのような低標高の都市部に住んでいる人の場合、その都市が2℃での海面上昇に対応した防潮堤を構築することは可能であろうが、荒天時の高潮による洪水は避けられないだろう。そしてこうした防潮堤は、他のことに使えたはずの予算の象徴となるだろう。
○マイアミやフロリダキーズに住んでいる場合、2℃上昇によってビーチが完全に様相を変えるだけでなく、不動産が（その価値とともに）沈む可能性が高いだろう。
○カナダ内陸部やロシアのような土地に住んでいる場合、3℃上昇はなかなか悪くなさそうだし、農業の改善まで起きるかもしれない。しかしここには、何億もの気候難民があふれる世界で感じるであろうプレッシャーや、世界の食料システムへのストレスにより発生する衝突が示されていない。
○あなたが気候変動によって絶滅の危機に瀕しているおよそ1／3の生物種（人類の食糧供給を支えているミツバチその他の受粉媒介者を含む）のどれかであれば、温暖化がまったく起きないことがベストであることに同意するのではないだろうか。

○あなたが農家であれば、変化する天候パターン、シーズン、さらには作物の生存率といったものに、すでに対処していることだろう。

○保険会社であれば、気候変動災害後の再建築のための保険の販売をやめているところだろうか。それがまた起きることは判っているから。

○医療関係者であれば、気候変動がパンデミックに似た公衆衛生上の問題であり、さらに、将来のパンデミックを引き起こすことを理解しているはずだ。こうした影響により、すでに年間数千人が死亡し、何兆ドルもの医療費がかかっており、[*8] その影響は年々悪化しているからである。

○もしあなたが今日生まれた子どもで、2100年まで生きるとしたら、そこは数億人が避難を強いられる海面上昇2〜10フィート（約0・6から3メートル）が予測される世界だ。この言葉を発音することはまだできないかもしれないが、未来のあなたは知っている。あなたが緊急事態のさなかに生まれてきたことを。

○あなたが軍関係者であれば、気候変動が国家安全保障の最大の脅威であることをすでに認識しているだろう。これは、気候変動がより多くの難民を生み出し、サプライチェーンを細らせ、小さな地域の不安定を地球規模の不安定へと移行させるからである。

気候変動によるこの世の終わりみたいな本をもう一冊書くのは簡単だ。それはやめて、私はより良い世界への明確な道筋を、想像力のギャップを埋めるのに十分なほど詳細に示すことにする。私の希望がここにある。科学に基づき、技術的に可能なことを書く。

しかしまず最初に、なぜ行動のタイムラインが一般に考えられている以上に差し迫っているのかを見てみよう。

いますぐ行動が必要だ

そう、今でなければならないのだ――10年後でも、1ヶ月後でもなく。われわれはすでに、1・5℃～2℃の気温上昇を経ずに世界のエネルギーインフラをシフトできる最後の瞬間に至ってしまった。気候変動に対処し、未来をより良いものにする機会を、我々はかろうじてまだ持っている。

2016年のパリ協定は、今世紀の世界気温の上昇を産業革命以前と比べて2℃に抑える一方で、気温上昇をさらに抑制する努力を進め、1・5℃上昇にとどめることで気候危機を回避することを目指している。[*9] 1・5℃と2℃という目標は技術的であると同時に政治的であり、単に切りの良い数字であるがために選ばれたという面もある。気候変動を摂氏温度で表現するという選択はチャレンジングだった――アメリカには、華氏で1度や2度なら大したことなく聞こえがちという言葉の問題があるのだ。このため本書では、華氏と摂氏の目標値を併記するようにしてある［訳注：日本語版ではこの問題はないので、多くは摂氏温度のみを記した］。

こうした合意で提唱された排出目標を達成できる場合にすら、我々の望む気候安定化の達成には失敗する可能性が相当ある。2018年、国連の科学者たちが気候変動に関する世界的な知見をまとめた「気候変動に関する政府間パネル（IPCC）」は、パリ目標の1・5℃（2・7°F）の達成は可能だが、それには「社会のあらゆる側面で、急速かつ広範囲の、前例のない変化が必要」と結論付けた。[*10]

同報告書は、この目標を達成したいのであれば、行動に使える時間が「12年間である」と予測している。この報告書が出されたのは2018年であり、2019年、2020年、2021年と、本当に状況を改善するようなことは何もしなかったため、いまや2030年までに人類の排出量を半減させるには8年の猶予しかない。IPCCは、温暖化を1・5℃に抑える（すでに野心的な目標である）だけでは、大規模な旱魃、飢饉、生物種の漸次的絶滅、生態系全体の喪失、居住可能地の喪失をもたらし、特に中東とアフリカで1億人以上が貧困状態に陥ることを警告している。[*11]

これは完全に現実である。なにしろ同IPCC報告書は、人類がこの目標を達成するために、炭素隔離などの「負の排出」技術を開発することに依存しているのだ。しかし現時点では、こうした技術は実用的な規模では存在しない上、効果が費用に見合うものになることはないことが強く示唆されている。[*12] 我々は気候目標の達成のためにファンタジー技術に頼ることはできないのだ（または、いつか大気からCO_2を吸い出せるかもしれないから化石燃料の燃焼を続けてもよい、と主張することはできないのだ）。いま現在使える技術による2℃の達成を狙う必要がある。現行の技術にはそれが可能である。ただし、直ちに投入すれば。

排出目標を達成できなければ、引き返すことのできないティッピング・ポイントを迎え、気候を安定させることは不可能になる。ティモシー・レントン（Timothy Lenton）らが最近の論文で強調した通り、こうしたティッピング・ポイントについての研究が進めば進むほど、それがこれまで考えられていたより早期に起こること、考えられていたより大きな混乱をもたらすことが理解されてきている。[*13] 気候のフィードバックと鋭敏性――氷河の溶解が予想より急速なこと、アマゾンの森林伐採の影響、北極ツンドラからのメタン放出、火災による炭素放出など――についての知見から、我々がすでにこうしたティッピング・ポイントに危険なほど近づいていることが判っているのだ。我々はすでにグリーンランドの永久凍土を失ったと論ずる科学者もいる。[*14] 政治上の変革なり技術上の奇跡なりを待ち続ける1年1年が、惑星の健康の恐ろしい帰結に繋がっているのだ。この気候反応上の緊急事態は、ジーク・ハウスファーザー（Zeke Hausfather）[*15] およびロビー・アンドリュー（Robbie Andrew）[*16] の分析と図表によりもっともよく示されているので、これらより作図した物を図2－1に示す。

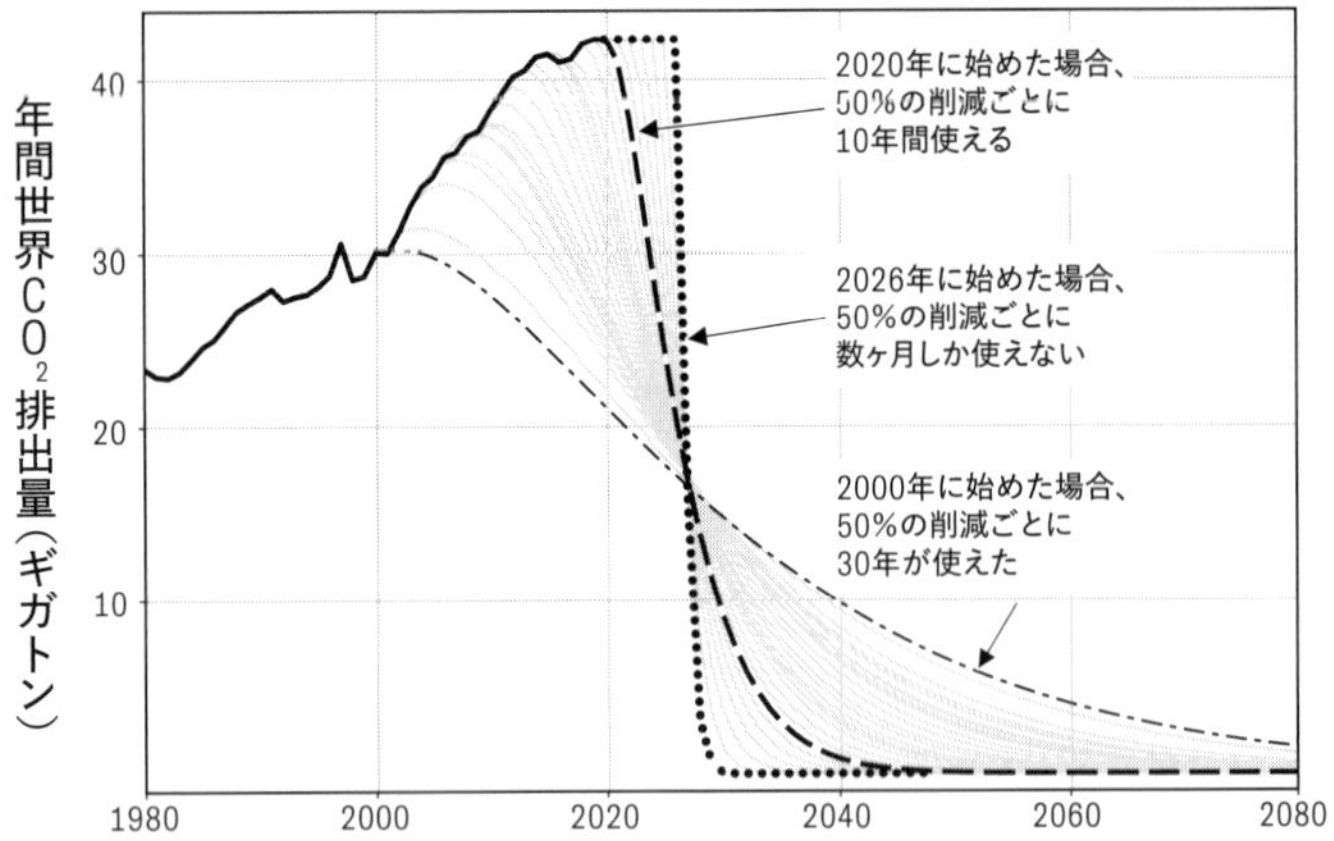

図2-1:1.5℃の世界を達成するのに必要な削減曲線(ロビー・アンドリューのデータより作成)。図の通り、排出量の削減期間はもう残っていない。このままでは、必要な気候目標を達成するチャンスには手が届かなくなる。

図の見方は次の通りである。この当然のプロジェクトは、もし2000年に始めていれば、年率4%の排出量削減で1・5℃の目標を達成できた。いま2021年から始めると、年率10%という猛烈なスピードで排出量を削減する必要がある。さらに4年後まで待った場合、残った炭素予算の半分を使い切ることになる。これは8年後には完全に消滅する。とにかくすぐに始める必要があるし、我が友ジョナサン・クーミー(Jonathan Koomey)の言葉で言えば、「10年ごとに排出量を半減させ」なければならない。私はもっと強力な取り組みが必要になるだろうと考えている。

約束された排出量

我々には10年ある、という考えは、「約束された排出量」のことも忘れている。これは、耐用年数を通して二酸化炭素を排出するインフラストラクチャに、すでに投資してしまったためにロックされている排出量のことだ。ひとつの例はあなたのクルマだ。ガソリンを燃やすが、電気自動車に替えるには新しすぎるのだ。

今日まさに建設されたばかりの化石燃料発電所は、我々が停止させない限り、50年かどうかするとさらに長期にわたってCO_2を排出するだろう。昨日購入されたガソリン車やガス暖房装置は、おそらくあと20年はCO_2を吐き出し続けるだろう。こうした約束された排出量により、我々はすでに1・5℃の上昇を通り過ぎ、2℃上昇の崖っぷちの近くまで来ている。[*18] 真顔にならざるを得ないではないか。本日いまから買うものについて完璧な判断を取り続けたとしても、すでに1・5℃の目標は達成できないのだ。

たったいま学んだことを反映させよう：我々は戦い始めたのが遅かったためゲームはすでに終盤戦であり、化石燃料燃焼機器を退役させたときは、「必ず」脱炭素機器で置き換えねばならないのだ。これはエネルギーを使用するすべてに対し、また全員に対して適用されるものであり、個人であれ、電力会社であれ、一般企業であれ例外はない。そう、全員が脱炭素ソリューションを要求されるのだ。理論的には、最悪の排出源となっている石炭発電所を耐用年数前に退役させられれば、我が国ではこの計算が少しは変わるはずだ。しかしこれは、アメリカが化石燃料燃焼機器を完全に排除する必要がある、という事実をいささかも変えるものではない。

受容率100%

このシナリオ、エネルギー利用機器を、退役時にすべてゼロカーボン排出機器で置き換える状態を受容率100%と呼ぼう。現在のところ、自動車が耐用年数に達したときにEVに置き換わる可能性は高くない。10人に一人がEVを買うとすれば、このときの受容率は10%である。あなたのクルマのような機械は長い寿命を持つ。これは、伝統的なガソリン駆動自動車が長期に渡って現役のままであるということを意味する。しかし、排出量を減らさねばならないために、我々の世界はこうした遅い受容率に、もはや耐えられない。全員が電気自動車を買う必要があるのだ。同様に、すべての電力会社の発電機器は天然ガスでなくソーラー、石炭ではなく風力である必要がある。さいわい、このプロジェクトはあなたが思っているであろう状態よりは進んでいる。2018年には、世界の新規発電所の66%は炭素排出ゼロの再生可能エネルギー発電所であった。[*19] これは良いことだが、まったく十分ではない

――いまや１００％の受容率が必要であることを考慮すれば。この完全な受容率が、我々に最終的に必要な「終盤戦での脱炭素」には必須なのである。

えらいことだと思われるかもしれないが、今日ＥＶを買いに走れと言っているわけではない。次にクルマまたはその他の機器を買い換えるときは、CO_2排出のないものにすべきである、と言っているのだ。あなたのクルマが最終的に死んだとき、次を電気自動車にすべきだということだ。「コンシューマレポート」によれば新車の期待寿命は８年間・15万マイル（約24万キロメートル）であるが、メンテナンス状態の良いクルマはずっと長持ちだ――私は１９６３年のランドローバーを持っており、走行距離は40万マイル（約64万キロメートル）でエンジンは新品だが、次のエンジンはモーターだ。こんな古いポンコツですらそうなる。同じロジックが温水器に、暖房装置に、ストーブに適用される。屋根にも適用される。ソーラーアップグレードが必要なのだ。同様に、ゼロ年代中頃にあなたの地域に建設された天然ガス発電所が明日退役することはないだろうが、それは寿命の終わり、おそらく２０４０年から２０４５年には、退役させなくてはならないのだ。いまからロビー活動を始めよう。

温水器は10年持つ。冷蔵庫、12年。乾燥機、13年。屋根材、15年。焼却炉、18年。乗用車やトラック、20年。サーモスタット、35年。発電所、50年。[*20] 気候変動アクティビストが人々に、いかに上手にグリーン技術の購買を説得できたとしても、既存の機器の自然寿命より早い脱炭素化は起こりそうにない。化石燃料燃焼機器を電化品に可能な限り高速に置き換える

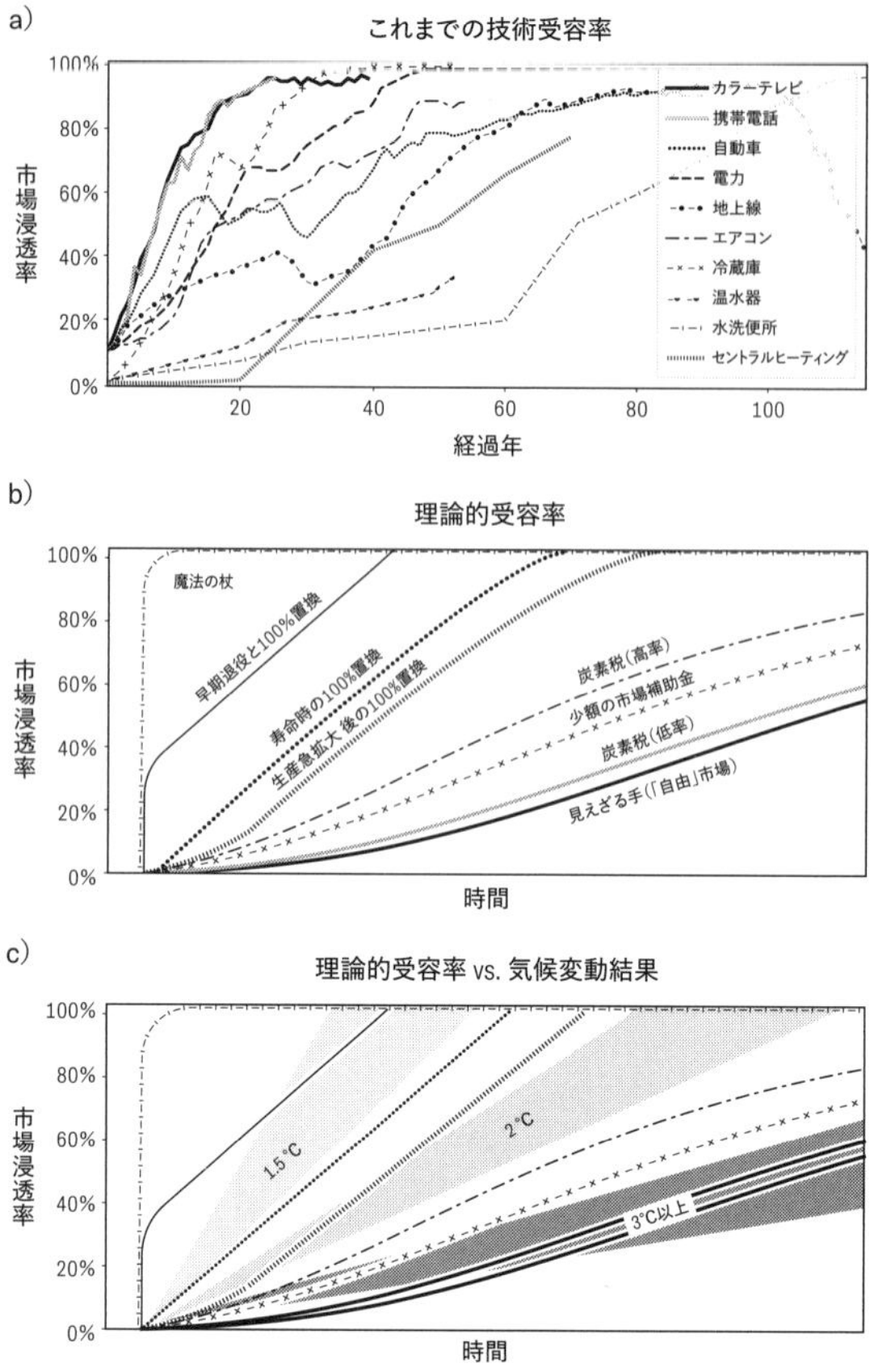

図2-2：a)これまでの技術受容率。急速に受容されたイノベーション(携帯電話など)ですら市場を飽和させるまで20年かかっていることに注目してほしい。b)さまざまなマーケットドライバーに対応した定性的な受容率シナリオ。「自由」市場アプローチはどれも遅すぎる。気候目標の達成には100%の置き換えが必要なのだ。c)受容率シナリオと気候変動結果の重ね合わせ。気候目標の達成には寿命時の100%置き換えが必要である。

には、下取りプログラムや補助金といったインセンティブが必要なのはこのためだ。

　最大の汚染源となるインフラストラクチャを寿命が来る前に停止すれば、少しだけ時間を買うことができる。ある人々が化石燃料発電所、特に石炭電力の早期退役を推進しているのはこのためだ。とはいえ、消費者、電力会社、およびその他の組織にはサンクコストがあるので、化石燃料依存インフラストラクチャの早期退役には強力なモチベーションが必要だろう。新しいＥＶに置き換えるのが簡単になるような財政的インセンティブがない限り、あなたが今のガソリン燃焼車をあきらめることはないだろう。

　１００％の受容率は、義務付けとそれをバックアップする強力な財政インセンティブによってのみ達成可能である。市場の力だけでは、新しい技術が多数を占めるようになるまで数十年かかる。市場シェアは年ごとにゆっくりとしか上がらないからだ。電気自動車は２０１８年には依然米国の自動車販売の２％の売上を占めたにすぎない。２０１９年のカリフォルニアでは全自動車の5％に達するが、これがテスラの創業の15年後、ＧＭが最初の電気自動車ＥＶ１の製造を取りやめてから20年後の現状なのだ。我々には物理的・産業的に可能な限り早く、ＥＶおよびその他の無排出車が、自動車販売の１００％になることが必要なのだ。我々は未だ年間１００万台の国内ＥＶ生産にすら達していないのに、新車販売市場は乗用車、トラック、ＳＵＶ、ミニバン合わせて年間１７００万台もあるのである。

　１００％の受容率という課題は、みんなで本気で解決しなければならない大きな葛藤をもたらす。我々の知る「自由市場」は、気候変動を2℃以下に留めることに適しておらず、1・5℃以下となると絶対に不可能であるからだ。政府介入に向けた地ならしか何かのように聞こえるかもしれないが、そうではない！　私は技術的に必要なことを書いているだけだ。トイレが壊れた人が電話してきて、どうしたらいいのか聞かれたら、「自由市場が直しますよ」なんて私は言わない。水道屋に電話しろと言う。ここでは世界が気候変動に直面しているのだ。自由市場のソリューションにどれだけ期待しても、動作の遅い自由市場に頼っていては手遅れだという事実は変わらない。いま我々のインフラストラクチャを直すため、いま水道屋に（電気技術者に、エンジニアに、メーカーに）電話する必要があるのだ。

ここで言っていることは、ビジネスと市場に役割がないという意味ではない。これらはクリティカルだ。しかし緊急事態に際しては、イデオロギーは脇に除けておくしかない。母なる地球と見えざる手が腕相撲をすれば、彼女が必ず勝つ。友人の経済学者、スキップ・ライトナー（Skip Laitner）が言うように、自由市場にはときどき、尻を蹴飛ばしてくれる見えざる足が必要なのだ。すべてのプレイヤーが緊急に行動し、持ち場で役割を果たさねばならない。個人、政府、企業体、そして市場——我々にはすべて必要だし、すべてが協調して動く必要がある。

続く各章で述べるように、気候の非常事態への緊急対応は、考え方としては単純だ‥

○エネルギーの供給と利用の大部分を電化しなければならない。その電力は自然エネルギーまたは原子力によるものでなければならない。
○重量級のインフラストラクチャだけでなく、個人的なインフラストラクチャも転換する必要があり、それは家計の購買決定により形成される。
○あなたの次のクルマは電気自動車でなければならない。暖房装置はヒートポンプでなければならない。屋根にはソーラーパネルが必要だ。これがあなたの個人的脱炭素インフラストラクチャである。
○こうした転換を市場の力だけでは不可能なほど速く進めるように、我々は政治家に要求しなければならない。
○産業界には戦時動員のようなピッチでグリーンテクノロジーを増産するインセンティブを与えなければならない。
○銀行や政策立案者は新しい融資メカニズムを考案し、誰もがこのソリューションの一部を担えるようにしなければならない。

我が国を脱炭素化し、クリーンエネルギーに転換することは、あらゆる郵便番号区域での雇用創出につながる。製造業、建築業、設備業、インフラ産業、農業、林業でそれは起きる。これは都市を活性化し、郊外を若返らせ、地方の町に活力を取り戻すチャンスなのだ。活力と誇りあふれる数千万もの良質な新規雇用により、われわれは第二次大戦後に享受したような、裕福であらゆる人々を受け入れる中産階級を再生することができる。アメリカが正しくやれば、すべての人々のエネルギーコストは下がる。すべての人々に、この戦争で果たすべき役割がある。

我々はいま、20世紀のすべての緊急事態を合わせたほど困難な気候変動危機に直面している。類を見ないほどのスピードと資源をともなう大動員が必要なのだ。あなたが心配し、恐れ、あるいはもっとひどい気分にあることは間違いないだろう。それは当然ではあるのだが、しかし我々は何もしないわけにはいかない。そして次章で述べるように、これは世界を、そして我々の経済を、全員にとってよりよいものとする、またとないチャンスでもあるのだ。

3 緊急事態は恒久変化のチャンス

○これまでにアメリカが直面してきた数々の緊急事態は、気候変動をしっかりと回避するのに必要なことの手本になってくれる。

○合衆国はこの点ちょっと特別で、緊急事態対応の歴史は表彰されていいほどのものだ。

○危機に際して大胆に行動することで我々の生活の質に恒久的な改善をもたらせる。

COVID－19パンデミックへの対応こそお粗末だったこの国だが、歴史的にはあまたの緊急事態との戦いに勝利を収めてきた。アメリカ人は個人としても集団としても行動し、違いを生んできたのだ。危機にさらされたものはさまざまだ。原野地帯、民主制、市民権、技術的優位性、国家安全、公衆衛生、はてはオゾン層。どの場合にも合衆国は強大な敵に直面し――そして勝ってきた。我々がどうやってこうした障害を克服したかを振り返ることは、インスピレーションと指針を得る上で価値のあることだ。過去の挑戦に着目して歴史的に使用可能な手段を理解すれば、気候危機との戦いの助けにもなる。

原野を救え

1903年、ナチュラリストのジョン・ミューア（John Muir）は、アメリカの原野[*1]――彼の言葉によれば「自然の神殿」――の多くが伐採、採掘、開発により消滅しつつあることに気がついた。破壊が続けば、こうした原野のすべてが完全に消滅してしまう。恒久的な破壊が起きる前に、緊急に保護する必要があったのだ。ミューアはセオドア・ルーズベルト大統領を説得してヨセミテをめぐる旅に連れ出し、三日間のキャンプ生活の中で、アメリカの自然資源を将来世代に残すための公有地保護の必要性を説いた。（国に範を示すべくキャンプする大統領を想像してほしい。ゴルフに行くのではなく！）そしてこれは実現した。テディ・ルーズベルトはその任期中に、5つの国立公園、18の国定記念物、55の国立鳥類保護区・野生生物保護区、150の国有林の設置にサインした。[*2] これはネイティブアメリカンの強制移住の原因ともなったが、それでもルーズベルトの、将来世代のための自然保護へのビジョンと粘り強さは、やはり讃えられてもよいだろう。

我々も、自然な世界を将来世代が楽しめるように保護するためのビジョンと粘り強さを持っている。

ニューディール

1933年から1939年にかけて、フランクリン・D・ルーズベルト大統領は米国議会との協力のもと、一連の雇用プログラム、公共事業プロジェクト、金融改革を実行し、アメリカ人の大恐慌からの回復を支援した。そのひとつが、現代的な長期政府保証担保借入（連邦住宅ローン）であり、これにより多くの人々が家を買い、安定した強固な中産階級として定着することを可能にした。これらのプログラムは数百万のアメリカ人を援助したが、同時にあまりに多くの人々を不当に排除するものでもあった。たとえばアフリカンアメリカンは、住宅市場と連邦担保借入から排除されていた。

いまアメリカは、現在の経済危機を解決する千載一遇の好機にある。ニューディールのときとは違い、我々はこれを非排他的かつ公平に実施することができる。そしてそれは、差し迫った気候災害に立ち向かい、国を脱炭素化することにもなる。担保借入と低金利融資は気候危機の文脈で重要である。なぜなら、クリーンエネルギー源とはひとたび稼働を始めればほとんど無料で電気を生産してくれるものの、先行投資が必要だからだ。屋根にソーラーパネルを設置して長期の節約を享受するには、そこに投じる余剰資金が必要である。気候変動対策には、化石燃料で動く設備に頼り続けるのをやめて電気自動車や電気暖房ユニットを導入することが楽にできるように、「気候ローン」が必要なのである。

ニューディールプログラムには、電化への資金調達モデルとして使えそうなものがもうひとつある。1936年の農村電化法だ。これは国内農村地域の電化設備の設置のために連邦融資を提供した。家庭農場電化局（EHFA：Electric Home and Farm Authority）は地方のアメリカ人が冷蔵庫、レンジ、温水器といった電化製品を購入する資金調達を援助した。EHFAは最終的におよそ420万台の電化製品に融資した。当時の合衆国の世帯数は約3000万である。[*3]

イノベーティブな融資計画は、我々を危機から救い出し、より豊かな市民が生まれるための強固な基盤を形成するのだ。

第二次世界大戦への動員

ヒトラーの兵がフランスに進撃し、イギリスがダンケルクから撤退したあと、ヨーロッパの状況は――そして民主主義の未来は――悲惨なものに見えた。ヒトラーに対抗しようとあがくウィンストン・チャーチルは、ルーズベルトに戦争への参加を懇願した。ルーズベルトは、ドイツを製造能力で圧倒する産業インフラストラクチャの構築でこれに応えた。新しいタイプの戦争は兵隊だけで勝てるものではなかった。航空機、戦車、ジープ、大砲、弾薬、舟艇、そして爆薬が必要なのだ。アメリカは当初、これを引き受けられる形勢にはなかった。大恐慌から脱しつつあるものの、国内は孤立ムードにあり、軍は装備不足で半ば解体状態となっていた。ルーズベルトは産業界と手を組み、責務を果たすために必要な軍備を記録的なスピードで製造した。

我々には工業生産をとんでもないレートで集中する能力がある――必要な技術変化を危機に対応できるほど速くもたらすことができるのだ。

宇宙開発競争

1957年10月4日、ソビエト連邦は世界初の人工衛星、スプートニク1号の打ち上げに成功し、アメリカを、そしてドワイト・D・アイゼンハワーを驚かせた。ビーチボールサイズのスプートニクは、米ソ宇宙開発競争の始まりであり、また新しい政治的、軍事的、技術的、そして科学的な開発の火蓋を切るものであった。

スプートニクの直後に、アメリカは一連の小回りがきく科学局を発足させた。これは将来の「驚き」を防ぎ、未来への指針を示すためのものであり、そこにはアメリカ航空宇宙局（NASA：National Aeronautics and Space Administration）と国防高等研究計画局（DARPA：Defense Advanced Research Projects Agency）があった。（DARPAは当初ARPAとして発足した。D（国防）は1972年に追加されたものだ。）これら科学局は人工知能、ステルス技術、マイクロエレクトロニクス、監視、通信といった分野で驚異的な技術的優位を形成した。そのプロトタイプ的な通信ネットワークだったARPANETは、現在我々が知る世界規模のインターネットに発展した。

ジョン・F・ケネディ大統領は、アイゼンハワーの科学局にレバレッジをかけて、あまりに野心的だったために今では科学・工学的野心の代名詞となっている技術プロジェクトを立ち上げた。これがムーンショットである。1961年3月25日、ケネディは華々しい目標を宣言した：10年以内にアメリカ人を月に着陸させる。1969年7月20日、アポロ11号は月に着陸した――ニール・アームストロングの小さな一歩、「人類の大きな飛躍」である。宇宙開発競争は人類に、その小さな惑星を超える視野を与え、みずからが太陽系そして宇宙という大きな文脈の中のひとつの種にすぎないことを認識させた。

現在のドル価値で測ると、アポロ計画はその10年間で1500億ドルを費やしている。現在アメリカ政府は、エネルギーおよび気候技術に年間およそ30億ドルしか費やしていない――ムーンショットのおよそ1／5の率である。エネルギー省（DOE：Department of Energy）の予算は300億ドル程度で、その多くを核抑止、兵器備蓄、安全保障に費やしている。DOEは基礎科学にかなりの投資をおこなっているが、近い将来インパクトをもたらしそうなエネルギー技術には、わずか30億ドル程度しか割いていない。

地球を救う話をしているからには、エネルギー技術への支出を10～50倍に増額することは妥当であるように思われる。

巨大な問題を解決するためには、科学と技術に大胆に投資してよいのだ。

公民権運動

公民権運動はアメリカの制度的レイシズムという深く根を張る人類的緊急事態との戦いである。ローザ・パークスやフリーダム・ライダーズから1963年のワシントン大行進（これはDr．マーチン・ルーサー・キング・ジュニアが「わたしには夢がある」と宣言したことで知られている）の参加者まで、連綿と続く勇敢なアクティビストたちが差別的な法律の改正に貢献した。キング牧師は暗殺され、国中の執拗な反対との戦いも必要ではあったが、公民権運動はリンドン・B・ジョンソンを後押しして1964年に公民権法を、1965年に選挙権法を、1968年に公正住宅法を成立させる原動力となった。その後、投票権についての後退は見られるものの、アメリカは初の黒人大統領バラク・オバマを選出し、多様性とインクルージョンにまつわる他の成果も得た。人種差別的な警察の残虐行為に対抗して生まれたブラック・ライブス・マター（Black Lives Matter）運動は、差別的取り締まりと有色人種への暴力が根強く残っていることを多くのアメリカ人に知らしめた。公民権運動のアクティビストは、さまざまなアクティビストの模範だったし、今もそうあり続けている。気候アクティビストにとってもそうだし、生きるに足る未来という権利を求めて立ち上がる若者にとってもそうだ。現代の気候アクティビストは、気候変動の破壊的影響が、有色人種にいかに不平等な影響を与えるか理解している。

人々はその運動を結集させることで、歴史の流れを変えることができる。それには勇気と直接行動が必要である。

1973年のエネルギー危機

1973年11月、リチャード・ニクソン大統領は、我が国は「エネルギー上の緊急事態」にあるという演説を行い、海外の石油への依存について警告した。この「エネルギー上の緊急事態」は、政策立案者たちに野心的な対応を要求した。ニクソン大統領は環境問題の研究と解決に向けた学術政府機関群を設立した：エネルギー情報局（ＥＩＡ：Energy Information Administration）、エネルギー省（ＤＯＥ：Department of Energy）、そして環境保護庁（ＥＰＡ：Environmental Protection Agency）である。我々のエネルギーや気候危機にまつわる理解の多くは、ニクソン、フォード、カーターという三代にわたる大統領により育まれた、これらの部局のたまものである。

当時の問題は、我々がエネルギーの10％を外国から輸入していることだった。だから化石燃料をあと10％効率的に利用することで問題は解決すると考えたのは妥当なことだった。ＣＡＦＥ効率基準や「エネルギースター」の家電製品はこうして生まれた。しかしこれは、エネルギー問題は効率化だけで解決する、といういまや時代遅れの感覚をアメリカ人の心に残した。１９７０年代のエネルギー危機が、輸入石油を利用するエネルギーシステムの10％の問題であったのに対し、現在の危機は、ほとんど１００％のエネルギーシステムをクリーンな電力に移行するという問題である。

いまや我々は、化石燃料の利用を完全にやめなければならない。効率化ではカーボンゼロには到達できないのだ。

我々はすでに、自らのエネルギー需要と戦略を理解している。アメリカでは１９７０年代に包括的なエネルギーデータを収集するようになっているからだ。カーボンゼロを達成する、

それも必要な規模で制限時間内にこれを達成するために、我々は既存の連邦技術イノベーションシステムとデータ収集に、さらに投資する必要がある。

喫煙という公衆衛生危機

１９６４年、米国衛生医務総監ルーサー・テリー（Luther Terry）は、国民世論に爆弾を落とした：喫煙は肺がんその他の癌の原因となり、タバコ産業はタバコのこうした危険を隠蔽することで消費者を欺いたというのである。当時、アメリカの成人の42％が喫煙習慣を持っていた。テリーは、喫煙反対のパブリックキャンペーンを立ち上げた。健康警告の提示、広告の禁止、そして市民に喫煙の危険を知らしめるキャンペーンといったものだ。[*5] これ以後、喫煙率は半分以下に下がり、現在では18％となっている。Journal of the American Medical Associationの推定によれば、こうした喫煙習慣への危機対応により、以後８００万人の死が防がれたとのことである。[*6]

気候変動もまた、人類の健康に重大な危険をもたらす。世界保健機関（ＷＨＯ）は、パリ協定の目標の達成により、世界で毎年７００万人の生命が救われると推定している。これは喘息などの呼吸器疾患の原因となる大気汚染が減少するためだ。[*7] ＥＰＡは、気候変動による大気中のオゾン濃度の上昇によって、２０３０年までにアメリカで数万人というオゾン関連追加発症と早期死が起きることを推定している。地球温暖化はまた、熱中症ならびにその他の熱関連死の増大にも繋がるだろう。

協調的な市民が努力すれば、公衆衛生上の危機は回避しうるし、巨大タバコ産業や巨大化石燃料産業などの不健康推進企業を規制することもできるのだ。

オゾン層破壊と冷媒

危険なUV輻射から我々を守るオゾン層に巨大な穴が空いていることを科学者が発見したのちの1987年、各国は集まり、モントリオール議定書に合意した。[*9] 当時の冷媒の多くを占めていたクロロフルオロカーボン類（CFC）を段階的に廃止する国際協定にサインしたのだ。モントリオール議定書は何度も改定されており、最近のキガリ議定書もそうした改訂版のひとつだ。これは利他的精神の発露とばかりは言えないかもしれない——ダウ・ケミカルは1980年代にはCFC類の売上を落としており、そのためにCFC類の段階的廃止と自社が特許を保有するハイドロフルオロカーボン類（HFC）への移行をはかるモントリオール議定書の支持を始めた。[*10] いま、2020年代になって、同じストーリーが繰り返されている。デュポン、ケマーズ、ハネウェルといった化学企業は、HFC類を段階的に廃止するキガリ改訂に資金提供しているが、それはこれらの企業が新しいハイドロフルオロオレフィン類（ＨＦＯ）の特許を所持しているからである。[*11] これらの企業はＨＦＯ類の競合となる自然冷媒の普及への抵抗も試みている。こうした業界的悪事は於くとしても、冷媒排出の削減そのものは、地球規模の緊急事態に直面して行われた国際協力の素晴らしい実例だ。私は本書でしばしばヒートポンプに言及している。これは冷蔵庫やエアコンと同じく冷媒を使っており、もし科学がこうした事実を見つけていなければ、大気に悲惨な結果をもたらしたかもしれないのだ。冷媒の未来には、温室効果ガスインパクトが相対的に低い超臨界CO_2のような、「自然」冷媒的なものが入っているだろう。

各国は複雑な地球科学システムを安定化させるために集結した。科学が問題を特定し、エンジニアが解決策を生み出し、政治は適切な規制環境を整えたのである。

現在の気候非常事態

○国立公園の創設と同様に、アメリカは我々の子どもたちのために美しい原野地帯を――そして地球全体を――保護する機会を得ている。

○ニューディールと同様に、この危機はファイナンシングと公共事業におけるイノベーションを必要とする。そしてそれは雇用を生み出す。

○第二次世界大戦における動員と同様に、アメリカは工業生産を転換のためのインフラストラクチャに傾注し、差し迫った問題の解決に我々が必要とする戦時生産を加速しなければならない。それが自発的に行われないのであれば、緊急事態権限による連邦政府命令が必要になるかもしれない。

○宇宙開発競争と同様に、アメリカは野心的なタイムラインを明言し、科学に巨額の投資をしなければならない。

○公民権運動と同様に、法的な対応を形成する際には、変化への政治的圧力を生み出す直接的行動と社会運動が必要である。

○1970年代のエネルギー危機と同様に、我々の行動はデータに導かれていなければならない。

○喫煙という公衆衛生上の危機と同様に、脱炭素へのインセンティブ——規制、価格付け、国民意識、可用性など——は、組み合わせて使用しなければならない。

○モントリオール議定書と同様に、アメリカはこの危機に対処する国際的な政策立案に注力しなければならない。

しかし、我々が直面している現在の気候危機は、これら従来の危機とは多くの点で異なっている。今回の敵——化石燃料——は、我々の既存の経済になくてはならないものである。今回の我々は、最悪のインパクトが感じられるよりずっと前に行動する必要がある。気候反応にはタイムラグがあるためだ。こうしたことから、気候変動は「super wicked hard problem（最悪に意地の悪い困難問題）」――ほとんど解決不能なタスクのための特別なカテゴリーとして定義されている問題――として描かれてきた。

この仕事で我々が受ける報酬は（地球を救うことはさておいて）、大量の安価なエネルギー、良質な仕事による雇用、改善される公衆衛生、そして新しい繁栄の時代である。我々はもういちど勇敢にならねばならない。

4 我々の知識はどこから来ているのか？

○現在の我々が持つ素晴らしいデータは、１９７０年代にそれを収集すべく構築された行政インフラによって得られるようになった。
○１９７０年代の石油危機は、エネルギーシステムの効率化により解決された。
○現在の気候危機は石油危機とは異なっており、その解決にはエネルギーシステムの転換が必要である。
○我々は、供給側の脱炭素化と同じ緊急度で、需要側を脱炭素化しなければならない。

気候危機は明白な緊急事態である。この緊急事態の解決には、どんな専門知識を集めたらよいだろうか。まず、我々のエネルギーが現在どこから供給されており、またどのように使用されているのか、詳しく知る必要がある。こうした知識があってこそ、カーボンフリーの未来に向けた、よりクリーンなエネルギー源、よりクリーンなエネルギー利用法への転換を図ることができるのだ。

エネルギー源や利用にまつわる、現在我々が持っている知識は、前回の1970年代のエネルギー危機に由来するものだ。以後我々は、エネルギーの供給と需要にまつわるデータを大量に蓄積してきた。ただし、前回と今回の危機は種類が違うため、我々のエネルギーにまつわる意識には古い部分が残っている。カーボンゼロに向けた取り組みを始める前に、こうした古い意識を転換する必要がある。

1970年代の危機は、原油の輸入危機だった。これは供給危機である。アメリカのエネルギー利用の約10％——中東からの石油——が絶たれたのだ。供給は需要に等しくなければならないため、専門家たちは需要側（どのようにエネルギーを使うか）に着目し、利用量の10％、特に自動車と家電製品は容易に効率化できること、そうなれば燃料を輸入する必要がなくなることに気がついた。供給の10％にまつわる問題であれば、効率化で解決できるのだ。CAFE基準（企業別平均燃費基準：Corporate Average Fuel Economy standards）やエネルギースター家電はこうして生まれた。しかし、ここまで見てきた通り、現在我々が必要なのはカーボンゼロの達成であり、効率化の道をいくら進もうともゼロには到達できないのだ。高効率のガソリンエンジン車でも、動かすのをやめない限り、ゼロ・エミッションは達成できない。アメリカは新しい種類のエネルギー危機にあるのだ。つまり、我々にはエネルギー供給と需要を理解するための昔ながらのツールがあるものの、そうしたツールは現在の気候危機での要求に合わせてアップデートする必要があるし、われわれの思考も同様にアップデートする必要があるということだ。

エネルギーデータの起源にまつわる物語

1973年後半のアメリカ人は、どこのガソリンスタンドも値上げの上に長蛇の行列が続く憂き目にあっていた。政治的傾向に関係なく、誰もがエネルギーのことを気にかけていた。1970年代のエネルギー問題についての国民の感心は非常に高く、あの愛すべき洞窟住人、フリントストーンのウィルマとフレッドが、「Energy—a National Issue（エネルギー〜国家的問題）」というテレビ特番に出演するほどだった（図4−1）。番組のナレーターは（その後5期に渡ってNRA［全米ライフル協会］の会長を務めた）チャールトン・ヘストンである。これを現代に持ってくると、シンプソンズかサウスパークの一話をまるまる使い、気候変動にどのように対処するかクリント・イーストウッドが解説するようなものだ。

当時原子力合同委員会（エネルギー省の知的前身のひとつ）の委員長だった下院議員のメルヴィン・プライス（Melvin Price）が、子飼いのスタッフに包括的なエネルギー解説の作成を命じた。彼はアメリカの既知のエネルギー利用データをすべて収集し、「我が国のエネルギージレンマの規模と複雑さを、極度に忙しい人間が1時間以内に理解できるように」提示できるように準備せよと命じたのだ。

委員の一人で、当時ジョージタウン大学戦略国際研究センターの米国エネルギー計画部長だったジャック・ブリッジズ（Jack Bridges）は、アメリカのエネルギー利用を図解するきわめて詳細なサンキー図を作成し、これをもとに革新的な書籍『Understanding the National Energy Dilemma（アメリカのエネルギージレンマを理解する）』を著した。[*1]（サンキー図の読み方の解説は付録D参照。）ブリッジの図は、我々がどのようにエネルギーを生産し、使用するかを解説するものだ。導入部はざっくりしたものである。「アメリカ合衆国は世界人口の6％で、エネルギーおよび鉱物の世界生産高の35％以上を消費している。」

ブリッジによるサンキー図は、アメリカの石油と天然ガス利用の詳細を示す流れ図であり、それでどれだけの発電量が得られ、効率がどの程度であるか、工業、商業、家庭、運輸といったセクターごとの利用量明細が示されていた。彼の仕事は、以後数十年にわたるエネルギーデータの測定と集計の方法に影響を与えた。図の左側は供給、つまり、アメリカがどこからエネルギーを得ているかである。右側は需要、つまり、われわれが何にエネルギーを使っているかとなっていた。

1970年の石油危機は、実はアメリカがその自動車たちのエネルギー効率を本質的に上げる前に――そして消費行動やエネルギー調達源を本質的に変える前に――徐々に解決した。図4-2は、2019年のサンキー図と、1973年ローレンス・リバーモア研究所（LLNL：Lawrence Livermore National Lab）による最初の図の比較である。今日に至るまで毎年、同研究所はエネルギー情報局が収集したデータをもとにしたサンキーフロー図を出版している。私はA・J・サイモン（A. J. Simon）とともに、この研究のグループメンバーとの情報交換も行った。LLNL訪問には包括的なセキュリティチェックが必要だった。2019年と1973年のチャートは、基本的に同じものに見える。同じプライマリーエネルギー源、同じ経済セクター群、ほぼおなじ割合の有効／廃棄（無駄になる）エネルギーだ。違いがあるとすれば、現代のほうが廃棄エネルギーが多いように見えることだが、これは主として、チャート作成手順の変化から来る副作用によるものだ。

1970年代の対応で形成された思考方法により、エネルギー問題は需要側の効率向上（CAFE基準やエネルギースター家電など）で解決できるとか、転換とはより多くの供給源（原子力や天然ガスなど）を作り出すことだと信じる人々が作られた。このことは、古い思考法の泥沼にわれわれを捕らえ、より大きな視野を持つこと、需要と供給の両者を同時に転換しなければならないという事実（これがもっと明瞭であれば……）を見ることを妨げている。

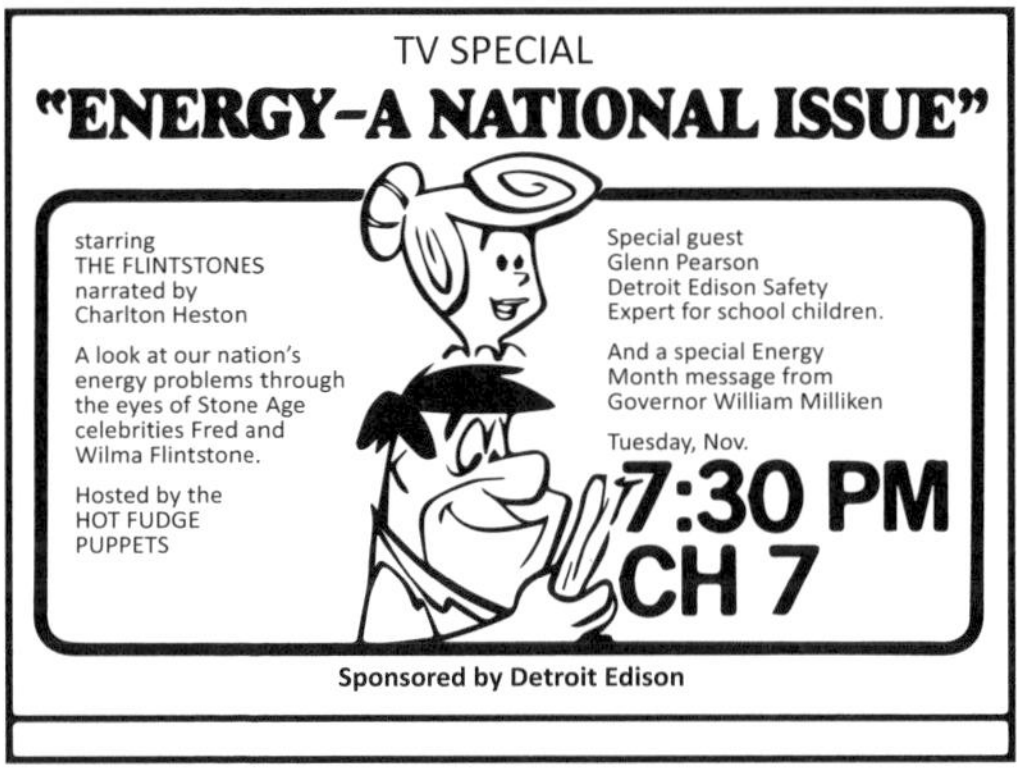

図4-1：Energy—a National Issue（当時のTVガイドより。）
出典: WXYZ-TV, TV Guide Magazine (Detroit Edition), November 19-25, 1977.

供給は需要と一致しなければならない

１９７０年代のエネルギー対応のもうひとつの帰結として、エネルギーの「供給側」視点の定着がある。サンキー図は、その初出において、供給側の大量の石油や石炭から、需要側の曖昧な４つのカテゴリー（工業、家庭、商業、運輸）に流れるものとして描かれた。これは我々に、高貴な岩やエネルギーの濃縮された魔法の液体に重きを置き、需要側のエネルギー利用の詳細には立ち入らない見方を与えた。アメリカがこれらの大まかな経済分野で効率を向上させれば、供給を減らすことができるではないか、という考え方である。この図を見れば、輸入石油の必要量を減らすには、どこを効率化すればよいかが漠然

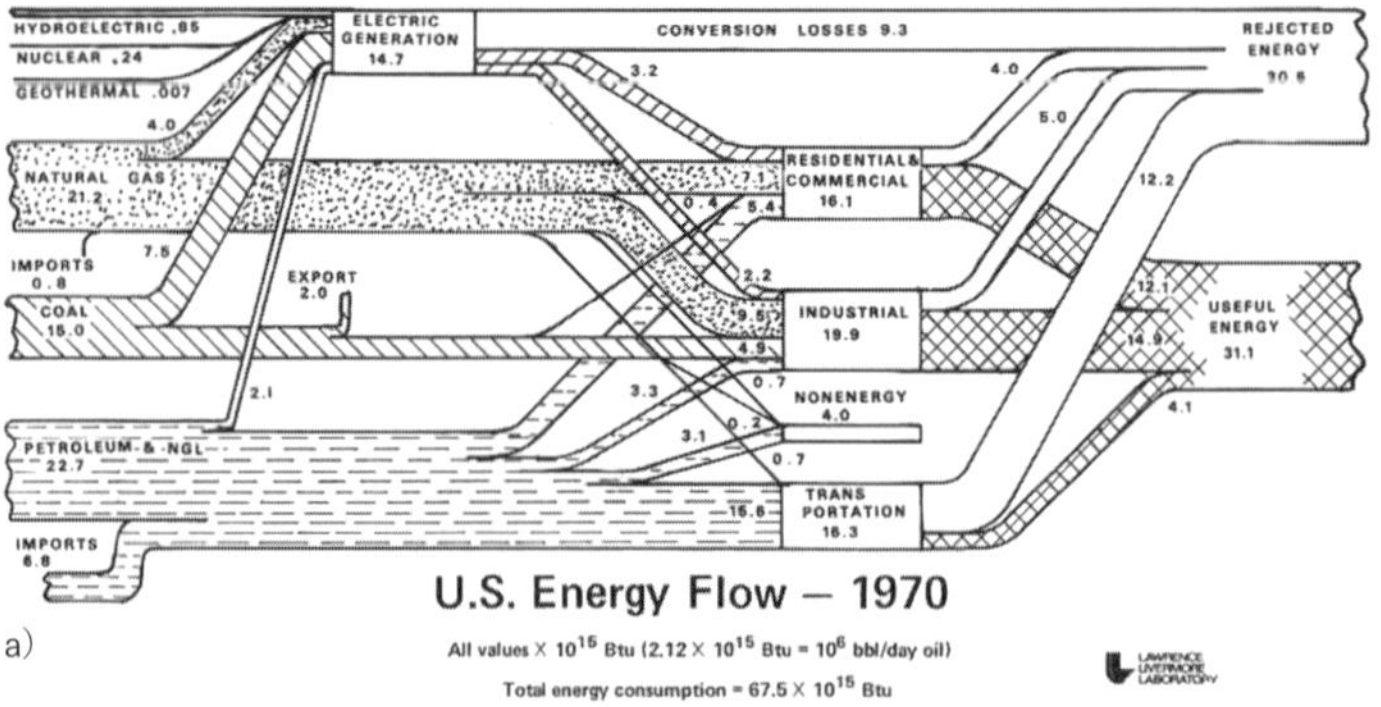

a)

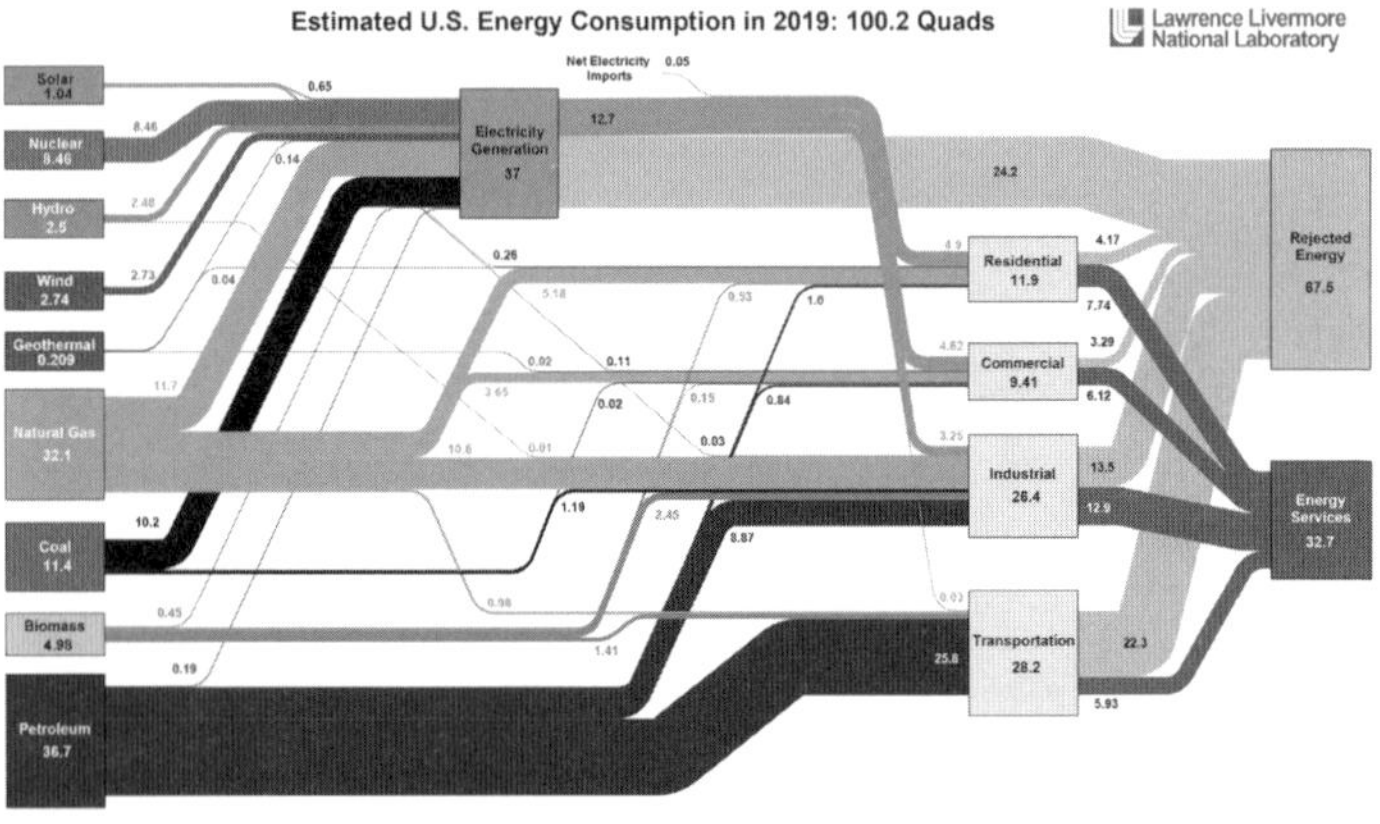

b)

図4-2：a）私が見つけられた限り最古のLLNLサンキー図。1970年のエネルギーフローを示したもの。b）2019年のLLNLサンキー図。「廃棄」されるエネルギーの割合が増えている（ただしこれは図の作成手順の違いによるものが大きい）こと以外、ほとんど変わらない。

出典: Lawrence Livermore National Laboratory, “Energy Flow Charts: Charting the Complex Relationships among Energy, Water, and Carbon,” 2020.

と指摘できる。すなわち、自動車の燃費向上と効率的な住宅および家電だ（当時は多くの家屋が石油で暖房されていたことを思い出してほしい。その一部は今も残っている）。ところが、それ以上立ち入ったことはわからないようになっているのだ。

ニクソンが主導し、カーターが実現したさまざまな連邦局が、この需要側についての非常に詳細なデータを収集し始めた。現代の我々は、工業[*3]、家庭[*5]、商業[*5]、運輸の各部門について、半年ごとの調査によって高精細なデータが得られている。今日でも、エネルギーやエネルギーシステム転換について考えるとき、人々は供給側にはこれまでと同じ量のエネルギーが必要であるという妥当な推定をする。なにしろ、これまでずっとそれだけ必要だったからだ。しかし見てきたように、こうしたデータセットがもたらす需要側の追加情報をすべて利用すれば、それは違うということがわかる。

新しい手順では、人間としてやりたいことすべて（我々の需要）と、これらによって必要になるエネルギーのすべてを見る。そうすれば、これらの必要エネルギーをどうすれば脱炭素化できるか想像できるようになり、そこに供給する必要のある新しいエネルギー量を――そして決定的なことに、そこにどのゼロカーボンエネルギー源を使うべきかを（電気にするかバイオ燃料にするかなど）――推定できる。こうした計算から即座に導かれる結論が、われわれはほぼすべてを電化すべきである、なぜなら電動機器は原理上、より効率的であり、供給側で必要なエネルギーを普通に考えるより大幅に削減してくれるから、である。そこにはフリーランチなど存在しない。これまで食べていなかったベターランチがあるだけだ。

化石燃料にお礼を言うために少し休憩を。人間がバイオマスの代替として石炭を大量に燃やし始めた1700年代中ごろから1800年代中ごろ、それは人間を多くの重労働から開放する産業革命を起こさせた。化石燃料は家屋を温め、街路を照らし、鉄道や蒸気船を動かし、食品を冷蔵し、自動車、鉄道、オートバイといった形での簡単で高速な移動を可能にした。石炭、石油、天然ガスは我々の現代生活の原動力であり、我々の多くにとって、現代生活とはたいへんに良いものだ。化石燃料はこれまでの最高だ。

しかし化石燃料は、発生する二酸化炭素があるがために、いまや時代遅れなのだ。われわれはもう、新しいエネルギー源で化石燃料をすべて置き換えなければならない、というところまで来てしまっている。エネルギー利用にまつわる我々の需要を可能な限り理解し、それを満たすにはどのようにすればいいか、詳細に渡り算定する必要があるのだ。私は長いことエネルギーデータに耽溺している。自分の生活のエネルギー利用を、クルマの燃料から電気や天然ガスまで、ひとつひとつ計測したことがある（妻の怒りを買った）。所有している物の重さまですべて量ったので、新聞購読と書庫の本たちがどれほどのエネルギー消費に相当するかまで知っている。これは日刊紙の購読をやめるよう妻に勧めることに繋がった。毎週10ポンド（約4・5キロ）の紙の搬入は、我々のエネルギー利用の相当な部分を占めていたのだ。日曜版の購読という合意により、離婚は回避された！

10年にわたる個人的なエネルギーデータへの没入のあと、2018年に私の会社、アザーラボ（Otherlab）は、われわれのエネルギー利用にまつわるデータのすべてを詳細に見ていく、エネルギー省との（ARPA－Eを通した）契約を得た。データは住宅関連エネルギー消費調査（RECS：Residential Energy Consumption Survey）、商業建築物エネルギー消費調査（CBECS：Commercial Buildings Energy Consumption Survey）、全国世帯旅行調査（NHTS：National Household Transport Survey）、輸送エネルギーデータブック（TEDB：Transportation Energy Data Book）、連邦エネルギー管理プログラム（FEMP：Federal Energy Management Program）、北米産業分類システム（NAICS：North American Industry Classification System）から引いている。

私の仕事は脚注の細部まで読み込み、その帰結まで追跡することとなった。われわれには連邦エネルギー研究開発予算の優先順位付けを助けるツールの作成タスクが課されていた。これは（私にとっては）当然ながら、エネルギーをその採掘、精製、輸入から、家庭、工場、はては教会と言った場所での最終利用までを追うサンキーフロー図にまとまった。私はこの耽溺に、仲間であるキース・パスコ（Keith Pasko）、サム・カリッシュ（Sam Calisch）、アージュン・バーガバ（Arjun Bhargava）、ピート・リン（Pete Lynn）、ジェームズ・マクブライド（James McBride）の各氏を巻き込んだ。出来上がった図をオフィスのバスルームにかかっていたシャワーカーテンに印刷してもらうまでやった。その巨大バージョンのポスターは今もオフィスのあちこちの壁に貼ってある。われわれの目標設定はざっくりとしたものだった。アメリカのエネルギー消費を0・1％単位まで追跡する、である。すべてのエネルギーフローとデータセットを最後まで追い、なにがわかるか見ていったのだ。あらゆる細部を追跡した。それで目標を達成することができたのだが、得られた結果はそのサンキー図に付けられたニックネーム、「スパゲッティ・チャート」にふさわしいものとなった。

われわれのエネルギーシステムについてのすべての情報が得られたら、それを使ってできることがある。システムをどう転換すればよいか考え始める、である。データを可視化することで、需要サイドと供給サイドの同時転換の必要性が明らかになった。また、電化は転換への道であるだけでなく、その原理的な効率性が、それまでわれわれが経験的に感じていたより高いことも明らかになった。あらわれた複雑な図式（図4－8）は、非常に詳細でなんとも魅力的だ。私はこうして、ディナーゲストや一般聴衆にアメリカのエネルギー消費に何がどれだけを占めているかの統計を押し付けるようになってしまった。子供を教会や学校に送迎するのに使われるエネルギー（0・7％）、空きビルが使うエネルギー（0・03％）、畜肉、魚、鶏肉、シーフードの輸送に使われるエネルギー（0・2％）、モービルホーム（トレーラーハウス）に使われるエネルギー（0・5％）、440万マイル（約700万キロメートル）のパイプラインで天然ガス配管を国中に張り巡らすのに使われるエネルギー（0・87％）、さらには0・05％のエネルギーが看板の照明に使われていることまでだ。

各経済セクターのデータに飛び込み、アメリカの一般的でない、少なくとも明々白々ではないエネルギー利用について見ていったことで、膨大な洞察が得られたし、（少なくとも私にとっては）かなりのお楽しみになった。強調したいのは、このデータが、われわれの社会がエネルギー利用の面からあらわすものを要約していること、われわれの人間的欲求の集合体に分け入るちょっとした視点を与えてくれるということだ。すべての数字が見えるようになると、あるエネルギー利用を他と比べて評価したくなるものだ——レクリエーションボートに使われる０・２４クワッド［訳注：クワッド（quad）は、英国熱量単位（Btu）をベースにした熱量単位。1 quad ＝ 10^15 Btu ≒ 1.03EJ（エクサジュール）。日本の２０２１年の総エネルギー消費は１２３３０ＰＪで、これは１２・３３ＥＪ≒ 12クワッドである］と公会堂に使われる０・４８クワッドはどちらが価値があるかなど——しかしこのように、リンゴとオレンジを比べて倫理的判断を行うようなことには慎重になるべきだ。つまり、我が亡友デイビッド・Ｊ・Ｃ・マッケイ（David J. C. MacKay）がよく言っていたように、「すべての人間活動は愚行である。」ということだ。

政府部門

１９７５年以来、連邦エネルギー管理プログラム（ＦＥＭＰ）はアメリカの政府機関のエ

図4-3：アメリカ政府部門の供給から需要に至るエネルギーの流れ。

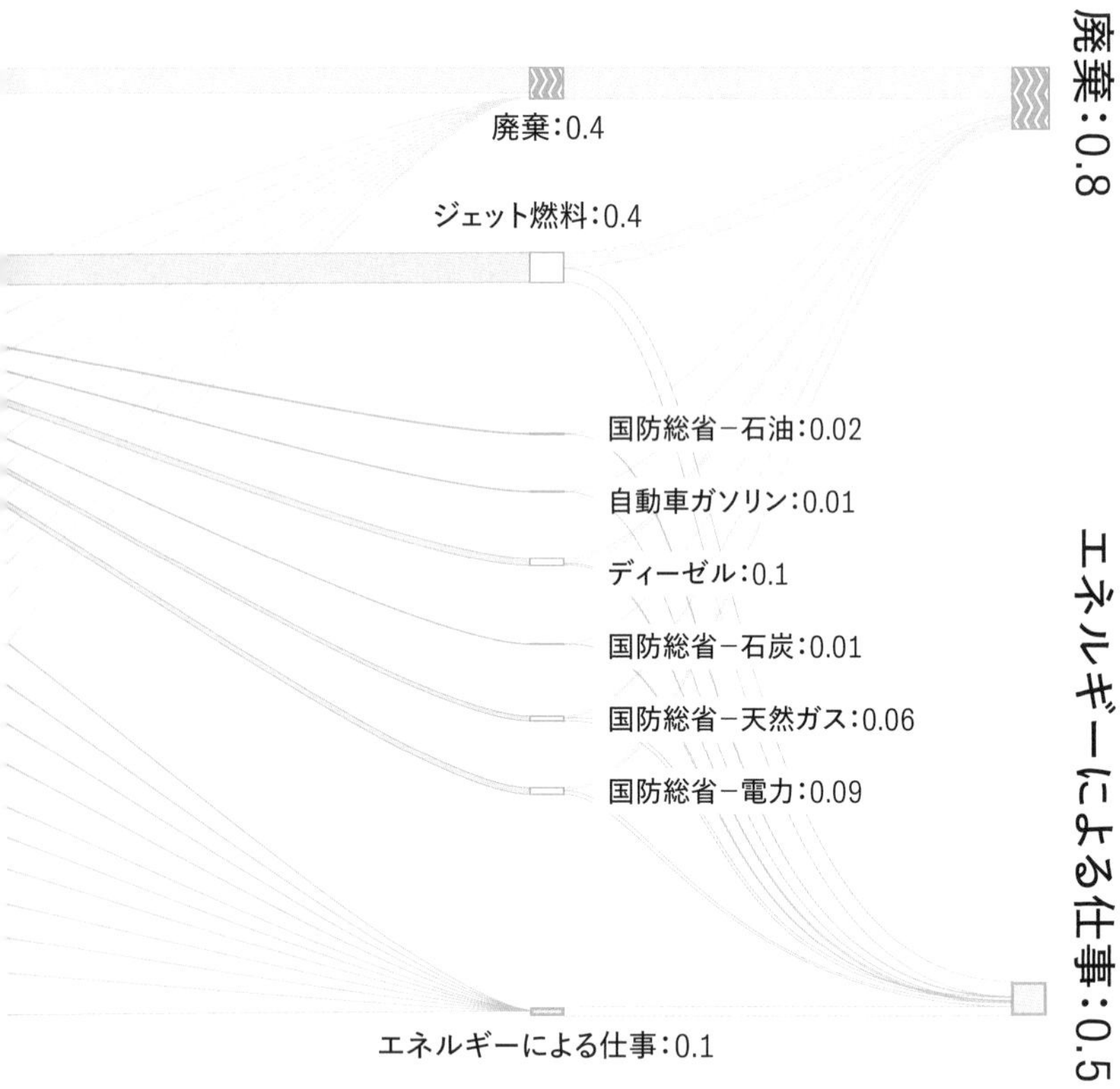

アメリカ政府部門総計
1.3クワッド

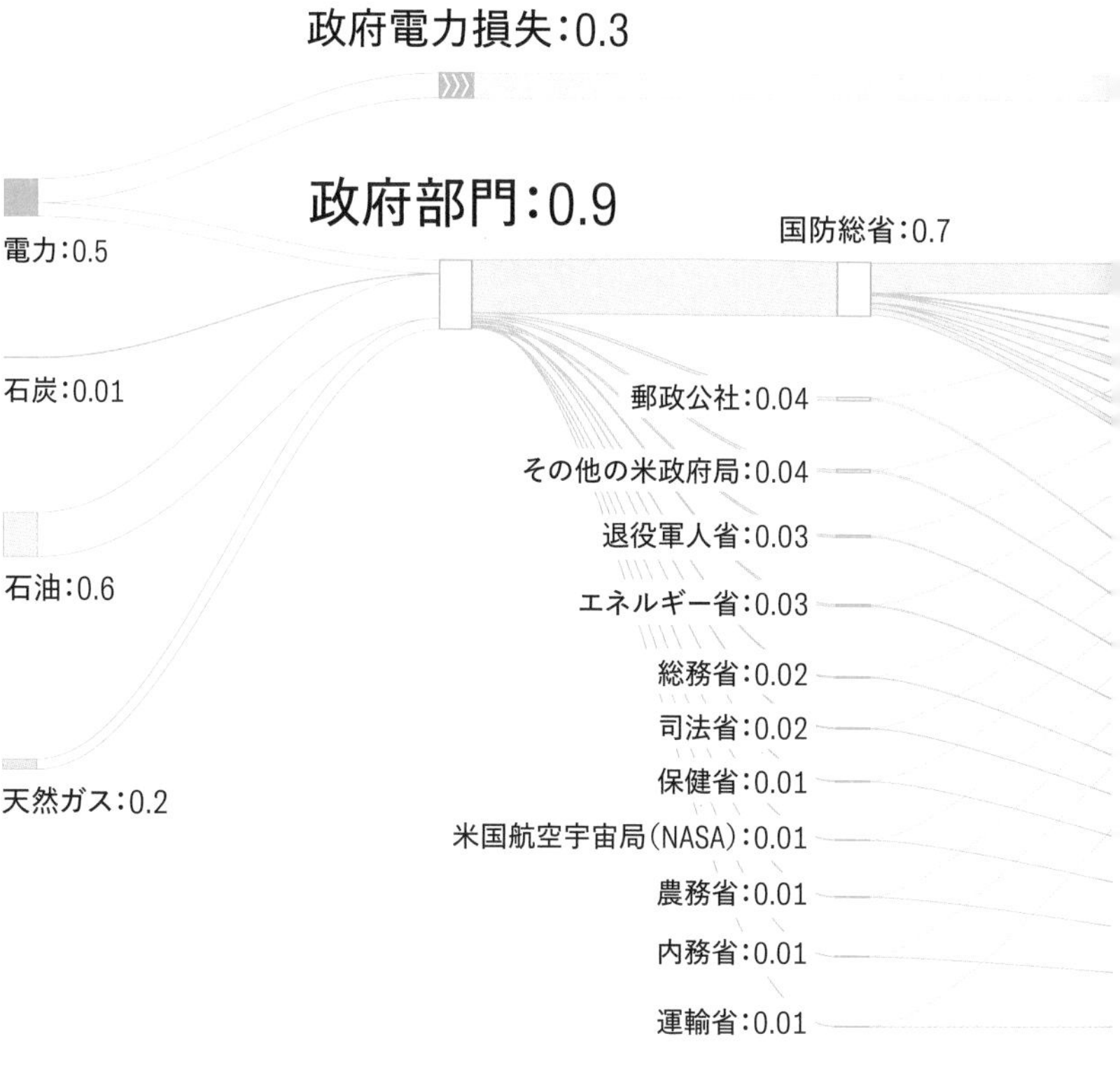

ネルギー利用をモニターしてきた。図4－3に示す。これはわれわれの税金でまかなわれるエネルギー利用についての、不完全とはいえ素晴らしい一覧となっている。不完全というのは、石油、電気、天然ガス利用など、楽に測定できる項目しかモニターしていないからだ。政府のオフィスビル、航空母艦、戦車に大砲の建築・製造に使用されたエネルギーは含まれていない（これらはすべて「工業」カテゴリーに分類されている）。まず驚きなのは、政府のエネルギー利用の相当な部分が、世界中で運用されている軍事力を支えるジェット燃料に占められていることだ――われわれのエネルギー利用の0・5％近くだ！　政府のエネルギー使用量の、はるかに離された第2位は、米国郵政公社である。何があろうと（雨でも雹でも晴れても）郵便を配達してくれる素晴らしい機関だ。NASAは、宇宙を探索し、われわれという生物種が星を目指すのを鼓舞する割には、ほんの少しのエネルギーしか使用していない。

家庭部門

次のカテゴリーは家庭部門である。もっとも親しみ深いセクターだ。エネルギー利用の多くを占めるのは、郊外の誇りこと核家族向け一戸建てで、水を開けられた第2位が大型アパートメントであることがわかる。家庭のエネルギー利用総計のおよそ半分は、居住スペースの暖房向けだ。1／4は温水器で、最後の1／4が照明、調理、洗濯、そして電子機器の電源として使われている。気候変動に対処するには、あらゆる生活状況への対応が必要であることを認識しなければならない。たとえばモービルホームは無視されがちだが、戸数的には結構な割合を占めていて重要である。タイニーハウスムーブメントで強調されるように、あのサイズで生活すればさまざまな効率化が達成できる。このセクターの脱炭素化を考える際にもうひとつ重要なことだが、すべての住宅を新バージョンに建て替える時間はぜんぜんない。現在のすべての住宅に、われわれが将来住まう「電化された未来」を組み込む方法を考え出せなければ、気候変動をタイムリミットまでに解決できないのだ。アメリカにはおよそ1億3000万世帯が存在し、うち9500万世帯が一戸建てだが、新築は毎年150万戸程度しかない——全戸の建て替えには100年以上かかるのだ。

工業部門

工業部門は、その（熱電気的）損失を考慮した場合、すべての経済部門の中で最大のエネルギー消費者である。エネルギー利用の観点からこの部門を検討するのは複雑だ。この部門では化石燃料の探索、採掘、精製に大量のエネルギーを使用している。石炭、石油、天然ガスを大地から掘り出し、精製産品に転換するには大きなエネルギーが必要である。プラスチックや肥料の生産には相当な量の天然ガスが必要だ。この部門には大量のバイオ燃料もあ

図4-4：アメリカ家庭セクターの供給から需要に至るエネルギーの流れ。

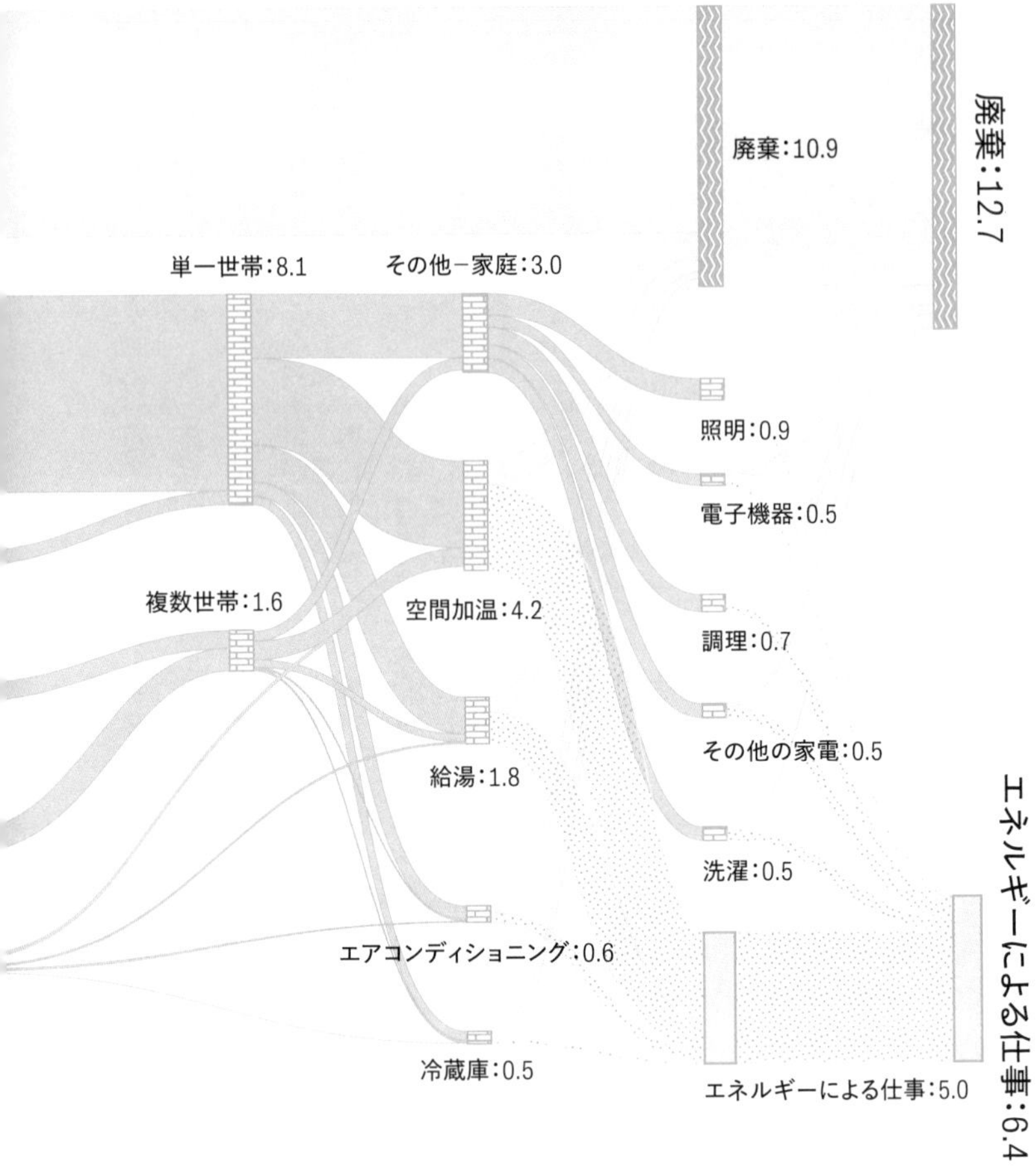

アメリカ家庭セクター総計
19.0クワッド

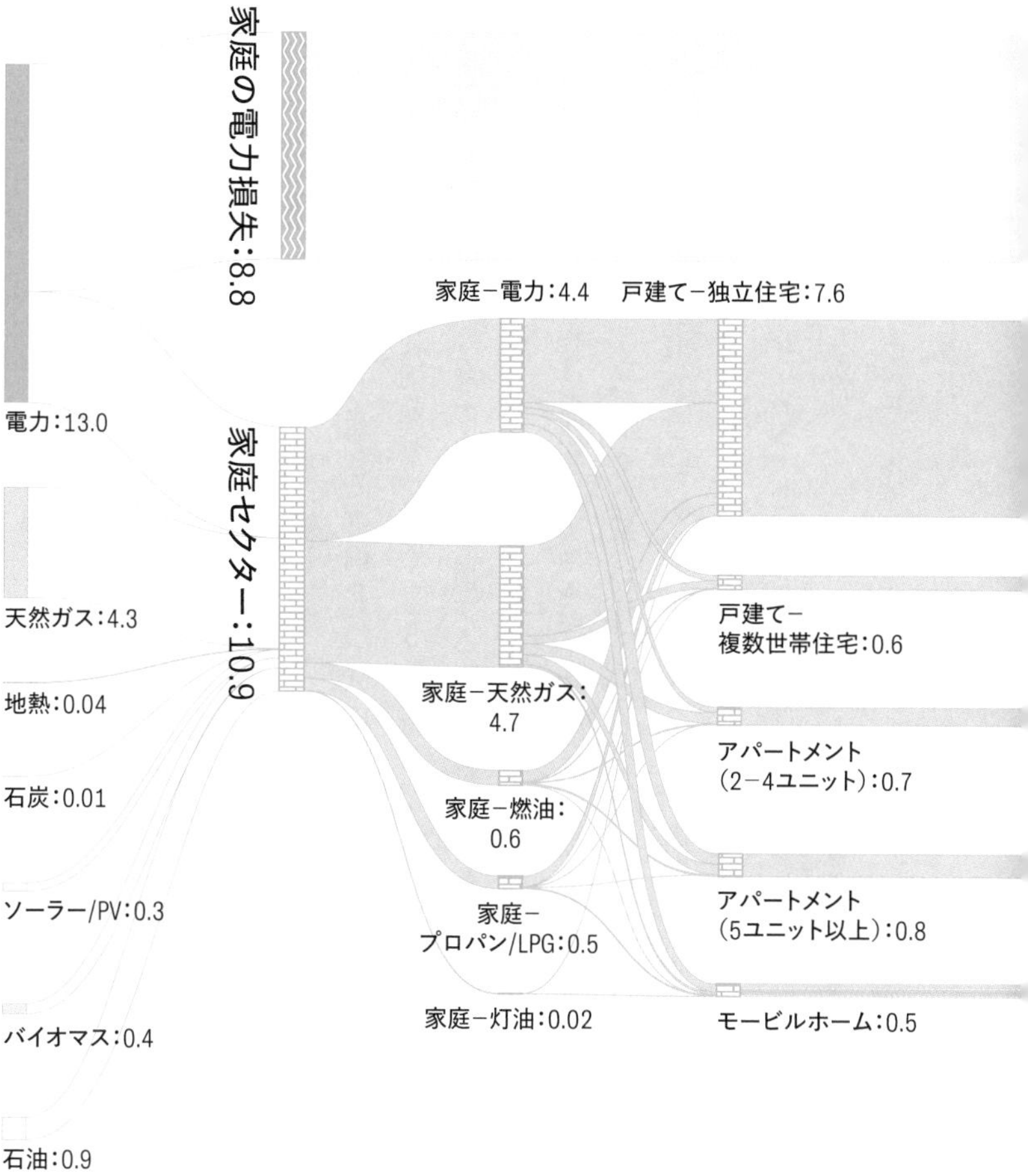

る。紙パルプ産業では一般紙、ボール紙、新聞紙、建材などの生産のためにたくさんの木材が必要であり、副産物のバイオ燃料で工場を動かしている。この部門に注目すると、エネルギーの0・28％が主要農作物の栽培に使われているとか、0・5％程度が岩石の破砕に使われているとか、数々の驚くような細部が見えてきて、寝室での楽しい会話の――妻がそのように認めてくれるとは限らないが――もとになる。

工業部門には、良いデータを収集するには新しすぎるような区分もある。データセンター――インターネットのデータの相当な部分が格納されている場所――は、その一例だ。データセンターは現在のエネルギー利用のおよそ0・25％（電力の1％）を占めていると推測され、それは増加しているが、一部の人々が危惧するほどではない。[*8] 友人で大学院で研究室が一緒だったジェイソン・テイラー（Jason Taylor）は、フェイスブックのインフラストラクチャを動かしている。われわれは定期的にエネルギー利用について話している。これは、グーグルやフェイスブックのようなデータ企業にとって、エネルギーは人件費に次ぐ出費にしばしばなる。運営上の重要事項であるためだ。フェイスブックの運営を脱炭素するにはどうすればいいかについて話していたとき、ジェイソンは「ライトワンス、リードネバーのデータパラダイムに取り組む必要がある」と認めた。これは、おばあちゃんのためにアップロードした子どもの写真は一度しか見られることがないが、それでもそれはどこか遠くのメモリーバンクに格納され、わずかなエネルギーが永久に必要であるということだ。われわれには物質の使い捨て文化があり、情報もそうなっているため、古いデータのすべてをオンラインの影の中に取っておくのに必要なエネルギーの量は永遠に増え続ける。かなり近い将来、アクティビストたちがデータのクリーニングとリサイクルと「持続可能なソーシャルメディア」を呼びかけるのではないか、と私は予想している。

運輸部門

運輸部門はエネルギー利用について工業部門に匹敵する第2位を占める。空運は不当に悪評を受けているが、エネルギー利用においてこの部門の圧倒的1位は道路輸送であり、空運の10倍以上のエネルギーを利用している。この道路輸送の中では、約75％が小型車両、つまりわれわれが移動するのに使う乗用車やピックアップトラックである。おもしろいことに、このほとんど半分が20マイル（約32キロメートル）以内の移動で、大部分は通勤、そして教会、買い物、学校への家族送迎に使われている。非道路輸送については、空運が最大の寄与を占め、船舶と鉄道がこれに続く。実のところ、現代のジェット機が満載状態にあるとき、旅客あたり燃費は60マイル／ガロンにも達するため、長距離移動においては一人乗りのクルマより優れている（ただし4人の友達を乗せた場合、ガソリン食いのアメ車でもそんなに悪くない——ライドシェアコミュニティでやたらに言われる通りだ）。化石燃料の輸送に必要なエネルギー

図4-5：アメリカ工業部門の供給から需要までのエネルギーの流れ。

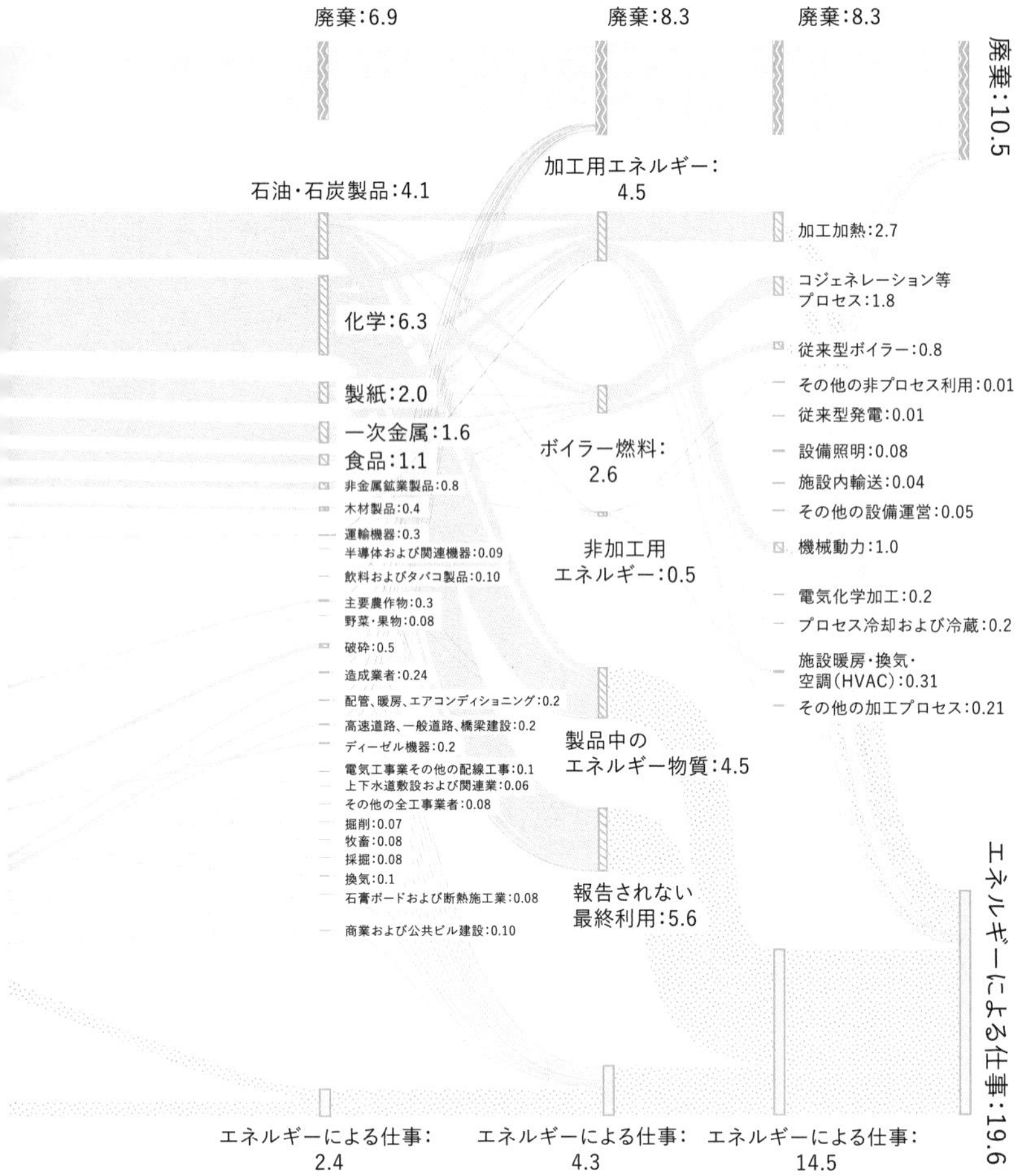
廃棄:6.9
廃棄:8.3
廃棄:8.3
廃棄:10.5
石油・石炭製品:4.1
加工用エネルギー:
4.5
化学:6.3
製紙:2.0
一次金属:1.6
食品:1.1
非金属鉱業製品:0.8
木材製品:0.4
運輸機器:0.3
半導体および関連機器:0.09
飲料およびタバコ製品:0.10
主要農作物:0.3
野菜・果物:0.08
破砕:0.5
造成業者:0.24
配管、暖房、エアコンディショニング:0.2
高速道路、一般道路、橋梁建設:0.2
ディーゼル機器:0.2
電気工事業その他の配線工事:0.1
上下水道敷設および関連業:0.06
その他の全工事業者:0.08
掘削:0.07
牧畜:0.08
採掘:0.08
換気:0.1
石膏ボードおよび断熱施工業:0.08
商業および公共ビル建設:0.10
ボイラー燃料:
2.6
非加工用
エネルギー:0.5
製品中の
エネルギー物質:4.5
報告されない
最終利用:5.6
加工加熱:2.7
コジェネレーション等
プロセス:1.8
従来型ボイラー:0.8
その他の非プロセス利用:0.01
従来型発電:0.01
設備照明:0.08
施設内輸送:0.04
その他の設備運営:0.05
機械動力:1.0
電気化学加工:0.2
プロセス冷却および冷蔵:0.2
施設暖房・換気・
空調(HVAC):0.31
その他の加工プロセス:0.21
エネルギーによる仕事:19.6
エネルギーによる仕事:
2.4
エネルギーによる仕事:
4.3
エネルギーによる仕事:
14.5

アメリカ工業部門総計
30.1クワッド

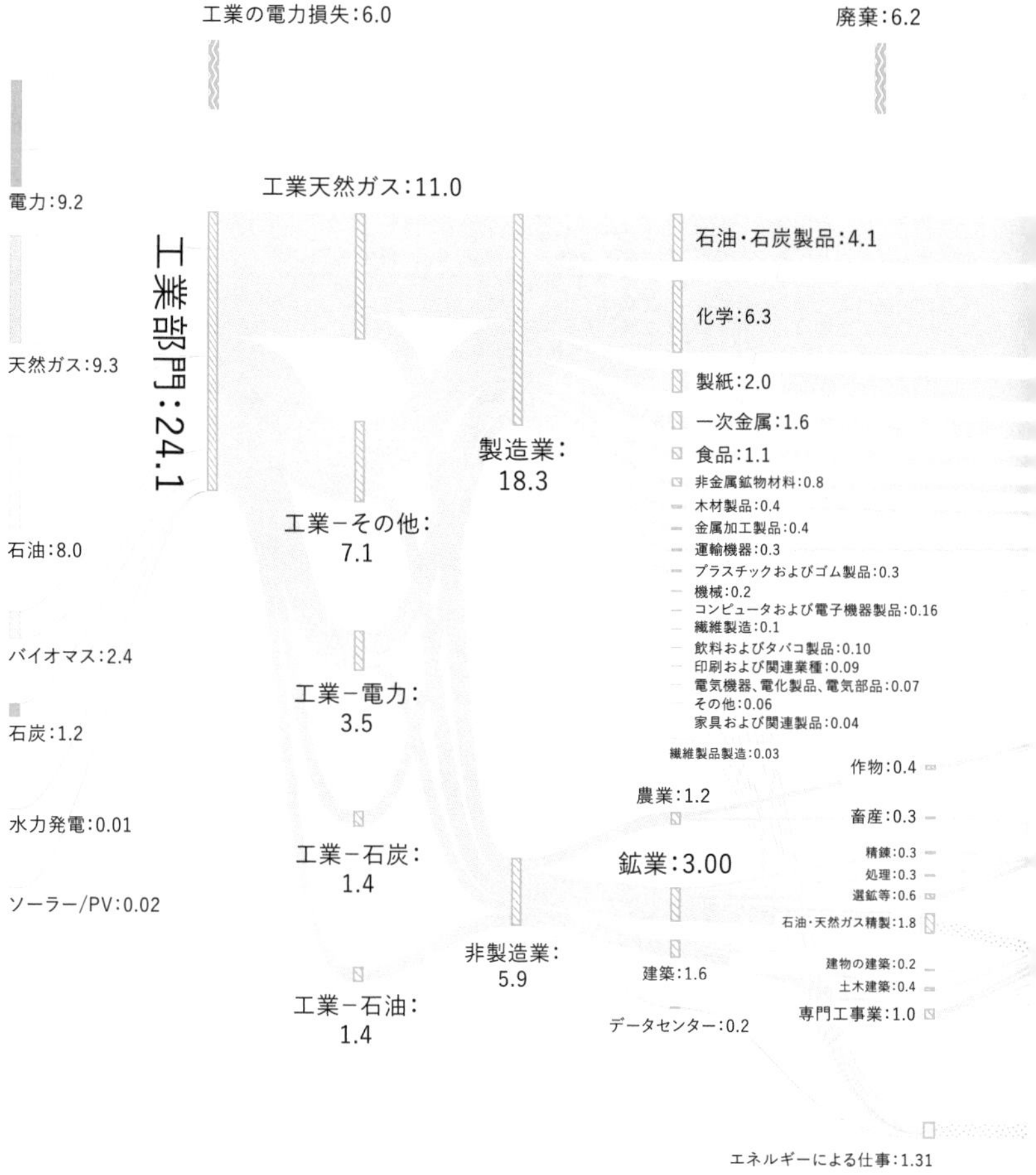

工業の電力損失:6.0
廃棄:6.2
電力:9.2
天然ガス:9.3
石油:8.0
バイオマス:2.4
石炭:1.2
水力発電:0.01
ソーラー/PV:0.02
工業部門:24.1
工業天然ガス:11.0
工業−その他:
7.1
工業−電力:
3.5
工業−石炭:
1.4
工業−石油:
1.4
製造業:
18.3
非製造業:
5.9
石油・石炭製品:4.1
化学:6.3
製紙:2.0
一次金属:1.6
食品:1.1
非金属鉱物材料:0.8
木材製品:0.4
金属加工製品:0.4
運輸機器:0.3
プラスチックおよびゴム製品:0.3
機械:0.2
コンピュータおよび電子機器製品:0.16
繊維製造:0.1
飲料およびタバコ製品:0.10
印刷および関連業種:0.09
電気機器、電化製品、電気部品:0.07
その他:0.06
家具および関連製品:0.04
繊維製品製造:0.03
作物:0.4
農業:1.2
畜産:0.3
鉱業:3.00
精錬:0.3
処理:0.3
選鉱等:0.6
石油・天然ガス精製:1.8
建物の建築:0.2
建築:1.6
土木建築:0.4
専門工事業:1.0
データセンター:0.2
エネルギーによる仕事:1.31

図4-6：アメリカ運輸部門の供給から需要に至るエネルギーの流れ。

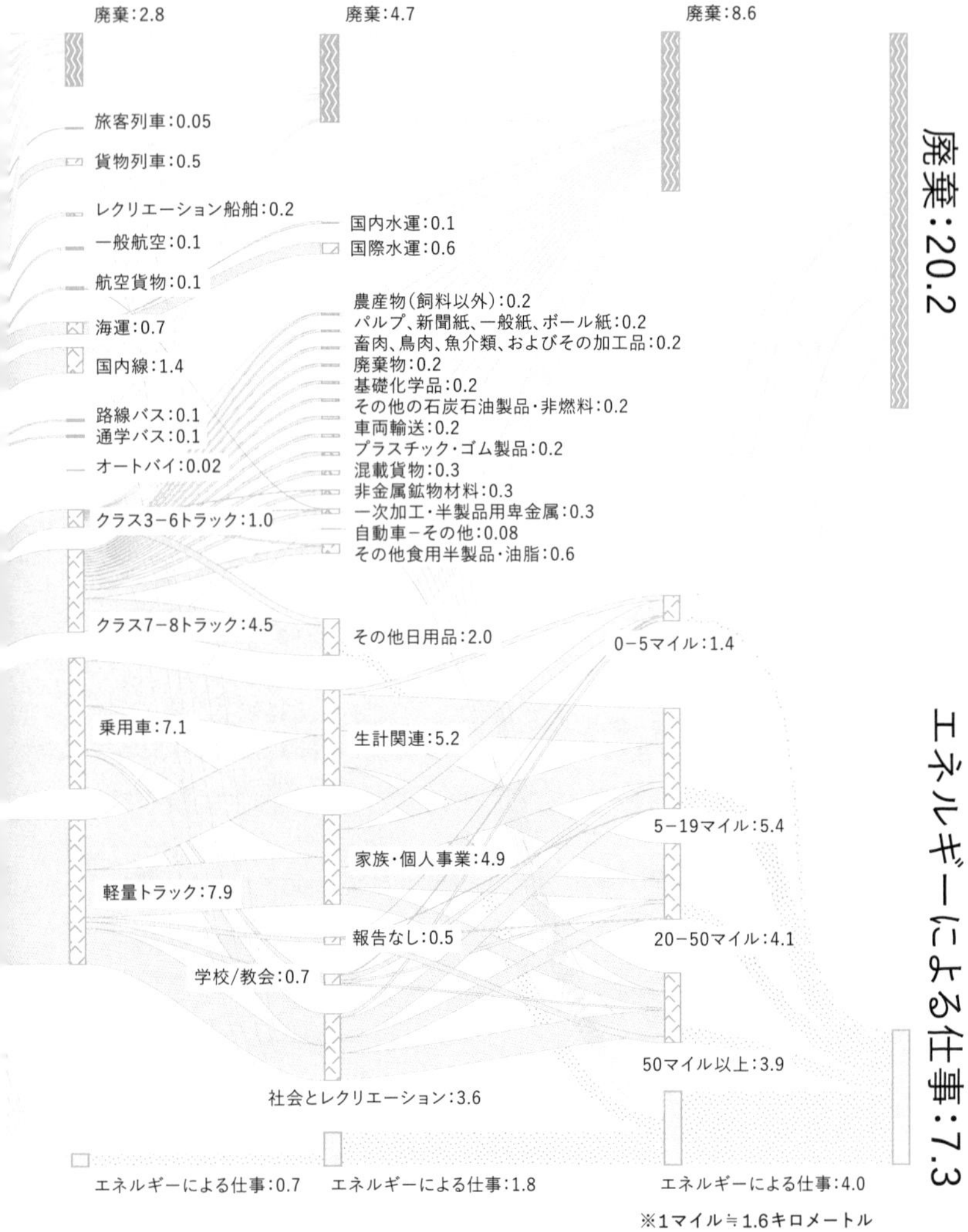
廃棄:2.8
廃棄:4.7
廃棄:8.6
廃棄:20.2
旅客列車:0.05
貨物列車:0.5
レクリエーション船舶:0.2
一般航空:0.1
航空貨物:0.1
海運:0.7
国内線:1.4
路線バス:0.1
通学バス:0.1
オートバイ:0.02
クラス3−6トラック:1.0
クラス7−8トラック:4.5
乗用車:7.1
軽量トラック:7.9
エネルギーによる仕事:0.7
国内水運:0.1
国際水運:0.6
農産物(飼料以外):0.2
パルプ、新聞紙、一般紙、ボール紙:0.2
畜肉、鳥肉、魚介類、およびその加工品:0.2
廃棄物:0.2
基礎化学品:0.2
その他の石炭石油製品・非燃料:0.2
車両輸送:0.2
プラスチック・ゴム製品:0.2
混載貨物:0.3
非金属鉱物材料:0.3
一次加工・半製品用卑金属:0.3
自動車−その他:0.08
その他食用半製品・油脂:0.6
その他日用品:2.0
生計関連:5.2
家族・個人事業:4.9
報告なし:0.5
学校/教会:0.7
社会とレクリエーション:3.6
エネルギーによる仕事:1.8
0−5マイル:1.4
5−19マイル:5.4
20−50マイル:4.1
50マイル以上:3.9
エネルギーによる仕事:4.0
エネルギーによる仕事:7.3
※1マイル≒1.6キロメートル

アメリカ運輸部門総計
46.4クワッド

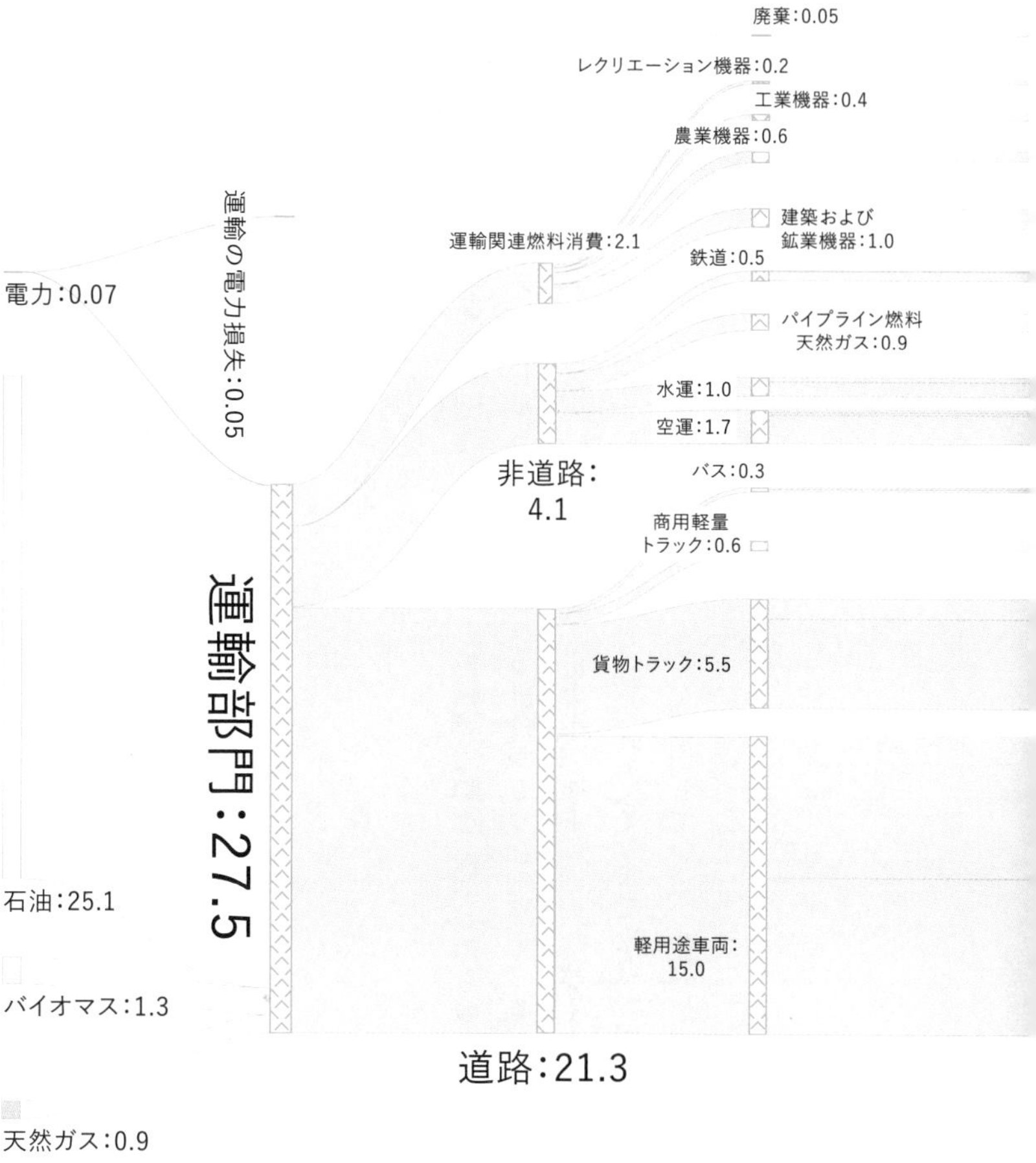
廃棄:0.05
レクリエーション機器:0.2
工業機器:0.4
農業機器:0.6
建築および
鉱業機器:1.0
運輸関連燃料消費:2.1
鉄道:0.5
運輸の電力損失:0.05
電力:0.07
パイプライン燃料
天然ガス:0.9
水運:1.0
空運:1.7
非道路:
4.1
バス:0.3
商用軽量
トラック:0.6
運輸部門:27.5
貨物トラック:5.5
石油:25.1
軽用途車両:
15.0
バイオマス:1.3
道路:21.3
天然ガス:0.9

が結構あることもわかる。アメリカのエネルギー利用の約1％が天然ガスの輸送に使われているのだ（これについては後で論ずる）。貨物列車輸送の半分近くが石炭の移動に使われている――残りの半分のほとんどは穀物と一般食品だ。サンキー図をよく見ていくと、そこまで驚くほどでもない新事実もわかる。われわれの化石燃料供給チェーンは、それ自体が大口の化石燃料消費者である。

商業部門

商業部門は、製造・運輸に関連しないすべての経済活動を包括したものだ。こうした活動は多岐に及ぶが、オフィスビルと学校で使われる割合がもっとも高く、その多くは空間加温、給湯、エアコンディショニングに向けられる。ホテル、モール、病院がすぐ後に続き、これらは合計20％ほどになる。腐りやすいものをわれわれの家庭まで冷蔵で届ける「コールドチェーン」は、商業部門全エネルギーの10％近くを使用している。化石燃料を使用した発電に伴う熱電損失は、現在この部門で最大の要素となっている。

全体像

すべてを1枚にまとめた完全なデータセットは、情報密度が高すぎて、書籍という形式では読むのがやっとだ。それをここに掲載したのは、実用というよりは完全性のためだ。すべてのデータセットは、www.departmentof.energyで、閲覧したり、いじりまわすことができる――はい、このドメイン名を選んだのは楽しかったからだ。現代の世界の複雑性は、われわれのエネルギー経済の網目のように走る線たちに織り込まれている。何十年も前のエネルギー危機に対応するために設立された公共部門組織のおかげで、われわれは自分のエネルギーニーズについて、世界のどの経済よりも多くを知ることができる。タスクは、これらのエネルギーの流れをひとつひとつ――小さなものでもだ――を見ていき、「同じ結果を、ただし副作用としてのCO_2を出さずに、達成するにはどうすればよいか」である。エネルギー分野の起業家として、私はこの巨大チャートを実際に使い、来たる数十年の大きな経済的機会や、排出問題を解決しつつ偉大なビジネスを築くための戦略と技術の概略を得ている。

先で見ていくように、われわれが現在やっているすべてを、再生可能でクリーンな電気を使ってずっと効率的にやる方法は、そのほとんどが既知のものである。過去に問題として始まったものが、いまでは未来のためのチャンスとなっているのだ。

図4-7：アメリカ商業部門の供給から需要に至るエネルギーの流れ。

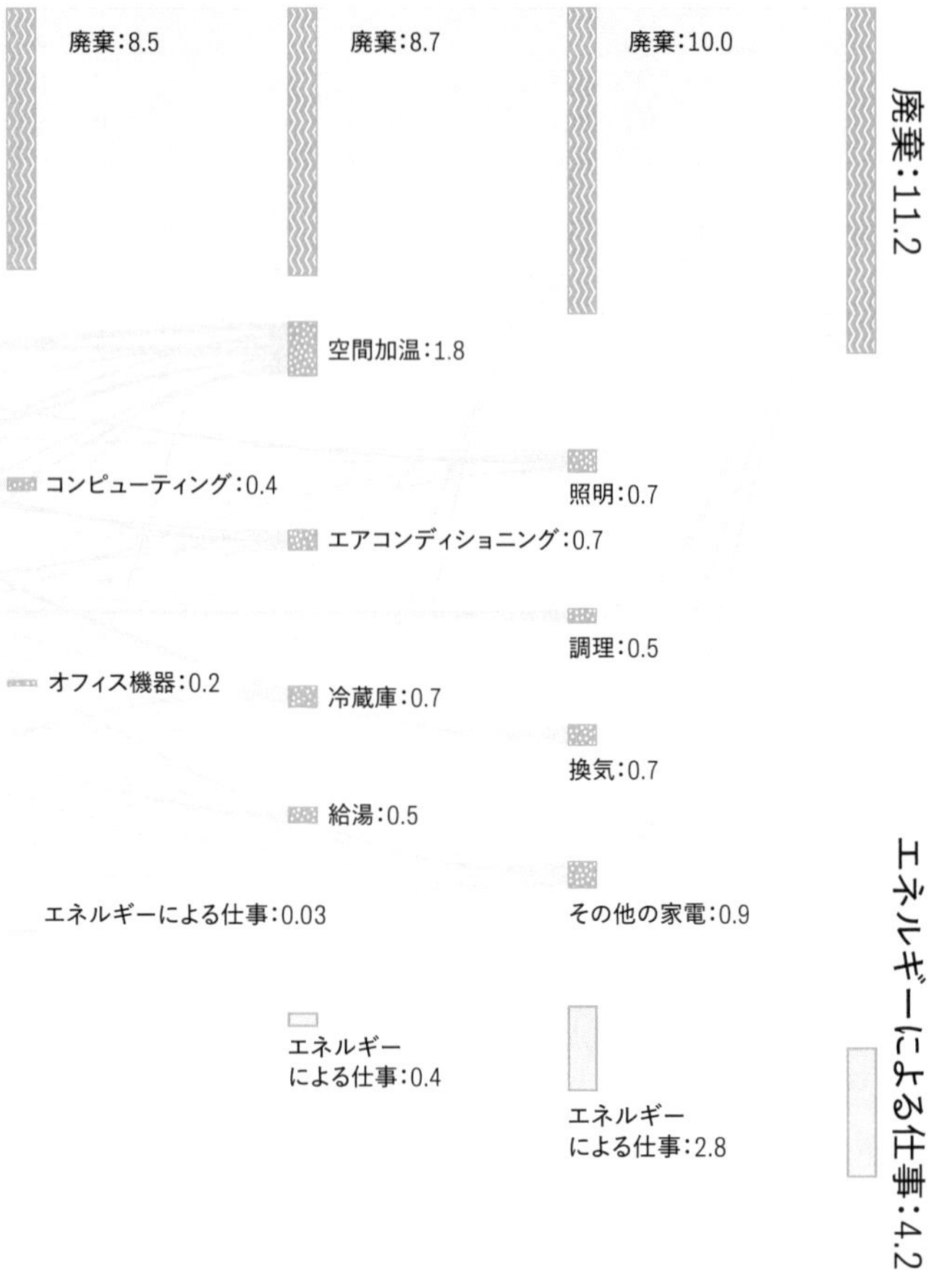

アメリカ商業部門総計
15.5クワッド

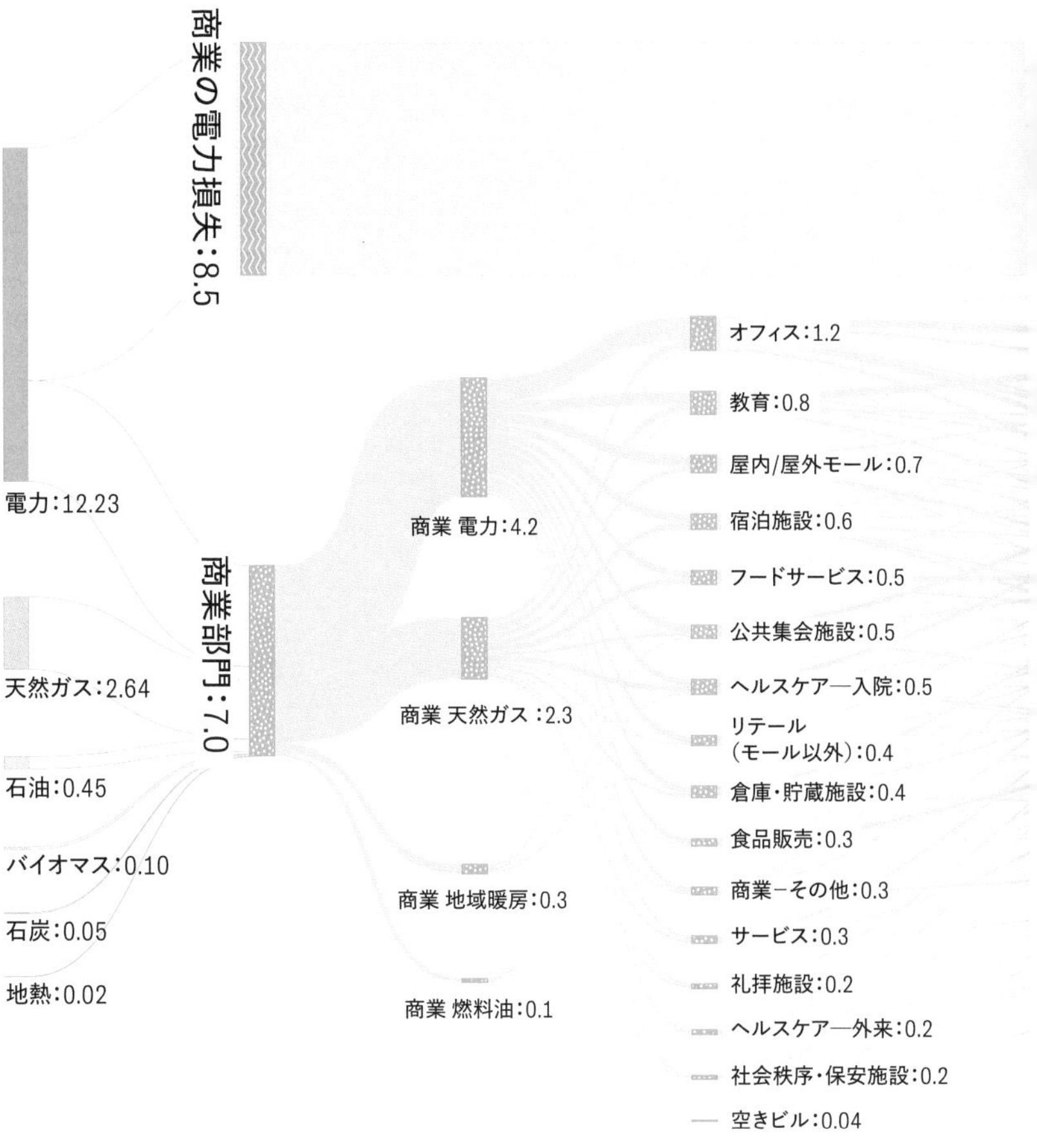
商業の電力損失：8.5
電力：12.23
天然ガス：2.64
石油：0.45
バイオマス：0.10
石炭：0.05
地熱：0.02
商業部門：7.0
商業 電力：4.2
商業 天然ガス：2.3
商業 地域暖房：0.3
商業 燃料油：0.1
オフィス：1.2
教育：0.8
屋内/屋外モール：0.7
宿泊施設：0.6
フードサービス：0.5
公共集会施設：0.5
ヘルスケア―入院：0.5
リテール（モール以外）：0.4
倉庫・貯蔵施設：0.4
食品販売：0.3
商業－その他：0.3
サービス：0.3
礼拝施設：0.2
ヘルスケア―外来：0.2
社会秩序・保安施設：0.2
空きビル：0.04

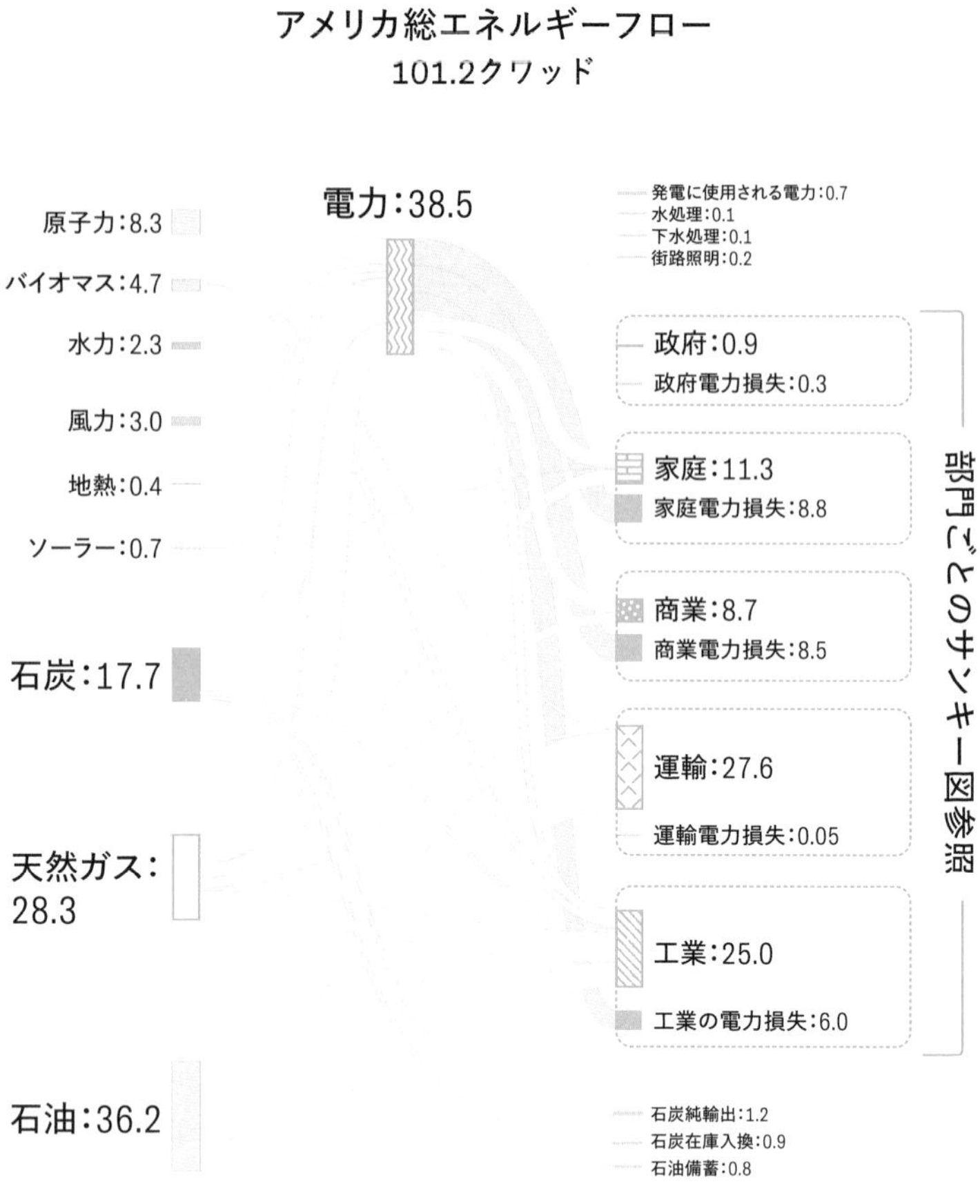

図4-8:アメリカエネルギー経済全体の供給から需要に至るエネルギーの流れ。

5　2020年代の思考

○いま や1970年代ではないし、われわれが直面しているのは効率化で解決可能だった70年代のエネルギー問題ではない。われわれには転換が必要である。

○70年代の思考は多数の小さな決断にわれわれをフォーカスさせるもので、全体像から目をそらさせた。

○70年代の思考は熱力学的効率性と行動変容を通じたエネルギー節約を混同している。

○70年代の思考は剥奪の物語である。

○70年代の思考は悪いことを減らすことであり、良いことを増やすとか、良いものを作ってわれわれの行動すべてに組み込むとかではない。

アメリカは環境について考えるとき、1970年代にさかのぼる思考法にとらわれている。この考え方を簡潔に表現すると（オーストラリア語で失礼）、「とんでもなくがんばって、たくさん犠牲を払えば、未来はほんのちょっとマシな具合になるかもしれない」だ。

気候変動の解決には、やるべきタスクにより誠実で、犠牲の物語より広範囲の人々を引き込める、新しい物語が必要だ。われわれが勝ち取れそうなもの——快適な家と鋭い加速のクルマのある、クリーンで電化された未来——についての物語などはどうだろうか。われわれが失わなければならないものについての悪夢ではなく。われわれには脱炭素への道がある。それが変化を必要とするのは確実だが、喪失は必要ないのだ。2020年のマインドセットは「正しいインフラストラクチャをただちに構築すれば、未来は素晴らしくなる！」だ。

「グリーン」であることに伴う犠牲の言葉たちは、効率と節約に焦点を当てた1970年代の思考の遺産だ。1970年代はアースデイ（1970年4月22日）に始まり、その10年間は二度のオイルショックによって特徴づけられた。レイチェル・カーソン『沈黙の春』などの革新的な書籍や、それに触発された環境主義運動の勃興もあって、エネルギー生産による大気汚染[*1]と水質問題[*2]が表面化しつつあった。こうした問題への答えが節約の物語になった。石油の使用量を減らそう、温度設定を下げよう、小さい車を買おう、運転も減らそう、である。こんな呪文が生まれた時代でもあった：「リデュース！　リユーズ！　リサイクル！」

このアプローチは、より燃費の良い（でも依然として石油燃焼の）クルマと断熱の良い（でも依然として天然ガス暖房の）住宅へと解釈された。70年代以来の効率性重視はリーズナブルである。あからさまな無駄を擁護できる人はほとんどいないし、リサイクル、二重ガラス窓、空力の良いクルマ、壁断熱材の増量、工業的効率化といったことが物事を良くするということに、ほとんどの人が同意するからだ。しかし、効率化という手段はわれわれのエネルギー消費成長率を下げはしたものの、構造を変化させなかった。われわれに必要なのはカーボン排出ゼロであり、何度も書くように、効率化ではゼロには到達できないのだ。

70年代の効率化の強調は、さまざまなタイプの効率性を合成しているので、混乱のもとでもある。大きなクルマをより高効率のエンジンで製造することもできれば、小ささによる効率性が高い小型車を買うこともできるし、クルマをあまり使わないこともできるのだ。これらの効率性において第一に来るのは熱力学的効率だ。他の2つは行動変容によるものである。環境主義者は行動変容による効率にフォーカスしてきた——それは良いことだ、彼らがやってる限り——しかしわれわれは、大きな技術変化によりずっと多くのものを得られるのだ。化石燃料で動く高効率の自動車を作るより（熱力学的高効率）、それをあまり乗らないことより（行動的高効率）、再生可能エネルギーで動く電気自動車を作るほうが意味があるのだ。

2020年代の思考は、効率についてではなく、変革について考える。

ジミー・カーター大統領が省エネルギーの手段について有名な発言をし、ホワイトハウスのサーモスタットの設定を下げ、さらにカーディガンを着てみせるまでしてから半世紀近くたったいま、専門家たちは効率化対策だけでは不十分であることを知っている。カーターの発言が、その6年前のニクソンの発言に奇妙なほど似ていることは、しばしば忘れられている。[*3] われわれは燃費の良い家電製品を作り、毎日のわずかな買い物を「グリーン化」するのに汲々としてきたが、炭素の大きな問題は、たいして解決していない。また、たとえエネルギー効率が十分だったとしても、アメリカは70年代以来、ドラスティックな消費量削減の姿勢など見せたことがないのだ。

さらに、それが広範な窮乏――多くの人々が効率性と結びつけている言葉――につながるのであれば、アメリカ人が脱炭素化を本当に支持することはないだろう。人々が大きな車、ハンバーガー、そして住宅の快適性といったことに執着し、そのために戦うのであれば、われわれは気候変動に対処できないだろう。多くのアメリカ人は、何かが自分を不快にしたり、自分から物を取り上げると信じたときに、それに同意することはない。

環境運動は効率性に――より一般的にはエネルギー方程式の需要側に――フォーカスするのをやめる必要があるのだ。それは、少なく使えば少ない供給で済む、と言っているだけだ。また、需要側の機器をすべて取り替えない限り、供給側をグリーン化するだけで気候変動を簡単に解決できるというわけにはいかない。われわれにはまったく新しいパラダイムが必要で、それは70年代の需要供給意識に囚われるものではない。両者が密接に接続されていることを認識するものだ。アメリカは供給を脱炭素化しつつ、同じ率で需要を脱炭素化しなければばならない。そしてそれは、ゼロ・カーボン電力で電動機械を動かすということだ。

あれから50年。いまわれわれは、脱炭素の終盤戦を指し切らなければならない。

この2020年代のパラダイムにおいて、環境主義者は大局を考える必要がある。われわれは1970年代の効率環境主義から、21世紀にふさわしい転換主義マインドセットに変化しなければならないのだ。効率化推進派は、まず効率を上げれば必要な電力が少なくなるじゃないか、と反撃するかもしれない。それはその通りだ。しかし私は、電化は政治的により受け入れられやすく、すぐに大きな勝利を得られること、大きく前進するには問題をすべての側面から見るべきであることを主張するものである。持続可能な漁法で漁獲された魚を十分に買い、公共交通を十分に使い、ステンレスの水筒も十分に買えば気候状況が改善するなどと思うのはやめよう。選択麻痺や無限に続く小さい決断のキルトからわれわれを開放しよう。そうすれば、大きな決断をうまくできるようになる。効率ではなく電化への大転換が、気候変動を解決する最上策なのだ。電気自動車が家の屋根やコミュニティ内の太陽電池で動き、暖房システムが遠くのウィンドファームで発電された電気で動くなら、あなたはすでに生涯排出量のかなりの部分を排除するような少数の重要な決断を下したことになる。

脱炭素化の終盤戦とは、すべてを電化することだ。これはつまり、エネルギーの需要**また**は供給を変えるのではなく、われわれのインフラストラクチャを——個人的にも集合的にも——**転換**する必要がある、ということなのだ。

6 電化せよ！

○親しみやすいからと言って、アメリカは化石燃料を類似の燃料で置き換えることはできない。
○またアメリカは、化石燃料を燃やし続けることはできないし、大気からCO_2を吸い取って地中や海洋に戻すことができると想定することはできない。
○われわれは（ほとんど）すべてを電化する必要がある。
○すべてを電化した暁には、エネルギー消費は現在の約半分になっているだろう。

われわれは化石燃料を使えない。それならどうやって世界を回すんだ？　ゼロカーボンエネルギーに変えろと言われて人がよく考えるのは、化石燃料をなにか「親しみやすい燃料」にただ変えることだ。そこにある1ガロンサイズのガソリンタンクに、ゼロカーボンでありながら同じ芝刈り機またはお馴染みのクルマを動かせる何かを、ただ入れるだけにしたいのだ。人々がネットゼロカーボン燃料のことをたくさん考えるのはこのためだ。バイオマス、エタノール、スイッチグラス、サルオガセなど、成長過程で大気中のCO_2を吸収し、燃焼することで排出するものはやたらにある。このような燃料で機器類を動かせば、生活の変化は最小限で済むのでは？　たしかにできそうな感じがするではないか。

同様に、水素であるとか、アンモニアやエタノールのような合成燃料でガソリンや天然ガスに似た性質を持つものを生産する話もある。これも簡単に聞こえる。ところがこうすれば、再生可能電力や原子力発電で作った電気を、送電網から直接電気自動車に入れるより、たくさん必要になるのだ。水素自動車はこの愚行の基本に忠実な実例だ。何が起きているか。1単位の電力を発電し、25％の損失で水素に変換し、燃料電池で電気に戻すときにまた25％損失してタイヤを回す——親しみやすい燃料なるものを親しみやすいタンクに入れるという利便性のためだけに——ということだ。現在水素自動車に使われている水素のほぼすべてが天然ガスの副産物であり、つまり現在の問題を恒久化しているにすぎない。またそれは、こうした燃料が解決策として皮肉にも過剰宣伝されている理由の一部でもある。

エネルギーの流れ全体の効率は、部分効率の掛け算だ。要点がはっきりするように、クルマを動かす3つの方法を見ていこう。電気、水素、そして何か魔法のようなガソリン的燃料で電気で作られるものだ（最後のひとつは、オレのフォード・ムスタングで世界を救えるぜ、と思い込めるような宣伝付きの「プロメテウス燃料」としよう）。

電気自動車では、電力を取り、バッテリーに充電し（効率90％以下）、これをドライブトレインに通す（効率80％以下）。

$$総効率 = 1 \times 0.9 \times 0.8 = 0.72 \quad (6.1)$$

1単位の電力で0・72単位の輸送が得られる。

同じ電力を水素を作るのに使い（電気分解による。効率65％以下）、タンクに圧縮充填して膨張させて戻し（効率75％以下）、燃料電池を通して使うと（50％以下）：

$$総効率 = 1 \times 0.65 \times 0.75 \times 0.5 = 0.24 \quad (6.2)$$

同じ1単位の電力で得られる輸送はわずか0・24となる。

電気からガソリンを作るプロセスを使うとすれば、その効率は50％以下だろう。そしてそのガソリンは自動車を20％以下の効率でしか動かせないので、次のようになる：

$$総効率 = 1 \times 0.5 \times 0.2 = 0.1 \quad (6.3)$$

つまり、同じ1単位の電力が、たった0・1単位の輸送となるのだ。必要な電力をすべて発電するのがいかに困難かを考えると（これについては次章で見ていく）、20世紀に慣れ親しんだ燃料が持てる利便性だけのために、われわれが3倍から5倍も発電するようになるとはとても思えない。ヘンリー・フォードがガソリン動力の金属馬を作るようなものだ。

この基本的な数式は、さまざまな形を取りながら、われわれの脱炭素上の選択肢のすべてに適用される。

バイオ燃料ルートでは、バイオマスと同じような量の燃料を製造できるという想定で考えているが、問題はその量が十分にはほど遠いことだ。世界を回すのに必要なだけのバイオ燃料を生成するには、地球が1年間に生育する全バイオマスの1／4を毎年燃焼する必要があり、環境に破壊的影響を与えるだろう。この方法では、もっともうまく行った場合でも必要な燃料の10％しか製造できないだろう。

合成燃料ルートでは、カーボンフリー電力をソーラー、原子力、風力、水力で発電し、この電力を、われわれが現在使用しているのとよく似た燃料の分子の合成に使うということを考える。これは上で見た非効率合成ゲームそのものだ。

燃料を何かと交換するだけで、アメリカを1970年代の熱力学的に低効率な機械だらけの世界に留められると考えてみよう。それは同時に、アメリカを大量の物質を燃焼し続ける巨大な非効率の中に縛り付けることになる。17章で見ていくが、人類は人類が作り出す他の何よりも大量に、化石燃料を輸送している——全農産物より、全金属・鉱物よりも多いのだ。この量の代替燃料を製造できるほどの産業を、必要なタイムラインでわれわれが構築できると思うなんて馬鹿げている。

ほかの「親しみやすい燃料」戦略には炭素隔離がある。その推進者はわれわれが同じ化石燃料を使い、大気からCO_2を吸い取り、地中に埋めると考えている。これも同じことで、人類が毎年排出しているCO_2の量は、われわれが利用する全物質フローの合計の半分以上にあたる。これほどの排出物を埋める土地などどこにもないし、そもそも熱力学的にひどい悪手であることを無視してる。

熱力学的にひどい悪手というのはどういうことかって？　炭素隔離は化石燃料により生じたCO_2を捕獲するためだけに、さらに多くの（約20％多くの）化石燃料を使い、続いてさら

電化経済によるエネルギーの節減

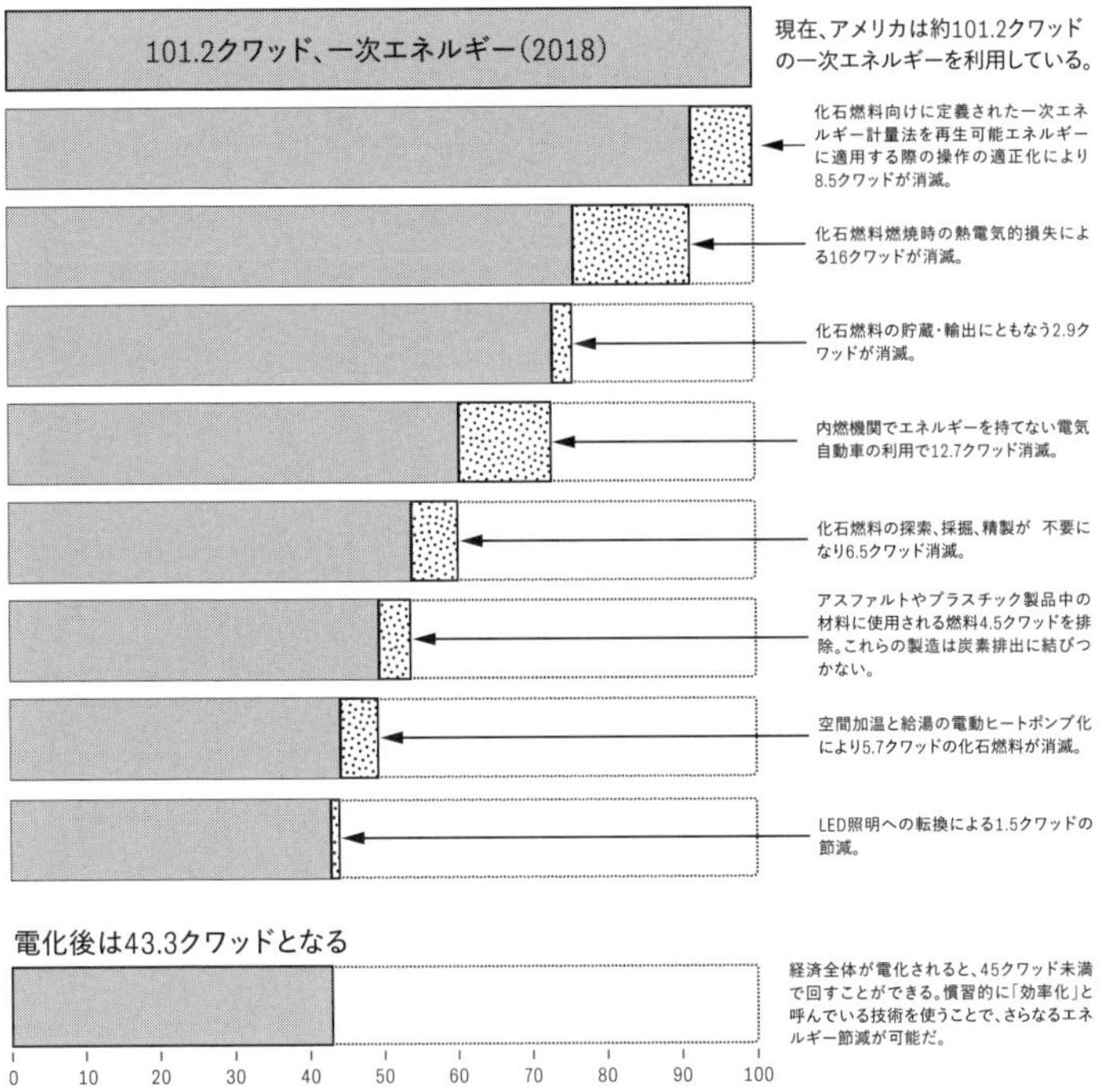

図6-1：米国エネルギー経済の大規模電化シナリオ、セクターごとおよびエンドユーズでの一次エネルギー削減をモデル化のゼロカーボンエネルギー源により経済を電化すると、必要エネルギー量は半分以下になる。大きな成果は、発電時の廃熱の消滅、電気自動車と暖房システムの電化による膨大な効率向上、化石燃料の探索、採掘、精製、輸送に使用されるエネルギーの相当量の消滅といった部分で得られる。

にエネルギーを投入して圧縮・埋立処分し――さらにそれが埋まったままであることを願う（それすら保証されていない）という話なのだ。

再生可能エネルギーが現状ですでに化石燃料とコスト競合性があることを考慮すれば、エネルギーについて考える者にとって、炭素隔離はそのコストがゆえに経済的に実現不能というのは、ほぼ明らかといってもよいだろう。

これらのアイディアはすべて、子どもたちの未来を燃やして化石燃料から利益を得続けたい人々により、冷笑的に推進されている。混乱して分断されないようにしよう。われわれは燃料を変えるだけでは済まない。機械も交換しなければならない。２０２０年代の考え方でインフラストラクチャを再考する必要がある。

完全な脱炭素化の本当に現実的な計画は単純だ。**すべてを電化せよ**、である。

気候変動を解決するのに必要な技術は、もう手中にある。また、すべてを電化した暁には、われわれは必要エネルギーを半分にできる（すぐ後で示す）。

エネルギーはどこに行くのか？

アメリカでわれわれが利用しているエネルギー総量のデータをよく見て、「すべてを電化したら何が起きるだろうか」という思考実験を始めると、興味深いことが浮かび上がってくる。図6－1に示したように、われわれが必要とする一次エネルギーは、われわれが思っているそれの半分以下であり、再生可能発電によりまかなう場合には半分で済むということだ。どうしてそうなるのか示そう。

クリーンな発電（23％節減）

化石燃料の燃焼で発電するのをやめることで、必要だと思っていたエネルギーの1／4近くを排除できる。

現在の発電プラントは、化石燃料を使って熱を生成し、この熱で作った蒸気でタービンを回して発電する。熱による発電には回避不能な効率上の限界があることが物理学的に示されている。こうした限界は熱力学の法則から来るもので、それによれば、熱を電気に変換する機械は変換に伴いエネルギーの半分以上を失う。これをカルノー効率――「熱力学の祖」としばしば言われるニコラ・レオナール・サディ・カルノーの名より名付けられた――という。カルノー効率は周囲温度と燃焼温度の比により定まる。ほとんどの現実的状況では、化石燃料の燃焼装置は効率20～60％である。

ソーラーや風力のようなカーボンフリーの非熱エネルギー源――これも物理学の法則に従う――の場合、エネルギーの形態はこんなに何度も変わらない。このため再生可能発電では、われわれが経済を回すのに必要だと思っている、化石燃料で量った一次エネルギーの15％が不要となる。化石燃料を使うとき、われわれは長いエネルギー変換の連なりを利用する。太古の太陽エネルギーがバイオ燃料（植物または恐竜）に変換され、それが地質学的時間を経て化石燃料になり、それが燃焼により熱となり、それが水を蒸発させて蒸気となり、それがタービンを回して運動エネルギーとなり、それが電磁気を通じて電気となるのだ。これらのプロセスのすべてが、各段階でそれなりの量のエネルギーを廃棄する（廃熱になる）。ソーラーパネルを使うときは、太陽からの光子が半導体に命中することで起きる光電効果（ありがとうアインシュタイン）により、自由電子が生ずる。だから、ソーラーセルが典型的には20％の効率しかなくても、20％効率の自動車エンジンでやっているような希少エネルギーの損失は起きていない。

われわれが必要と考えるエネルギー量からのもうひとつの「節約」は、化石燃料にまつわる統計上の長年の奇妙な扱いから来る。これは発電に必要な一次エネルギーを、水力と原子力の両者で過大評価させている。一次エネルギーというのは、不完全ではあるものの、国を動かすのに必要なエネルギー量を計る指標として有用なものだ。それは経済への一次投入量であり、伝統的には石炭のトン数、天然ガスの立方フィート数、石油のバーレル数として測られてきた。原子力や再生可能エネルギーがエネルギーの選択肢として出てくるに伴い、一次エネルギーとは何か、というのが重要になってきた。

１９７０年代、水不足や干魃《かんばつ》への懸念から、科学者たちは水力発電所の一次エネルギー量を、干魃時にそれを置き換えられる化石燃料発電所によるそれで換算した。化石燃料燃焼発電の平均効率は30〜40％に過ぎないため、これは一次水力発電リソースの過剰評価をもたらし、それが今も統計的慣行として残存しているのだ。奇妙なことに、水力エネルギーの計算では、われわれは水力発電施設の容量を取り、これを化石燃料施設の平均効率で割る——つまり、3倍多いものとして計算するのだ。文字通り化石燃料で定義されている世界の奇妙さとは、こういうものである。

統計上の奇妙さはもうひとつ、われわれが原子力発電の電気を測る方法にも存在している。アメリカは原子力発電プラントとして軽水炉を選択したが、これは部分的には廃棄物にまつわる安全保障と安全性の問題によるものだ。この種の原子炉では、核分裂物質の1〜2％のエネルギーしか取り出されない。しかし連鎖反応の中での危険な兵器転用可能同位体の生成をかなり回避できる。われわれは仏独のような増殖炉を使うこともできた。これは消費するより多くの核分裂物質を生成するものだが、安全性と安全保障の問題に関しては、より難しくなる。米国エネルギー省は、原子力発電所の効率の目安として、核燃料から有用エネルギーへの変換効率ではなく、「発熱率」を使用することを決めた。これは実質的には発電所の出力端での蒸気タービンの熱力学的効率にすぎず、原子炉内で起きていることを無視するものである。アメリカを脱炭素化するにはどうしたらいいか考える上では、原子力発電所の効率を発熱率で定義することは、利用されない残り98％の燃料を無視することであり、また原子力の効率性をまったく反映させないことでもある。

このような計量上の差異は、利用者をミスリードしてエネルギーシステムの無駄を実際より大きいものと考えさせうるし、原子力エネルギー利用における他の技術的選択肢を無視するものである。

このような化石燃料思考に組み込まれた計量上の差異を修正すると、必要だと考えていたエネルギー総量のおよそ8％が、実際には存在しないものであることがわかる。熱力学的効率と適切な計量方法による、つまり、カーボンフリーな発電に切り替えたり21世紀的な計量方法を選択するだけで得られる「節約」は、全体の23％にも及ぶ。どれも複雑に見えるかもしれないが、最低限のことを言えば、化石燃料を使わない世界の必要エネルギーはわれわれが考えているより小さい、というのが結論だ。つまり、気候変動の解決は、これを読む前にあなたが思っていたよりも10％容易である。

運輸部門の電動化（15％節減）

輸送の電動化は次の大きな成果になり、15％を削減する。いま圧倒的マジョリティをなしている自動車用ガソリンエンジンは、化石燃料を有用なエネルギーに転換することについて、発電所よりさらに低効率だ。燃料中のエネルギーを車両の運動に変える効率は20％にすぎない。運転後にクルマのボンネットを触ると熱くなっているのは、この廃熱の一部だ。（エンジンブロックで卵焼きを作ることだってできるのだ――古いランドローバーのエンジンルームにダッチオーブンを入れて、運転しながらシチューを作っている人たちもいる！）乗用車やトラックをすべて電動化すれば、こうした廃熱のほとんどをなくせるし、これらの車両を動かすのに消費されるエネルギー総量を1／3にできる。

電気自動車はすでにメインストリームだ。どんどん安く高速充電になり、性能、航続距離、オプションも良くなっている。いまのペースで改良が続けば、航続距離500マイル（約8000キロメートル）の電気自動車が数年中に出るだろう。いまのEVはほとんどすべての用途がまかなえるだけの航続距離がある。例外は一日中運転するような極端なドライブ旅行くらいだ。EV転換は「もし」ではなく「いつ」の問題なのだ。

化石燃料の探査、採掘、精製の終了（11％節減）

化石燃料の探査、採掘、精製、輸送に使用されるエネルギーの量は膨大、かつ大部分が不可視化されている。ゼロカーボン経済では、こうしたエネルギーが不要になり、11％以上の節減がもたらされる。石油と天然ガスの採掘にはアメリカのエネルギーフローの2％近くが消費されている。天然ガスの輸送（1％）、炭鉱設備の稼働（0・25％）、炭鉱から発電所への鉄道輸送（0・25％）、原油のガソリン・軽油への精製（3〜4％）は、合計すると全米のエネルギー供給の約8％を消費している。鉄道輸送トン数の半分近くが石炭で占められているのは驚きだった（残りの約半分が穀物であり、あとは少量の自動車や機械類、そしてわずかな人数の旅客だ）。われわれの集計は、石炭、天然ガス、石油の戦略備蓄の変動量を考慮する必要があるため厳密ではないが、それでも合計の削減量は約11％となる。製油所から給油所にガソリンを配達するタンクローリーの燃料や、この巨大重工業に必要な採掘・輸送設備の製造に使用されるエネルギーを考慮に入れると、化石燃料を使用しないことによるエネルギー節減量がさらに多くなることはまず間違いない。なにしろ、アメリカは他のすべての商品分野と同じ重量の化石燃料を輸送しているのだ（17章で詳しく解説する）。

用心深い読者なら、これらの節減分は化石燃料産業を置き換える風車、ソーラーセル、バッテリー、原子力発電所、送電網、電気自動車の製造に必要なエネルギーで相殺されると反論するかもしれない。しかしこれらの建設と運用に使用されるエネルギーが将来のエネルギー経済に占める割合は、おそらく現在化石燃料の処理に使われているそれよりもかなり小さくなる可能性が高い。投下エネルギーに対する回収エネルギー（energy returned on energy invested。ＥＲＯＩという世界最悪のアクロニム。）は、ある量のエネルギーを得るためにどれだけのエネルギーを費やさねばならないかを示すものだ。化石燃料のＥＲＯＩが7〜8であることはいま見てきた。化石燃料1単位の投入で、7から8単位が戻ってくるのだ。歴史的に、化石燃料のＥＲＯＩは、発電に使われた際の非効率性という文脈で考慮に入れられていたことがなく、そのため実際よりも高効率に見えていた。この部分を考慮に入れると、再生可能エネルギーは実に容易に勝利する。推計によって値はまちまちだが、風力発電と太陽光発電のＥＲＯＩは化石燃料発電所のおよそ2倍だ。メーカーが風力・太陽光技術における製造時のエネルギー入力を減らし、エンジニアがこれらのグリーン機器の耐用年数を伸ばせば、この差は大きくなるばかりだ。

建築物の電化（6〜9％節減）

家庭やオフィスで使用する熱の電気化は、新しいエネルギー経済における節減の、もうひとつの大きなチャンスだ。低温の熱（人肌よりも高温だが熱湯よりは低温である熱エネルギー）には、ヒートポンプというよく発達した驚異のテクノロジーがあり、これは従来の方法よりはるかに高性能だ。

現在、家庭やオフィスの暖房や給湯の熱の多くは、天然ガスや灯油を燃やすか、抵抗発熱体に電気を通すことで作られている。ヒートポンプは異なる原理で動作する。外気や地熱といった豊富な熱源から熱エネルギーを凝縮し、家電製品や空調機器に持ってくるのだ。この原理の違いによりヒートポンプは従来型機器より高効率で動作し、単位入力エネルギーあたりで3倍もの加熱・冷却能力となる。これをアメリカ全土というスケールで導入すれば、必要な総エネルギー量が、さらに5〜7％削減できる。

ＬＥＤ照明では、さらに1〜2％の削減となる。電気自動車と同様、ＬＥＤ技術は過去数年間に品質、性能、入手性の点で著しく成熟した。同じ照度で比較した場合、ＬＥＤは従来型の照明技術のおよそ１／５のエネルギーしか使用しない。それだけではない。寿命が数万時間と非常に長いので、電球交換の回数が著しく少なくなるのだ。使っていない電気を切るセンターコントロールや人感センサを使えば、さらに節減できるようになる。こうした技術を全面的に導入することで、さらに１～２％の節減が見込めるのだ。

燃焼しない化石燃料を考慮する（4～5％節減）

原材料として使用されている化石燃料は、現在のわれわれの「エネルギー利用」の４～５％を占める。これらは動力供給のために燃焼するのではなく、日常的に使われる製品に生まれ変わるのだ。よくあるのは黒い舗装道路だ。成分として原油精製の副産物である瀝青《れきせい》（アスファルト）が相当量含まれている。瀝青はアメリカの85％の家屋の屋根材（アスファルト屋根板）の材料でもある。プラスチックは天然ガスに由来する材料を使って作られている。石炭から得られる炭素は軟鋼を炭素鋼に変えるのに使われている。こうした材料中のカーボンはＣＯ$_2$として大気中に放出されることがなく、ゆえにそこに含まれるエネルギーは現在の気候にまつわる議論とは無関係だ。利用状況の把握は続けるべきだが、それはエネルギー経済への影響を測るためではなく、物質の流れと持続性の制約にまつわる資源アセスメントの範囲でやることである。

製造業の電化

工業の電化には巨大なエネルギー節減のチャンスがあるが、これについては経済の電化による巨大なベネフィットを見ていく本章では触れる必要すらない。工業セクターとその環境・気候対策への貢献については17章で詳しく解説する。簡単に言えば、このセクターまわりにはイノベーションのチャンスがたくさんあり、このことがアメリカのエネルギー節減の見通しをさらにバラ色にしてくれる、ということだ。

同じ快適性、同じ利便性、半分のエネルギー

これまでに上げた節減量を合計すると、われわれには現在使用している一次エネルギーのわずか42％以下しか必要ではないことがわかる。

これはかなりの驚きではないか。

アメリカは電化以外の効率化を導入することなく、エネルギー利用量の半分以上を削減で

きるのだ。温度設定も変えず、クルマを小型化することもなく、家も小さくしないでいい。それだけではない。電化は「後悔のない」選択肢なのだ——行動変容や、普通の「効率化」と呼んでいるものなど、他の戦略を追加導入した際は、得られるものがただ増える。電化だけが本当の脱炭素戦略である、というのはこのためだ——そしてこれは、電化が我々を「次は何をすればいいいんだ麻痺」から解放してくれる理由でもあるし、未来における化石燃料の役割の物語で人々を混乱させようとする人たちへの免疫応答にもなる。

未来について、多すぎる数字を多すぎる確信で語る人々は多すぎるくらいいる。そう、われわれは現在必要な一次エネルギーの42%しかおそらく必要ではない、と宣言してもよいのだが、あまりにも粗い数字だし、今後の発達によってこの数字は変わってくるだろう。人口は少し増えるだろう。クールな新しい娯楽を発明して、もう少しエネルギーを使うかもしれない（電動パラグライダーとかどうだろう？）。そして生活の質の向上は、ふつうはエネルギー消費の増大を伴うだろう。こうした変数を考慮に入れると、アメリカはすべてを電化することで生活を良くしながら半分のエネルギーしか必要としなくなる、というのが一番単純だろう。なかなかのものじゃないか。

気候危機に対する戦争への勝利は、同時にクリーンでポジティブな未来を意味することになる。家は蓄熱装置にもなるヒートポンプや放射暖房でさらに快適になる。家やクルマをダウンサイズすることは望ましくはあるが、アメリカでどうしても必要ということにはならないだろう。電動化したクルマはよりスポーティにできる。家屋内の空気もきれいになり、公衆衛生も改善する。これは現在のガスレンジが喘息や呼吸器系疾患のリスクを高めているからだ。鉄道や公共交通への大規模な移行は必要ない。消費者の温度設定変更の義務付けも、牛肉好きのアメリカ人にベジタリアンになれと頼む必要もない。ジミー・カーターのセーターをみんなで着なければならないこともない！（ただしカーディガンが好きなら、ぜひどうぞ。）そしてバイオ燃料がうまく使えれば、飛行機を禁止しなくてもよいのだ。

要するに、クルマ、家庭、オフィス、暖房、冷蔵庫など、生活の中の主要なものについては、気候に優しい未来は非常にわかりやすいということだ。すべてをただ電化すればよい。この未来を恐れる必要はないし、受け入れることで費用低減と健康改善につながる――あっ、それだけじゃない。一緒に気候変動も解決できるのだ。

7 電気をどこから調達するか

○世界のエネルギー需要に見合うだけの再生可能エネルギー資源は存在する。太陽光と風力がその最大の供給源だ。
○水力発電は決定的に、特に巨大バッテリーとして重要である。
○バイオ燃料も、特に航空輸送などに重要だが、これだけですべての問題を解決することはできない。
○原子力は厳密にいえば不可欠ではないが、非常に有用である。土地利用パターンが成功の鍵となる。

すべてを電化するために、アメリカは現在の発電量の3倍以上の電力が必要となる。現在、アメリカの送電網は平均450GW（ギガワット）の電力を運んでいる。前章で述べたように、ほとんどすべてのものを電化した場合、1500〜1800GWが必要になる。これは相当多い。太陽光だけを使用すれば、全戸の屋根を覆うだけでは足らず、すべての駐車スペースの上を覆ってもまだ足りないだろう（図7－1参照）。アメリカ中のコーン畑に風車を追加すれば、それで必要量の半分程度を供給できるだろう。この数字は、風力発電の電力密度としてウィンドファームの標準的風車間隔に基づく2W／㎡（ワット／平方メートル）、およびアメリカ最多の穀物であるコーン畑の総作付面積9千万エーカー[*2]（約36万平方キロメートル）を使用して得たものである。もちろん、風車とその周辺インフラを追加するには穀物生産用の土地のごく一部を取る必要があるが、この計算は規模感がわかりやすい――そして脱炭素の成功に対する農業と農家の重要な役割を強調してくれる。

すばらしいことに、エネルギーに不足はない。大気圏を通過して地球系に入る太陽輻射は8500テラワットある。TW（テラワット）は1兆ワットで、LED電球1000億個と同程度の電力となる。つまり地球に到達する太陽光は、人類の利用エネルギー総量の19TWよりはるかに多いということだ。[*3] アメリカはこの総量の約20%、3・5〜4TWの一次エネルギーを使用している。

太陽はほとんどすべての再生可能エネルギー（再補給可能なエネルギー）の一次供給源であ

る。その主役は太陽光だ。これは太陽の輝く場所ならどこでも豊富に存在する。太陽は大気を温めて風を生じる。これは風車で利用できる。風は波を起こす。これは波力発電機で捕捉できる。太陽が蒸発させた水は雲となり雨となり河を満たす。これは水力発電機で取り出せる。夏のビーチの熱い砂を踏んで歩けばわかるように、太陽は大地をも温めている。この「大地由来の」地中熱は、ヒートポンプという技術を使うことで建物を一年中一定の温度に保つのに利用できる。

まぎらわしいが、火山、温泉、間欠泉の親戚であるエネルギーもまた「地熱」と呼ばれる。地熱エネルギーは太陽由来ではなく、地球を形成したエネルギーの余剰に、少しの放射性崩壊熱が加わったものだ。これにより非常に高温になった地中の岩石に掘削でアクセスし、蒸気を発生させてタービンを回すことで発電ができる。水平掘削とそれにまつわるフラッキング技術を使うと、この資源をさらに利用することができるが（実はアメリカは深度5～10キロメートルにこのエネルギーをすばらしく大量に保有している）、この技術はコストに見合うと証明されたにはまだほど遠い。

太陽は光合成にも不可欠だ。光合成はバイオマス（木材、藻類、草、林業・農業廃棄物、廃棄食料、人糞その他の生物学的物質）を作り出し、バイオマスはバイオ燃料に転換でき、バイオ燃料は長距離航空のように脱炭素化が難しい部門にエネルギーを供給する。実は世界の化石燃料のすべては、時間をかけて埋もれ、濃縮された、非常に古いバイオ燃料にすぎない。

われわれは将来どのエネルギー資源を利用するのか？

アメリカのエネルギー需要を考えると、われわれは可能な限りの発電を行う必要があるのだが、ある種の資源はほかの資源より利用しやすく安価で便利であるということは理解する必要がある。ある地域では風力が良好で、他の地域ではソーラーに優れ、どちらも不十分でおそらく原子力が少し必要な地域もあるだろう。河があれば水力が不可欠だ。水力は現在アメリカの電気の7％近くを占める。海のある場所では、波力と潮力発電が余裕を生むだろう。洋上風力は海からの大きな供給源になりそうだ。

ソーラー、風力、原子力は、アメリカのエネルギー需要をはるかに超えて開発可能な資源である。ソーラーと風力は最安で、原子力エネルギーより関連問題が少ない。エネルギー供給の未来にまつわる戦いにはとんでもない資金が注ぎ込まれているため、スタンフォード大のマーク・ジェイコブソン（Mark Jacobson）[*4]が同僚らとともに、世界は水力、風力、ソーラー（WWS：water, wind and solar）で100％回せるとのプロポーザルを出したときは[*5]、気候・エネルギー業界に大変な騒ぎが起きた。プロポーザルへの反動は激烈なものであり[*6]、そしてこの批判への反論はアカデミアの狭い基準に照らしてもさらに強烈[*7]、つづく再批判には、より多くの毒を含んでいた[*8]。最終的には訴訟となった。私は歴史がジェイコブソンに味方することと、われわれがWWS技術でやっていけることを信じるものである。他の人々も同意しているのだ。[*9] ジェイコブソン計画への批判者たちは、すべて再生可能エネルギーの世界では必要な信頼性が得られることはないと主張している。次章ではこの問題を正面から取り上げて、こうした間欠的な電力源を信頼できるエネルギー源に変えることは思ったより簡単であると信ずる理由がたっぷり存在することを示すつもりである。需要と供給について考えることは絶対に必要であり、この学術的なコップの中の嵐への私の批評は、これに関わる人たちは誰もが式の両辺にきちんと着目すべきである、だ。ジェイコブソンはたぶんちょっと反核派かもしれないが、彼の批判者は反未来派すぎるのだ。

われわれは必要量に見合うどころか要求量を拡大することすら可能なほどのゼロカーボンエネルギーに恵まれており、ただ賢く利用するだけでよい。原子力エネルギーは再生可能ではない——世界には有限量の核分裂物質（主として各種のプルトニウムとウラニウム）しか存在しない。[*10] われわれの最良の試算では、核分裂物質は200〜1000年分が残存していることが示されている。この幅はどのくらいの可用性があるか、そして、アメリカが軍事転用可能な副産物を生成しない軽水炉に固執するか、生成する増殖炉に移行するかによって変わる。この国は原子力なしでもやっていくことはできるが、利用は可能であり、風力やソーラーのインフラを構築するには土地が狭い場所で有用である。

脱炭素化の方法の細部がどうなるにせよ、ソーラーと風力は重要な役割を果たすだろう。化石燃料駆動の世界をほぼ電気駆動の世界に素早く転換する後悔のない方法は、多くを再生可能発電（ソーラー、風力、水力、地熱）でまかない、適度な原子力とバックアップのバイオ燃料少々を組み合わせることだ。

これらの電源群の厳密な割合は地理的条件で異なるし、市場の力や土地利用にまつわる世論動向によりその多くが決まるかもしれない。このバランス・オブ・パワー（エネルギーオタクはPowerのダジャレが大好きさ！）［訳注：Powerはエネルギー関連では、ほぼ「電力」を指すが、一般には「権力」や「勢力」のニュアンスが強い。「バランス・オブ・パワー」は「勢力均衡」で国家間の秩序モデルのひとつであり、有名ゲームタイトル］は、各種の再生可能エネルギーに対応した蓄電がどのくらいうまくいくかで決まるだろう。これについては8章で論じる。

どのくらいの土地が必要になるか

アメリカの風景は、われわれが再生可能エネルギーに転換すれば必然的に変わる。ソーラーパネルと風車は都市部、郊外、農村部まで広く浸透するだろう。たとえばアメリカ全体をソーラーでまかなうとすれば、土地面積の1％を充てる必要がある。これは現在、道路や屋根に占められている面積と同程度だ（図7−1参照）。屋根上、駐車場、そして商業施設や工場は、太陽光を集めるという第二の役割を果たすことができる。同様に、穀物を収穫する土地で同時に風力を収穫することができるだろう。

これまで見てきた通り、アメリカですべてを電化する場合、約1500〜1800GWの発電が必要になるだろう。これをすべてソーラーで賄うには、ソーラーパネルが約1500万エーカー（約6万平方キロメートル）必要だ。数字を検証していただきたい：実充填率（ソーラーパネルが地表に占める割合）60％、セル効率（入射した太陽エネルギーを電気に変換する量）21％、容量係数（1日のうち太陽光が十分に当たる有効な割合）24％としてある。これで1500〜1800GWを得るには1500万エーカーが必要で、すなわちおよそ1メガワット／エーカーである。同量のエネルギーを風力だけで得たければ、風車の生えた土地がおよそ1億エーカー（約40万平方キロメートル）必要だ。ちなみに、アメリカ全土の面積は24億エーカーである。

アリゾナ砂漠の真ん中に太陽光発電所を作ればアメリカ中の電力がまかなえると言う人もいる。しかしこれは現実的には筋が良くない。（長距離）伝送と（短距離）配電が高コストだからだ。再生可能エネルギーはどこにでも設置されることになるので、他の土地利用形態と比較するほうが理解しやすくなる。アメリカを太陽光と風力でまかなうには多くの土地が必要なので、一石二鳥が狙える土地利用形態を調べるのは有用である。

まずは太陽光から見ていこう。表7−1では、アメリカの屋根、道路、駐車場の面積をエーカー単位で示した。どれもソーラーパネルが設置可能な場所である。当然ながら、こうした土地を再生可能発電のために効率よく利用するにあたっては細部の検討が必要であり、

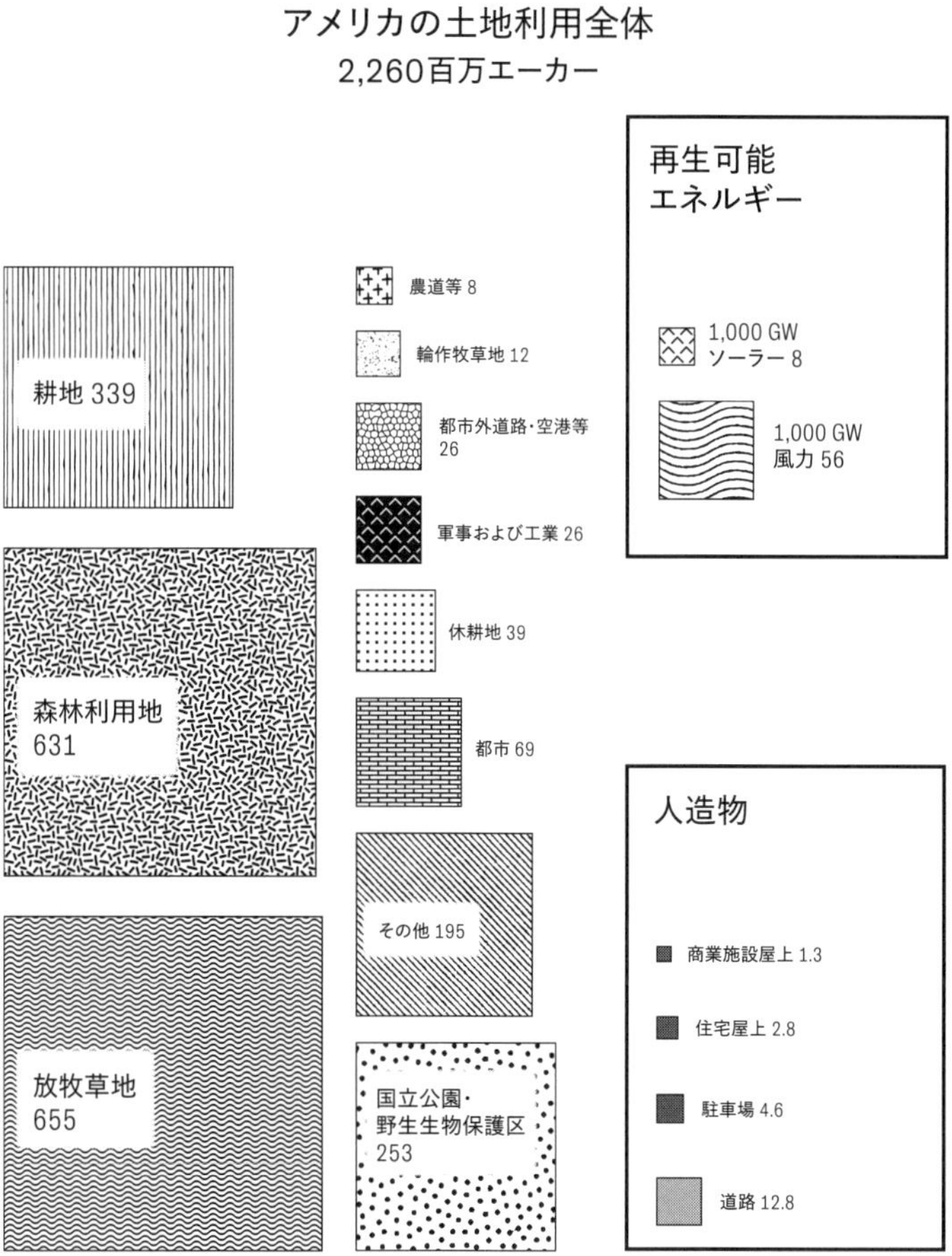

図7-1：アメリカの土地利用項目ごとの面積。国全体を動かすに足る再生可能エネルギーごとの必要面積を併記。風力発電に適した沖合面積は含まれていない。

数字は比較のためのものにすぎない。たとえばソーラーパネルによる道路舗装が注目を集めているが、太陽電池の上をクルマで走れば汚れや痛みの問題があるのでよろしくない。ソーラーパネルはハイウェイの中央分離帯に設置したり、道路や駐車場の上に釣る方が良いだろう。

これらをすべて併せれば、21×百万エーカー（約4050平方キロメートル）になる。ソー

人造物	百万エーカー
商業施設屋上	1.2
住宅屋上	2.8
道路	12.8
駐車場	4.5

表7-1：米国内の商業施設（600万棟）、家屋（1,200万棟）、道路（880万レーンマイル）、そして少なくとも10億台分（！）の駐車場が国土に占める面積の推定

用途	百万エーカー
穀物農地	339
休耕地	39
転作牧草地	12
放牧草地	655
森林利用地	631
都市外道路・空港等	26
国立公園・野生生物保護区	253
軍事および工業	26
農道など	8
都市	69
その他	195

図7-2：主要な土地利用

出典：Daniel P. Bigelow and Allison Borchers, Major Uses of Land in the United States, 2012, EIB-178, US Department of Agriculture, Economic Research Service, August 2017.

ラーだけでわれわれのエネルギー需要をすべて賄おうとすれば、15×百万エーカーが必要である――これは屋上、道路、駐車場すべての合計の2／3以上だ。設置できる場所にはすべて設置する必要が出てくるのは明らかだ。環境主義者には、分散型ソーラー（屋根上や地域型）により世界中をまかなえると信じている人たちもいるが、数字が語る物語はシンプルで、つまりわれわれは利用できる分散型発電設備はすべて必要であり、しかも産業規模でのソーラーや風車の設置も同時に必要なのである。

さいわい、われわれはアメリカの豊富な風力資源に頼ることもできる。今度は風車を設置できる場所を見ていこう。こちらの場合も二重の役割が担えて、農地や牧草地で風力を利用することができる。アメリカの土地利用を示した表7－2を見てみよう。

ひと目で分かるのが、風車を併設できる豊富な農地があることだ。休耕地は風車に理想的だ（農家の収入になるかもしれない）。放牧草地も大量にあり、こちらも農地と同じく風車に適している。都市、都市外道路・空港など、軍事および工業、国立公園・野生生物保護区、原生林を除いても、われわれには風力発電に利用できる土地が390×百万エーカーもあるのだ。風の具合や政治的傾向により、他よりも風力発電の導入に向いている土地もある。

ソーラーや風力はＮＩＭＢＹ（not in my backyard：うちの庭ではなく／必要だが他所で。ごみ処理施設のようなものへの一般的態度）にはなりえないものだ。化石燃料があまねく広がり、すべての人の庭を、空気を、水を、土壌を汚染していることを考えてみるがよい。われわれは何十年もかけて、風景が大きく変わっていくなかで生きることを学んできた。電線や高速道路からコンドミニアムや屋外モールまでと同じように、今よりずっと多くのソーラーパネルや風車とともに生きねばならないのだ。代わりに得られるのは、より清浄な大気、安価なエネルギー、そしていちばん大事なものとして、将来世代に陸地と景観を保全できることがある。エネルギー需要と土地利用のバランスを取っていく必要があるのだ。

原子力

原子力は有効でありえるし、実際有効だ。しかし50年間の論争を経た上で、いまだに拡散と廃棄物の問題を扱う最善の方法についての同意は得られていない。それはかつて予想されたように「測るには安すぎる」[11]ものではない。実際には再生可能エネルギーよりは高いものとなりそうだ。原子力発電のコストは聞く相手によって変わる。たとえば、ある特定の発電所の運用コストは驚くほど低い。一方で、コストには原子力技術を維持するのに必要な軍事コストや廃棄物処理コストを含むべきだと考える人も多い。これらはコストを著しく上昇させる。こうした衝突は他にもたくさんあり、真のコストをさまざまな議論の問題としてしまっている。

原子力は、とはいうもののベースロード電源として頼みにすることができてきたものだ。

ベースロードとは失われたり切れることがない、送電網提供エリアで最も信頼できるエネルギーリソースを指す。しかし専門家たちはここのところ、ベースロードとはこれまで考えられていたほど重要なものなのか、ということをしばしば議論するようになった。[*12]（われわれも8章でこれについて詳しく論ずる。）われわれに必要なベースロード電源は人々が考えているよりおそらく少なく、もしかしたらゼロかもしれない。これは以下の4つの要因による：電気自動車にもともとある蓄電能力、家庭や建物の暖房負荷の時間をずらせること、商・工業での負荷シフトや蓄電に見通しが出てきたこと、バックアップ用バイオ燃料や各種バッテリーが持つ潜在的容量である。

アメリカではおよそ60の原子力発電所に100ほどの原子炉があり、これが配電電力（およそ450GW）のざっくり20％（およそ100GW）を供給している。問題は、原子力発電所はその計画と建設に何十年もかかるということである。2016年、ワッツバー発電所2号炉が送電網に接続された――着工から送電網接続まで43年かかって。[*13]これは1996年以後、初の新炉である。[*14]計画中の新発電所は片手で数えられる程度であり、原子力発電を急速にスケールアップすることは――固有の技術的限界のためではなく政治的に――困難だ。

軽視されている問題がもうひとつある。現在の原子力発電所は冷却のための河や海が必要で、これによる水の加熱が水棲の動植物に有害であることだ。アメリカの全淡水の2／5にあたる量が熱電型発電所の冷却サイクルを通過しているのだ。多くの州にはこうした性質を持つ発電所を増設するだけの冷却水がない。現在の技術を使った原子力発電所の増設余地は現行のせいぜい2、3倍でしかなく、これはわれわれの目標である1500〜1800GWのせいぜい10〜25%にすぎない。

アメリカは原子力発電所をより速く建設しようと試みることができる。また、原発建設資金の借入利息はそれなりの追加コストとなりうるため、規制環境を変更することでコストを減らすこともできる。次世代原子力技術の開発も可能である。量産と規模の経済を使うことでコストを下げることもできる。しかしこれには多くの仮定が含まれるし、再生可能発電とバッテリー蓄電の方がずっと費用対効果が高い上に政治的にも好ましいことが明らかになるより前に米国がこのすべてを実行するなどということは、ありそうにない。

原子力発電はあまりにも問題含みなので、日本ではいくつもの発電所を止めているほどだ。これはドイツも同じである。中国も原子力技術を減速している。これらは原子力が使い物にならないからではなく（使えるとも）、社会的、政治的、エコロジー的、経済的な問題が、原子力による世界のエネルギー容量拡張の道を長く困難なものにしているためだ。そしてこれが太陽光より高コストであることも忘れてはならない。

米国エネルギー省は2030年までに屋根上太陽光で5セント／kWh（キロワット時）、商業太陽光で4セント／kWh、公共事業規模太陽光で3セント／kWhとする目標を設定した。それでもアメリカでわれわれが原子力エネルギーを排除することがまずないのは、安全保障上の理由からである。われわれが完全に武装解除するのでない限り、アメリカが原子力発電を全廃することを想像するのは非現実的だ。気候変動を解決するための最もありそうなシナリオは、米国での原子力（核分裂）発電容量の微増であり、ここで解説したさまざまな理由により、支配的な電力供給源とはなりえないだろう。非常に高い人口密度を持つ、再生可能エネルギー資源を持たない国については、原子力や再生可能エネルギー輸入（もっともありそうなのは電気としてだが、水素などもあり得る）だけが現実的選択肢となる。

このようにならべてみると、私が原子力をどうしたいか不思議に思うかもしれない。もしも世界の王であれば、私はそれなしでやり、よりシンプルに生きるだろう。しかし強制はできないので、世界の未来に原子力の居場所はありそうだ、と現実的に考えているのだ。ただし、原子力技術、廃棄物処理、安全性などの改善にずっと多くの投資をしない限り、原子力を増やすことは無責任だとも考えている。

とはいえ説得されて考えを変えるかもしれない。本書の執筆中、私と同様MIT卒業生でビル・ゲイツによる投資を受けた核融合エネルギー企業の創業者たちと話をした。この会社は核融合エネルギーへの現実的な道筋を立てているように思うが、彼ら自身も時間とコストの課題を認めている。5セント／kWhでの発電と2032年のプロトタイプ建設完了という彼らの主張を信じるにしても、少しだけ高すぎるし、少しだけ遅すぎるのだ。私は核融合の成功を望むし、そうなると考えている。しかし少しばかり恐ろしい考えにもなってしまうのだ。古くからの友人で素敵な思考者・作家のジョージ・ダイソン（物理学者フリーマン・ダイソンの息子）は、もしきまぐれに山を動かせるほどエネルギーが安価だったら人類は何をするだろう、という問を発した。私は自分たちが世界を不快にする形で自然を支配するのを恐れるものである（核融合駆動ブルドーザーなんてものがあったらどうなるか考えてみるがいい）。

なるほど……、それなら

われわれにはエネルギー源のバリエーションが必要だ。だから特定の解決を言い立てる人を信じてはならない。そして「なるほど……、それなら」を受け入れることで、われわれは脱炭素の方法についての議論を避けることができる。なるほど、それなら……、そのエネルギー技術が大規模に使えるようになる、ぜひやるべきでしょう。これは、アンモニアなどの再生可能エネルギー合成液体燃料、空中風力、低エネルギー核反応、低温核融合、その他もろもろ、クリエイティブな思考群から出てくるものに適用される。なるほど、それなら……、もし安価なバイオ燃料、または合成燃料、または水素が貯蔵メカニズムとして使えるなら、仲間に入れることができる。

「なるほど、それなら……」は炭素隔離や核融合、または（正しいR&Dへの投資とちょっとした幸運に恵まれれば）将来出現する、さらに驚く何かの技術的発達を可能にする。しかし、これまで述べたように、奇跡に依存するのは遅すぎて危険である。こうしたその他のプロジェクトに行く貴重な資本は、すでに機能することが分かっているゼロカーボンソリューションに行くことはない。「なるほど、それなら……」は脱炭素の主役たちの気をそらす論争を回避しつつ、他の技術がすべて小さくも重要な寄与となることを可能にする。

すべてを再生可能エネルギーでまかなうことを不可能にする物理的、技術的限界は存在しない。われわれにはできないと皮肉に、またはもっともらしく言う主張があるだけだ。残る最大の障壁たちには共通の起源がある：慣性および現在の方法への固執だ。これは化石燃料への補助金や誤った情報の大キャンペーンによく現れる。古いやり方に埋め込みになっているることもある。たとえばガス暖房をソーラーとヒートポンプに交換しなければならない消費者よりも、巨大プロジェクトに低金利を与える、州が後ろ盾になった電力会社独占だ。

ここにはトレードオフが出てくるだろう。原子力発電の増大はバッテリーの削減を意味するが、これにはより多くの抵抗と、まず確実なコスト上昇をともなう。ソーラーと風力の増大は土地利用の増大を意味する。われわれが許容不能なのは、何の前進も産まない計画たちだ。それらにまつわる議論で、われわれは物事を始める前に時間を無駄にしているし、効果的に大規模化できない技術に投資しすぎているからだ。真の基準は、われわれの気候状況の緊急性を考えれば、「それはいま大規模化できるものですか？」であるべきだ。

われわれはすぐに行動する必要があるのだから。

8

24／7／365

○再生可能エネルギーは間欠的なエネルギー源だが、補い合うものである。
○エネルギーを貯蔵可能なものはすべて貯蔵すべきである。
○エネルギーの最終需要で日照あるいは風量のある時間帯に移せるものは、すべて移すべきである。
○これまで電化されていなかった部門の電化により、送電網の安定化が容易になる。
○将来は電気を隣人とシェアしたり、友人から電気を借りたりする必要がある。
○また、州をまたいで送電するための長距離送電インフラストラクチャの拡張も必要になるだろう。
○化石燃料インフラと同じく、過剰容量には大きなコストメリットがある。
○21世紀のインフラストラクチャの良さを最大限引き出すためには絶対に「グリッド中立」が必要である。

ここまでで、われわれが必要とするエネルギーの量、それがどこから来るか、そして、あらゆるものをあきらめることなく（悪い空気、腐敗した政治、汚れた地下水盆をのぞく）すべてのアメリカ人をより快適にする方法がわかった。これから見ていくように、正しいファイナンスさえできれば、これははるかに安価で（10章）、何百万もの新規雇用を生むものにもなる（15章）。それではなぜまだわれわれは、可能な限りのスピードですべてを電化していないのだろうか。

脱炭素化に抵抗する人々はしばしば、化石燃料の燃焼を続けることとの利害関係者である。それ以外は単に変化が嫌いな人たちだ。こうした恐竜たちは、再生可能エネルギーは間欠的で高価で信頼性が低い、という批判によって自分の立場を覆い包むことがしばしばある。彼らは、再生可能エネルギーなぞ24／7／365で常時オンにすることに致命的に向いていないという。再生可能エネルギーは天候パターン、季節、昼か夜かによる変動出力であるため、供給は需要に追随できず、ブラウンアウト（電圧低下）やブラックアウト（停電）を引き起こすというのが、批判者たちが提示する懸案事項となっている。

たしかにわれわれは、スイッチを押せばコンロがオンになり電灯がつくことを、蛇口をひねればお湯が出ることを当然期待するようになっている。信頼性は、24／7／365の信頼性と低所得者への供給と引き換えに電力会社に独占を与えた大バーゲンの一部として、20世紀の送電網に組み込みになっていた。この取引は20世紀を通じてうまく機能したが、エネルギー部門が気候変動に対応できるほど迅速な脱炭素化や技術革新を行う動機をつぶすような、さまざまなインセンティブが残ることになった。[*1] 農村部の電力協同組合もまた、アメリカの消費者の大きな部分に供給を行っているが、彼らもまた固有のさまざまな、われわれの子どもたちにふさわしいより良い世界への進歩を遅らせるような課題を抱えている。

いつでも使える電気を期待する場合、再生可能エネルギー資源を利用することで、われわれはさまざまな問題に巻き込まれる。昼夜サイクルによる24／7チャレンジ（暗いときには明かりが必要である）が存在し、また季節による365問題（太陽のもっとも低い冬にかぎって暖房がたくさん必要になり、気温がもっとも高くなる夏にかぎってエアコンがたくさん必要になる）が存在する。

私はこれらのチャレンジへの解答をすでに持っていると信ずるものである。そして、実装こそまったく簡単ではないものの、解決はあなたが思っているよりシンプルだ。21世紀の巨大企業は物流のコモディティ化の上に構築された――われわれは同じことをエネルギーシステムにやる必要があるのだ。やるべきことはたくさんあるものの、われわれに必要なクリーンエネルギーの未来に向けたフルスピードの取り組みを遅らせる理由は存在しない。

需要を1分ごとに、1時間ごとに、1日ごとに、1ヶ月ごとに平準化するには、結集できる限りの知恵と工夫が必要だ。さいわいアメリカには知恵と工夫がたっぷりある。問題の大部分は既存のアイディアで解決するだろう。相互接続性が鍵となることも見ていく。これは平均化効果、地理的効果、各々の発電と蓄電容量に頼ることだけが、高信頼送電を保証する現実的方法であるためだ。

本書は全員で戦えるようにするための「イエス」への道のりを示すための本であり、山ほどいる否定的な人たちを黙らせるのに十分な詳細を提供したいと思っている。というわけで、送電網を24／7／365で動作させるためにやらなければならない仕事の数々を見ていこう。

これが脱炭素実現の上で残る最大の問題なのである。それは月に行くタイプの困難ではなく、多くのものを組織して同時に動かす困難である。聞いたことがあるって？ そう、われわれがインターネットを構築したときにやったことである。

ここまでに示したように、アメリカを駆動する1500～1800GWの電気の大部分は再生可能発電でまかなえる。これが現在の3～4倍の発・送電量となることは覚えておいてほしい。古い送電網のチューンナップでやるようなことではないのだ。21世紀のルールとインターネット的な技術による21世紀の新しい送電網の構築が必要である。

24／7問題

現代のアメリカの一般家庭はさまざまなエネルギーサービスを利用している。われわれのエネルギー需要は1日の中で変動する。大部分の家庭では、シャワー、洗濯、朝食などにより、朝は日中よりも多くのエネルギーを必要とする。夕方の需要はさらに多い（照明、冷暖房、食事の準備、皿洗い、エンターテイメントなど）。需要はみんながでかける日中には急降下する――そしてオフィスや工場で上昇する。われわれの外出中も、冷蔵庫のコンプレッサー、照明の一部、それにケーブルモデム、Ｗｉ－Ｆｉルータ、時計にタイマーなど、オンのままになっているものはいくつもある。負荷は朝に大きな塊で来て、日中の小休止、晩の大波をへたあと夜中の細い流れに続く。

時間ごとの需要変動に加え、天候の変化やもっと大きな季節的変動を受けた、日ごとの変化がある。

現在は、住んでいるところにより、この変動するエネルギー需要は天然ガス、電気、プロパン、薪、石油といったものの組み合わせで満たされている。これらのエネルギー源をすべて再生可能エネルギーに切り替えれば、炭素問題は解決する。が、これはとんでもない負荷変動をもたらす。ある家庭がクルマ、暖房、給湯、コンロ、衣類乾燥機のすべてを電化したところを想像してみるがよい。日中は家族全員が外出しており、この家の負荷はわずかなものである。日の落ちた夜になってみんなが帰ってくる。お父さんは電磁調理器で夕飯を作り、同時にお母さんは洗濯の負荷をかけ始める。子どもの一人は1日の疲れを洗い流すためにシャワーに飛び込み、もう一人は雪の屋外での1日の後で温まるために温度設定を上げる。クルマは2台とも充電にかかっている。午後3時にはほとんど電気を使っていなかったこの家庭が、突如全員が取り分を要求する形で、20～50kWの負荷を加えるのだ。これが負荷変動のもっとも極端なケースである。

熱負荷は、電化した場合に、大きく重いものになる。われわれは文化的に高熱源調理を好んでいる。クックトップのメーカーは高カロリーのバーナーを自慢にするではないか。電動ヒートポンプは非常に高効率だが、瞬間的な電気負荷は同様に非常に高い。エアコンもとんでもないエネルギー食いだ。衣類乾燥も必然的に高エネルギープロセスだ。ドラムを回転させながら水を全部蒸発させるのは大仕事である。私がここで洗濯物を吊るして干すことの利点を取り上げなければ、妻と父に怠慢のそしりを受けるだろう。洗濯物を干すことは衣類を長持ちさせ、匂いをよくする――そしてもちろん、無料の太陽光と風力を活用する素晴らしい方法なのだ。ちなみにこれは、オーストラリアの誇る発明品、ヒルズホイスト屋外物干し（ソーラーパワー！）にスポットライトを当てるものでもある。[*2]

われわれはガソリン車で即時の燃料補給に慣れ切っている。電気自動車に移行している人であれば、高速な充電には巨大な回路を使う必要があるのをすでにご存知だろう。一般的な120ボルト30アンペアの回路では、1時間ごとに10マイル（約16キロメートル）分しか充電できない。クルマの充電のために高電圧の高アンペア契約（多くは230ボルト40アンペア）に移行する人が多いのはこのためだ。このレートなら1時間ごとに25マイル（約40キロメートル）分が充電できる。480ボルトの「スーパーチャージ」に行く人たちもいる。

私は今の家にセンサーをたくさんつけて、すべての負荷の変動が見られるようにしてあるが、それにより図8－1のようなグチャグチャが得られた。分ごとのエネルギー使用に着目すると、完璧にしっちゃかめっちゃかだ。深夜はたぶん常夜灯と、ときおりオンになる冷蔵庫のコンプレッサーくらいで、家全体の負荷を合計して100Wも行かない。ところが、2台のクルマを充電し、電磁調理器で夕飯を作り、食洗機と衣類乾燥機を動かし、暖房と給湯器を動かすと、この家では25kWくらい必要になる。すべてを同時に使うというのが駄目な考えなのだ。

我が家のような個々の家屋による負荷変動への対処は困難だ。もし送電網に私の家しか接続されていなかったら、負荷変動への対処は不可能だろう。石炭火力や天然ガス火力発電所も「スピンアップ」には時間がかかる。（スピンアップとは発電機が文字通り回り始めることから来る言葉である。）我が家が唯一の家屋であれば、電気のスイッチを入れたり、テレビを付けたりするたびに、石炭火力発電所が点火して送電を始めるまで1時間ほど待つことになるだろう。住宅をグループ単位で考え、負荷を平準化することが有用なのはこのためだ。各家庭は厳密に同じということはないので、すべての人々の住宅をプールすれば、夕飯を作ったりシャワーを浴びたりする時間がそれぞれ違うことで負荷のバランスが取れるようになる。しかし住宅のプール化で分ごとの変動を平準化できたとしても、1日を通した需要はやはり変動する（交通と同じ！）。グリッドオペレータ（送電網管理者）という人々が、送電網に接続す

ある1軒屋の負荷プロファイル

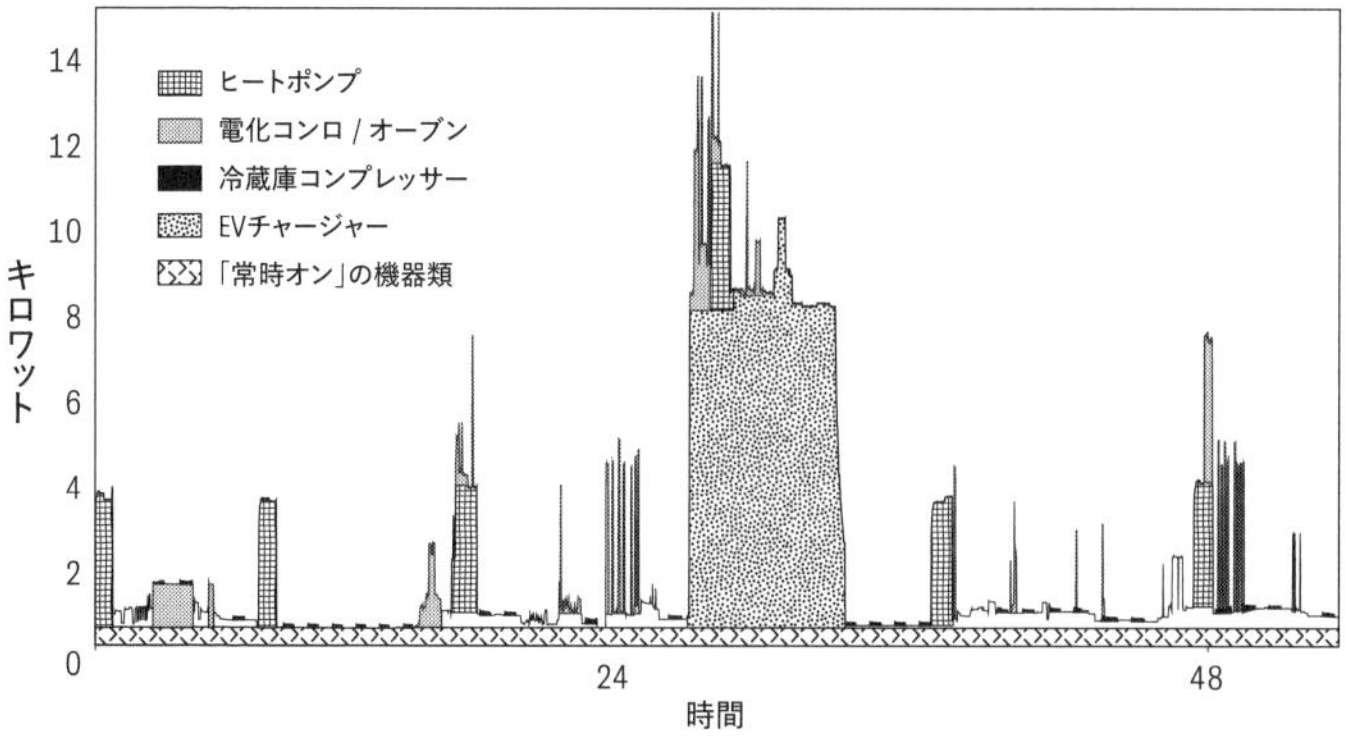

図8-1：Senseなどの測定機器を使うことで、驚くほど詳細に自分のエネルギー利用が見えるようになる。2020年2月10〜11日のこの負荷プロファイルを見ると、われわれの完全電化の未来への課題がわかる。

る発電量を注意深く計画・管理することで、常時安定した電気のように見えるものをわれわれに提供しているのだ。彼らは供給（発電）と需要（負荷）を一致させることに日々を費やしている。これがうまく行かなければ、われわれは電圧降下や停電にみまわれる。現在もそうだが、特に未来の送電網にとって、負荷管理は決定的に重要なのだ。現在のわれわれは送電網を機能させるために、互いの負荷とその平均化効果に頼っているが、こうした相互接続性は将来もっと重要になる。

個々の住宅の24／7の変動は、集合的に1日の需要変動曲線として見て取れる。朝に小さいピークがあり、日中に落ち込んで、みんなが帰り着く晩の数時間に大きく増大し、夜中に強く落ち込む。これを図8－2のグラフに模式化した。カリフォルニアは先進的なエネルギー政策をとっており、さまざまな物を導入しているが、グリーンエネルギーについてもアーリーアダプターだ。屋根にソーラーを設置して「メーターの後ろ」を取る、つまり日中の自宅の負荷向けに利用する人が、どんどん増えているのだ。これは通称の電力消費プロファイルとはあまりうまくマッチしないし、このミスマッチが図8－3に見られるダックカーブ（アヒルに似てると有名だ）として現れる。太陽光発電は午後早くにピークを迎え、朝と夕方の需要ピークに落ち込む。太陽光の利用者が増えメーターに出ない発電量が年々増大すれば、日中に送電網から取られる電力が減少し、アヒルの腹がふくれていく。

　あらわれつつある新世界の需給問題はダックカーブだけではない。季節の問題もあるのだ。夏には日照が増え、冬には

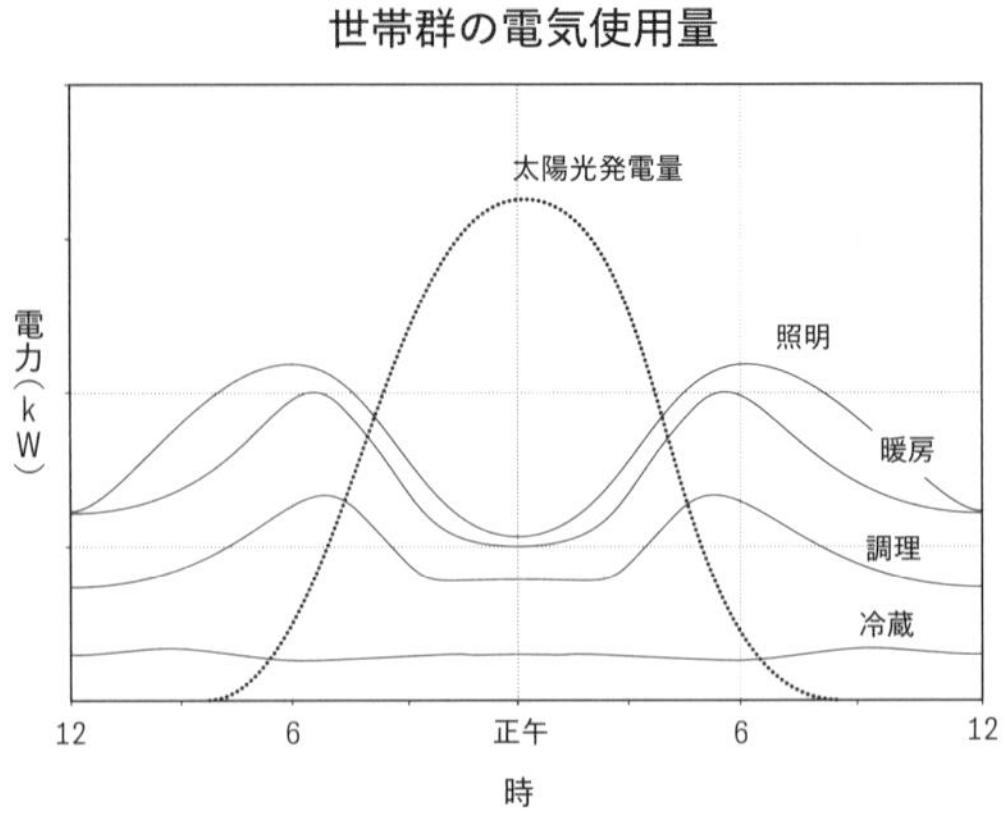

図8-2：住宅をグループ化して明かりをつけたりお湯を沸かしたりの厳密なタイミングを平準化していくと、住宅における電気負荷の図が描け、ソーラー発電曲線を重ねてみることができる。

風が強くなる。これは何千年も知られていたことで、全国の風力発電所や太陽光発電所の集計データにもあらわれている。

さらに、われわれは冬に多くの暖房を、夏に多くのエアコンを必要とする問題もある。また、夏には車の運転が増え、冬には在宅時間の増加で家中のあらゆるものが電気を使うと分かっている。これらの現象は、エネルギー情報局がまとめている電力負荷[*3]、石油使用量（多くは運輸部門）、天然ガス（暖房だけでなく発電も）の年次データを見ていくことで、季節ごとの負荷プロファイルとして浮かび上がってくる。

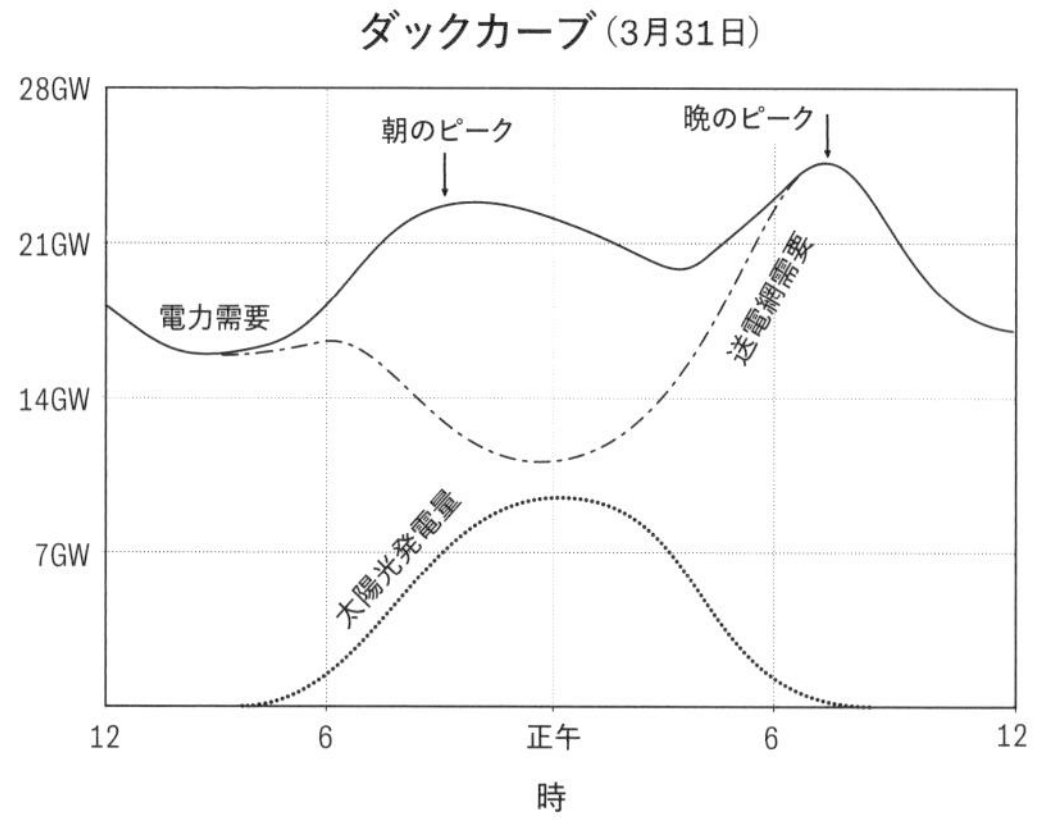

図8-3：「ダックカーブ」は、メーターに出ない「メーターの後ろの」太陽光エネルギーの、カリフォルニアの送電需要への影響をあらわす。屋根上に設置されるソーラーが年々増えるにつれ、アヒルの腹は膨れていく。

というわけで、われわれの24／7／365問題とは以下のようなものである：われわれの負荷は1分ごとに、1時間ごとに、1日ごとに変動する。そして1年を通じて気候が変化するため、季節ごとの負荷も変化（変動）する。次の疑問は、どうやってこれに対処するか、である。

解決策：需要と供給のマッチング

需要と供給のマッチングのために、一歩下がってエネルギーの流れの全体像を見たいなどという人は、居たとしてもごく少数だろう。困ったことに、これは誰の仕事でもないのだ。エネルギーの世界の人の多くは、自分の小さな一部だけを見ている。輸送用燃料、送電網のバランス、天然ガスの供給といったことだ。しかしわれわれの求める世界が本当に可能であるという確信を得るには、エネルギーの流れのすべてを一度に見渡す必要があるのだ。われわれは、ガス暖房のような非電気的負荷を電化する方法を知る必要がある。そうして初めてすべてのエネルギー利用のバランスが取れるのだ。問題の大部分を解決する既存のアイディアがあることや、相互の接続性こそ決定的に重要であることをわかるようになるのだ。

電池、電池、どこにでも（石油はもうよし）

負荷変動問題への対処にはたくさんの貯蔵メカニズムが必要である。主にバッテリーという形態で。これは誰でも知っているが、ここでわれわれはバッテリーとは何かについて、広く捉える必要がある。

アメリカは再生可能エネルギーのためにたくさんの貯蔵量を作る必要がある。化石燃料の世界で、われわれはすでに膨大な貯蔵施設を持っている。つまり、規模的にはやったことがあるのだ。天然ガスは地下の巨大洞窟に貯蔵されている。アメリカはおよそ1ヶ月分の供給量にあたる約4兆立方フィート（約1132億平方メートル）の天然ガス貯蔵能力を持っている。こうした貯蔵施設のひとつで起きた、悪名高い南カリフォルニアのポーターランチガス漏れ事故では、強力な温室効果ガスのメタンが大量に漏出した。ルイジアナとテキサスの米国戦略備蓄施設には、数億バレルもの石油が貯蔵されている——しかしこれはアメリカの消費量約30日分にすぎない。われわれの石油使用量の多さときたら！ 石炭火力発電所は、1ヶ月分の発電量に相当する石炭を備蓄しているものが大部分だ。[*5] こうしたエネルギー貯蔵システムは、寒波、パイプライン

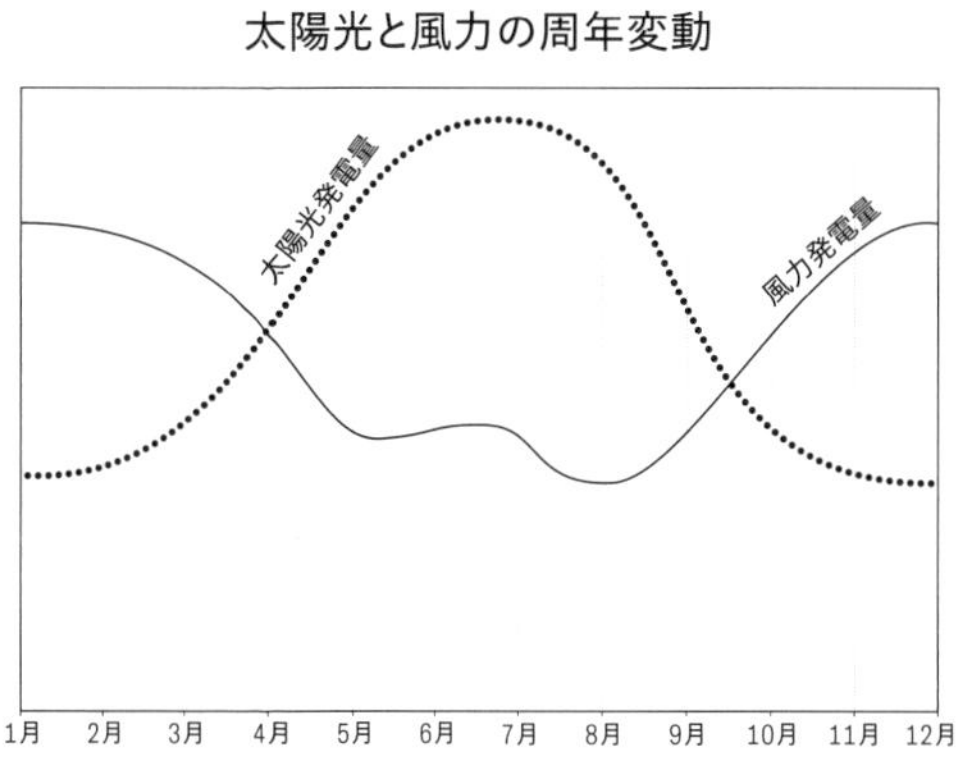

図8-4：太陽光と風力は周年変動する。これは季節の変化を見ている人には自明だろう。

障害、石油の禁輸など、変動に直面した際に需要と供給のバランスを取るために必要である。

信頼性のある電力供給に向けた、もっとも直接的なアプローチは、余分な電力があるときに貯めておき、必要なときに引き出せるような貯蔵インフラを構築することだ。

化学電池（単三乾電池の仲間）は、電力を直接蓄積できる。これは非常に高価だが、コストは急速に低下しつつある。リチウムイオンバッテリー価格は２０１０年に蓄電能力１ｋＷｈ（キロワット時）あたり１０００ドル（１０００ドル／ｋＷｈ）していたが、２０１９年には１５０ドル／ｋＷｈとなり、２０２４年には７５ドル／ｋＷｈとなる見通しだ。[*6] これにより、バッテリーの大規模展開というのが現実に可能になりつつある。化学電池は電力の短期の、または1日の中での変動を平準化するのに最適だ。ただ、これは1時間、1日、1週間といった蓄電には素晴らしくとも、冬に備えた蓄電のように、年に1度の充放電しかしないような用途にはとてつもなく高価である——設備投資の回収に１０００年かかるだろう。

そして現代のリチウムバッテリーは、ほんの１０００サイクルの寿命しかない。これはすこしは伸びるだろうが、そうだとしてもコストは高く、充電サイクルごとに10~25セント／ｋＷｈとなる。開発が進んで電池寿命が2倍から3倍になることが重要で、そうなればｋＷｈごとの蓄電コストは数セント程度になる。

屋根上ソーラーとバッテリー蓄電の組み合わせが現行送電網のコストに勝るようになったとき、エネルギーゲームは永遠に変わるだろう。エネルギー楽観派の友人は、バッテリーコストが送電網伝送を下回る瞬間を、エネルギーシンギュラリティだと思っている。私はそこまでは楽観的ではない——それはエネルギー経済を非常に根本的に変えるだろうが、われわれは依然として送電網も、それをバランスさせるありとあらゆる小技も必要とするだろう。市場によっては、この瞬間は間近、あるいはすでに訪れている。アメリカの送電網ベースの電力の平均価格が13・8セント／kWhであることを忘れてはならない。屋根上ソーラーがオーストラリアのように6〜7セント／kWhを達成し、バッテリーのストレージサイクルごとのコストが同じ6〜7セント／kWhになれば、バッテリー蓄電が送電網をコストで打倒する瞬間が訪れる。そしてバッテリー蓄電とは大きな投資なしに漸進的な構築が可能なものなのだ。バッテリーの資本コストをもう一度半分にして、寿命を2倍にすれば、この未来が訪れるのである。それは時間の問題にすぎない。この方向に急いで進めば、未来をたぐりよせ、気候変動の結末もより良いものになるだろう。

現在バッテリーが高価であること、将来も無料にはならないことを思えば、毎日の生活の中でバッテリーを必要とするもの、そしてバッテリーとして利用できるものすべてについて、考慮していくべきだろう。電気自動車のバッテリーは巨大な蓄電容量を提供する。アメリカの2億5千万台の自動車がすべて電動化されると、およそ20TWh（テラワット時）の蓄電容量となるが、これは単独で新しい電化世界の1日の変動のバランスを取れるほどの容量だ。概算を追えるように数字を書いておくと、2〜300マイル（約320〜480キロメートル）

の航続距離をまかなえるバッテリー容量として80kWhと置き、2億5千万倍して20TWhである。クルマは乗るものであり、このバッテリー容量のすべてを使えるわけではないが、そこから得られる寄与はやはり送電網を大いに助けるのだ。

クルマのバッテリーだけではない。アメリカの1億2千万の世帯と500万の商業施設には、膨大な数の温水器、冷蔵庫、エアコンシステムが設置されており、このすべてはエネルギーの貯蔵に利用できる。この種のバッテリーは熱エネルギーストレージだ。電気を直接貯蔵するのではなく、冷蔵庫やエアコンシステムで熱（または低温）に変換する。日中にエネルギー（太陽光）が余る未来において、余ったエネルギーを蓄積して夜中の冷蔵庫や暖房の維持に利用することは重要だ。これは過激でも高く付く方法でもない——電気が安い時間帯に温水器を動かし、後から利用することはすでに行われている。

われわれはこれができる機会をできるだけたくさん見つけ、活用していく必要がある。たとえば、洗濯機と乾燥機の大きさの安価な蓄熱システムがあれば、世帯あたり25kWhの蓄熱能力を追加することができるが、それはアメリカ全体では3TWhの電力となる。エアコン用の氷蓄冷システムを販売している企業もすでに存在する。エネルギーの安いときに水を凍らせ、暑くて電気が高価な時間帯に、この低温を利用するのだ。

他のタイプのバッテリーも存在している。揚水発電は物理電池の一種だ。このシステムは、風が吹いたり太陽が照っているときに電気で貯水池に水を汲み上げ、日が落ちたり風が凪いだときに水を落としてタービンを回すことで発電する。揚水発電は安価で、既存の水力発電インフラと共存できる。現在、送電網に接続されたバッテリー容量の95％が揚水発電所である。これは持続時間中程度の短期蓄電方法として優れているのだが、現在の蓄電量は季節的な利用量の相違をまかなえるほど大きくない。フライホイール、圧縮空気、水素など、エネルギーを蓄積するメカニズムは他にもある。さまざまな理由から、これらはグリッドスケール（送電網全体に影響を与える規模）での蓄電の主役になることはありそうにないので、解説は後に回す（付録A）。

バイオ燃料を季節的なギャップのつなぎに使うのも重要だ。もっともよく知られたバイオ燃料、木材について見てみよう。エネルギーの単位はコード、4フィート×4フィート×8フィート（約1・2メートル×1・2メートル×2・4メートル）の丸太の山だ。常識的には、1家庭1冬あたり3コード（約227立方メートル）の木材が必要であるという。最小限の管理のもと、一般的な1エーカー（約4平方キロメートル）の土地で1コードを、努力次第で1・5コードを持続的に生産できる。誰もが5〜6エーカーの森林を所有していれば、冬期のエネルギー蓄積問題は存在しなくなるというわけだ（大気汚染問題が存在するようになるかもしれない）。親愛なる友人デイヴィッド・マッケイ（David MacKay）は言った。「森林生活者には木がある。他の全員にはヒートポンプがある」[*7] 私は薪生活に戻ることを提案しているわけではない――正しく使えばカーボンニュートラルな冬期暖房になりうるのは確かだが、万人向けではなく、国家規模にはなりえないから！　冬の焚き木とはなんぞやについて広く考えることが、われわれの出す大量のバイオ廃棄物も潜在的な冬期バッテリーのひとつになりえるのでは、という想像に行き着くのだ。農業、下水処理、食品、林業廃棄物をそのためのバイオ燃料として貯蔵しておけば、夏と冬の断絶を容易に埋めてくれる「バッテリー」となりうる。この種の廃棄物バイオ燃料は、現在のエネルギー供給の10％程度に相当する資源だ。バイオ燃料をどこまで季節的バッテリーとして活用できるかは、技術的、経済的、政策的な面から定まっていくだろう。

送電網内でも「メーターの裏側」でも、あらゆる種類のバッテリーを活用することが、サステナブルに発電される電気による24／7／365給電を現実のものとするのに必要だ。

蓄電は需要と供給をマッチする唯一の方法ではなく、しかもそれだけでは十分でもない。他の2つの方法として、需要対応と過剰容量があり、どちらもおそらくバッテリーより安価に実現できる。

すべてを電化することで負荷が安定する

インターネットが利用者の増加により良くなっていったのと同様に、電化されたものが増えるにつれて送電網は安定させやすくなる。

アメリカがすべてを電化するとき、われわれは家庭部門に加えて運輸部門、商業部門、工業部門を電化する。これらの部門は家庭部門よりさらに多くのエネルギーを利用する。だから、すべての家庭の負荷をならすことが電化を容易にするのとまったく同じで、全部門の電化と21世紀の送電網による相互接続は、さらに効果がある。

日中に家を空けたわれわれは、多くが工業部門や商業部門の仕事に行き、そこに負荷を持っていく。家の電気を消しながら、仕事場でコンピュータやキャッシュレジスターや生産ラインをオンにするのだ。これを活用すれば、負荷をバランスさせて再生可能エネルギー発電量とマッチさせるのが楽になる。

エネルギーと文化と社会の間には非常に重要なリンクがあり、熟慮の必要がある。石炭火力発電所の停止は高コストで困難なため（再起動に8時間もかかるのだ）、夜中もずっと動かし続ける。夜間に安価な電力が余り、それを活かすために夜間にお湯を沸かすということをやってきた歴史があるのはこのためだ。安いエネルギーを消費するために、暗くなってから負荷をわざわざ作っていたのである。われわれはエネルギーシステムを変え、エネルギーシステムはわれわれを変えるのだ。これがラスベガスの現在の姿にどのように寄与したか、ちょっと考えてみるとよい。

われわれは安価な夜間電力に対応するため、重工業での夜勤を発明し、この電力を消費できるようにした。太陽光と風力の世界では、このような決定の一部を考え直す機会がでてくるだろう。深夜勤が大好きという人を私はたくさんは知らない。だからこれは多くの労働者に利益をもたらすのではないかと思う。

シフト可能な大負荷が工業・商業部門にあることは大きな助けになるだろう。コールドチェーン（われわれの巨大な食料供給を冷たく新鮮に保つための一連の冷凍冷蔵倉庫、輸送車、他の貯蔵地点の集合体）には、膨大なエネルギーが使われている。この負荷は、食料品を損なうことなくシフトできる。システムを冷たく保つための冷却コンプレッサーを動かす時間帯を選び、温度管理を氷室のようにより慎重に行えばよいだけだ。すべてのセクターで、バッテリーになるもののすべてを、シフトできる負荷のすべてを、そのようにするのである。

製鉄所やアルミ精錬所ですら重要で、その大負荷を供給に合わせて動かせるようになるだろう。アメリカの製鉄、製紙、化学、食品・飲料業は、合計すると1日60億kWhを消費している。これは1世帯あたり50kWhに相当する――巨大な家庭用バッテリーである。工業部門は長期的に、主要な負荷を利用可能な供給エネルギーにマッチさせつつ、現在と同量の製品を生産できるようになるだろう。メンテナンスがソーラー発電量の小さい冬期に予定されるようになることも想像できる。エネルギーが豊富なときに過剰に生産すればよいからだ。製品を在庫しておくことが電気を直接貯蔵するより安いということはしばしばあるだろう。われわれはすでに、冬にパンを食べるために夏小麦を貯蔵するということをやっている。この季節性を耐久消費財にも拡張し、太陽が輝いているときに干し草を作るための安い電気を、企業たちに供給するのだ。

需要対応：負荷のバランス取り

蓄電の他にも、送電網のバランスを取る手段はある。需要側の負荷を断続的供給に対応して調整するのだ。この種の需要対応をわれわれはすでに一般的に利用している。現在のエネルギー状況において、夜間電力は安価である。これは需要が低く化石燃料発電所をオフにするのが困難であるためだ。人々はプールポンプや給湯器のタイマーを、この時間帯にオンになるようにセットしている。将来は、安価な電力は太陽のある午後早くに来るようになる――タイマーの設定を変えればいいだけだ。

現在、典型的な家庭では24時間あたり25ｋＷｈの電力を使用している。２台のクルマを電動化し、それぞれをアメリカの平均である年間１３０００マイル（約２１０００キロメートル）運転すると、合計で1日あたり～20ｋＷｈの常時負荷相当を追加することになる。現在天然ガスでまかなわれているすべて――温水器、暖房、調理――を電化すると、さらに～30ｋＷｈの負荷となる（ヒートポンプを使った場合。使わなかった場合は～80ｋＷｈ近くなる）。家計全般を電化すると、およそ3倍の電気が必要になる――そしてガソリンと天然ガスが不要になる。これは一見問題に思えるかもしれないが、熱負荷を追加したり電気自動車を接続することで、これらが代わりばんこに太陽光を吸収する機会がぐっと増えるのだ。この方法を「需要対応」という。

家庭や商業の負荷の多くは可変的だ——たとえば、プールのポンプは一日のどの時間帯に動かしてもかまわない。こうした機器のネットワークを組むことで、需要を供給の足りているタイミングに動かすことができる。これに加え、複数の家庭をまたいでネットワーク化すれば、一定の地域の人たちがすべてを同時にオンにすることがない状態を保証できる。このようにすれば送電網にあらわれるピークロードを大きく削減できるので、信頼性は向上し、送配電量が節約できる。

我が家では、すべての負荷をバランスさせるためのシステムを構築している。屋根に収まる限り大きなソーラーパネルを設置する予定だ。これは定格発電量（夏の晴れた日の正午ごろの値）で約20kWになるだろう。1日を通した平均が4・5kW、発電電力量の合計は100kWh／日ほどになるだろう。これは私の負荷すべて、つまり、電気自動車1台と電気自転車、電気スケボー数台をまかなうのに十分な電力量だ。給湯器とその他の暖房設備は電動ヒートポンプで動いている。電磁調理器とオーブンも電気だ。我が家に必要な熱設備は、すべて日中の太陽光発電量が最大のときに動き、その熱は夜中に利用するために蓄熱してある。このシステムで次に優先するのは、最大の負荷である電気自動車の充電だ。タイマーを使うことで、皿洗い機と洗濯機は負荷許容量が最大の時間帯に動くようになっている。私はエネルギー消費の大部分を日中のソーラー時間帯に押し込めることができるだろうが、すべてとはいかないし、変動部分をならすための送電網接続は依然として必要になるだろう。電気のシステムと制御を少し改変する必要はあるだろうが、そうしたソリューションは世界中で開発されており、設置は安価で簡単になっていくばかりだろう。このことはまた、解決法や消費者から見た簡便化や不可視化を達成する人たちにとって、大きなビジネスチャンスを意味するだろう。

Rocky Mountain Instituteはその刊行物『The Electrification of Buildings（建築物の電化）』で、需要対応とは何か、それは何をするものかを解説している。図8－5は需要対応の実行前と実行後を示したものだ。元の需要曲線は私の家のロードプロファイルとよく似た、1日を通じてかなりガタガタの形状をしている。できるだけ多くの需要対応を行うことで、負荷の大部分をソーラー発電曲線の下に押し込むことができる。この状況は、より多くの人々が住宅をネットワーク化し、シェアされる需要と供給のプールが大きくなるにつれて改善していく。

あなたの風力、われわれの日光、あなたの原子力、われわれの水力

あちらの朝日でこちらの朝食を作り、こちらの夕日であちらの深夜テレビを点けられるよ

うにするために、我が国にはたくさんの長距離伝送インフラストラクチャーが必要になる。

カリフォルニアに10基の風車があるだけなら、風が吹かずにほとんど発電できないという日が必ずある。カリフォルニアに10基、アイダホに10基、テキサスに10基、ノースカロライナに10基ある場合、どの1日を取っても、集合的に見れば発電ができている可能性はきわめて高い。同様に、たとえバージニアが曇っていても、フロリダとニューメキシコでは依然として太陽が照っているということがあるだろう。送電網に接続する地域の数が増えれば増えるほど、発電が常時できている可能性が高まるのだ。アメリカ本土48州は、4つのタイムゾーンに広がっているためソーラー発電できる時間が長い。東海岸の太陽は中部諸州の早朝の需要増加を助けられる。カリフォルニアの午後遅くの陽光はシカゴの晩のピーク需要の最後の部分に供給できる。グレートプレーンズを抜けていく宵風は夜中のカリフォルニアを支え続け、目覚める東海岸を助ける。

長距離送電はハブ・アンド・スポークモデルを採用していた20世紀の配電において不可欠のものだった。中央に位置する巨大発電所が送電線を通じて我々の家屋に接続されていたのだ。広く分散した再生可能発電をともなう新しい送電網では、こうした長距離送電がさらに多く必要だ。20世紀の発電技術の一部を維持することで、問題はいくらか簡単になるだろう。現在約100GW（ギガワット）の原子力発電所が送電網に電気を供給している。このベースロード資源は、あらゆる場所でギャップを埋めることができる。この容量を大きくすれば、供給不安をもっと小さくできるだろう——しかしこれは、さらに遠距離でさらに大電力の伝送が前提となる。

大量のエネルギーを北から南へ、東から西へ動かせば、24／7／365問題はずっと簡単になる。そしてここでも隣人とのシェアが有効だ。カナダから風力を、メキシコから太陽を分けてもらって供給を強化するのだ。

インターネットとまったく同じで、接続する人が増えるほど、そして接続規模が大きくなるほど、それは良くなる。われわれの送電網は既にタイムゾーンや州境をまたぐ大規模相互接続を持っている。ここに魔法みたいな新技術を考える必要はない。どうやればいいかすでに知っていることを、さらに推し進める必要があるだけだ。

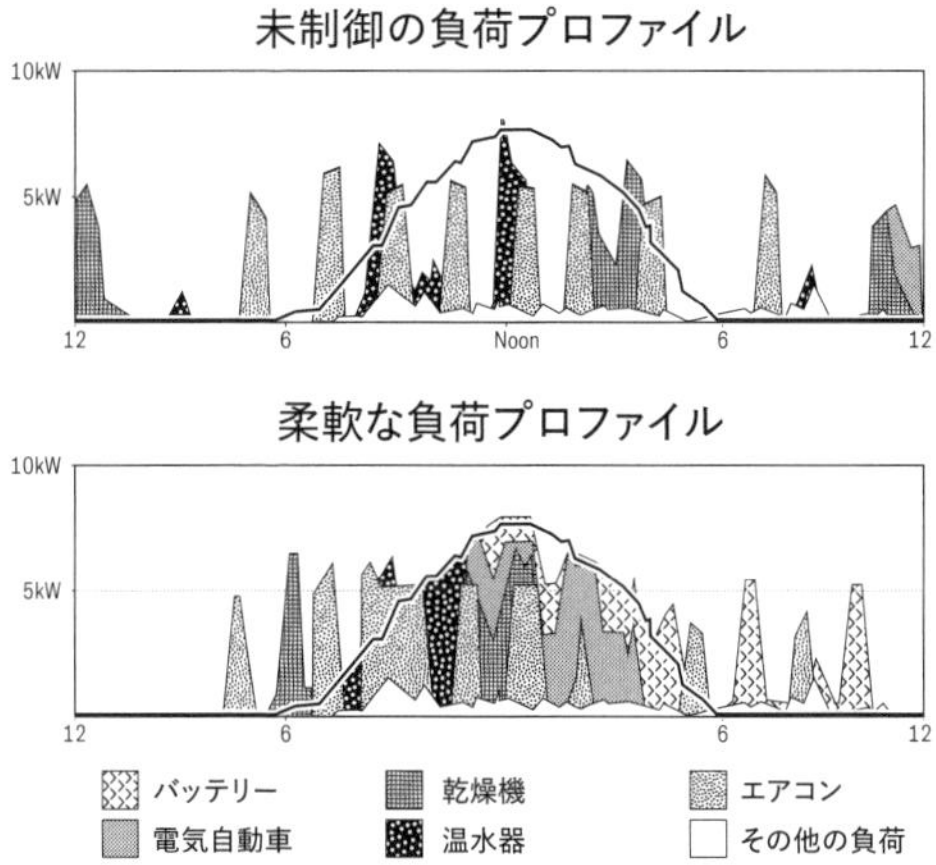

図8-5：「典型的」家庭の負荷プロファイル。ソーラー発電量により変化する供給曲線に合わせて負荷の大部分を移動する需要対応の効果を示している。

豊富性！

極端なアイディアがある。われわれは未来のエネルギーについて話し合うとき、効率性と希少性にとらわれて、希少性ではなく豊富性により駆動される世界というものを想像することを忘れている。豊富性とは過剰能力のことであり、現在のエネルギーシステムで利用されているものだ。そしてこれは、われわれの再生可能な未来において、安全でクリーンで信頼できるエネルギーを最安で供給する方法の1つなのである。

実例の1つに、既存のエネルギーシステムでピーク時間にのみ発電する天然ガスの「尖頭負荷発電所（ピーカープラント）」がある。こうした発電所は、たとえば晩のピーク需要に合わせ、午後遅くにスピンアップする。一日中は運用せず、その意味では十分に活用されていない。言い換えれば、これこそ過剰能力の代表なのである。他の（一目瞭然ではない）過剰能力の例としては、我が国の自動車がある。われわれがクルマを常時完全に利用できると仮定してみるとよい。供給に見合わせるのに必要な自動車の数は、ずっと少なくなるだろう。ところが、われわれが自分をあるいは自分のものを移動させるニーズは可変的で、完全な利用は（ライドシェアサービスはそれを目指してがんばっているものの）不可能である。いま、われわれがクルマとトラックのすべてのエンジンを同時に全力で回した場合、それはたとえば40TW（テラワット）の発電容量となるだろう。現実には、われわれのクルマは平均して1TWの出力しか使っていないので、およそ40倍の過剰能力にあるわけだ。

そしてクレイジーなアイディアとはこうだ：風力と太陽光による発電が2〜4セント／k

Whという最安のエネルギー源になるなら、冬期の供給減に気を揉む代わりに、システムを冬期の最低量に合わせて設計し、それ以外の季節は過剰供給の過剰能力にしておけば良い、である。これを本当にすごく極端な考えではない、と思っている人は私だけではない。

図8－6では、エネルギーシステムにおける通年の余剰と不足を、ざっくりとモデル化した。すべてのセクターは、電化、相互接続されており、前項で見てきた送電網接続の風力・ソーラー発電のパターンはスケールアップされている。暖房による冬の大きなピークと、エアコンによる夏の小さなピークが見て取れるだろう。将来の電力供給についても、やはり現在のソーラー・風力発電の季節変動パターンからモデル化できる。さらに、電力会社規模の太陽光発電所と風力発電所のデータ[*10]を使用し、この発電パターンを外挿することで、理論的なゼロカーボン電力供給モデルも構築した。ここでは太陽光発電容量を現状の50倍、風力を30倍としている。原子力発電所と水力発電所の供給量も2倍とした。当然ながら、図8－7には夏に太陽光によるピークがあらわれている。

ここで都合のいいことに、風は冬に多く吹くため、2つの供給源はおおまかに補い合って働く。1月が最少の供給量になるのも、風がまだ強く太陽が戻ってくる晩春が最大の供給量が晩春になるのも、意外なことではない。

さて、需要と供給の概括が得られたので、両者を合わせることで、通年での余剰と不足についても検討できるようになった。夏の過剰発電部分については、なにか魔法のような技術で貯蔵して、冬期の需要ピーク時に利用する方向で努力することもできるだろう。そうではなく、夏は必要よりずっと多く発電することをよしとし、冬期の最少供給量が最大需要をまかなえるようにする手もあるだろう。この状況を図8-8に示す。すべての需要に十分な電力を高い信頼性で通年的に供給するには、供給能力を20%ほど過剰に構築するだけでよい。送電網規模でコストが2~4セント/kWhであれば、この過剰な発電能力によるコスト上昇は0・5~1セント/kWhにすぎない。これは今まで検討してきた、いかなるバッテリーよりも安価な選択肢である。屋根上ソーラーで6~7セント/kWh、産業的な風力・ソーラー発電が4セント/kWhとなる見込みがすでにあることを考えると、心の平和のためにエネルギー生産者が余分の20%を追加するなんて狂気の沙汰だ、と言われても私には響

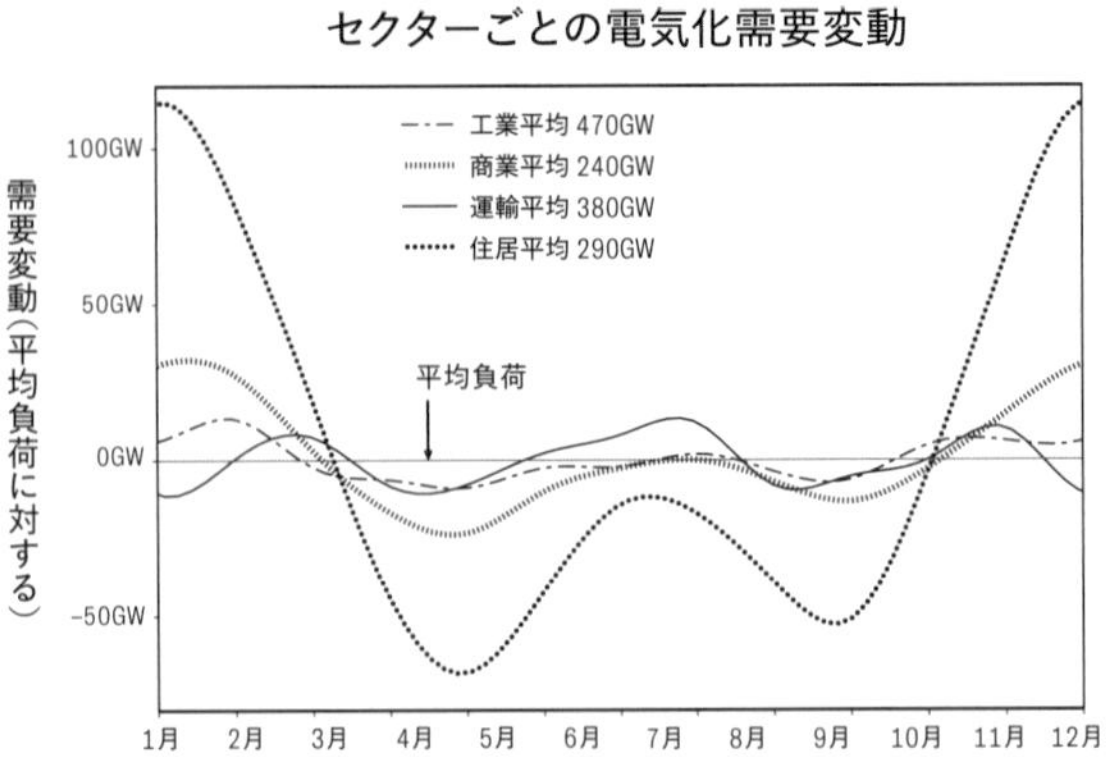

図8-6：負荷がほぼ完全に電化された際のエネルギーセクターごとの季節変動モデル。

かない。夏に余るエネルギーについては、水素やアンモニアの製造や、大気中の炭素の除去に費やされるのではないだろうか。

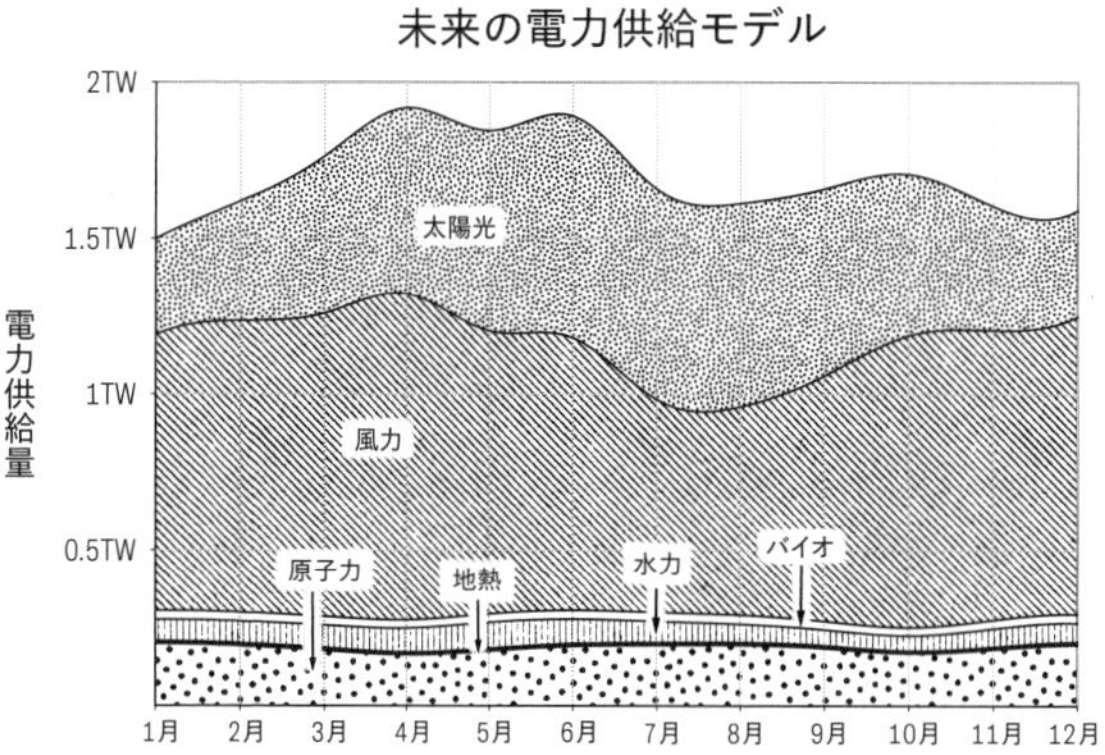

図8-7：風力および太陽光発電を主力に、ベースロードの原子力および水力を少し増やした場合の、アメリカの総電力供給量の季節変動。歴史的な風力・太陽光の発電パターンをベースにしている。

われわれの需要と供給のバランスを取ること、それを化石燃料なしでやることは可能なのである。古い考え方の一部を放棄するだけでいいのだ。クリーンでカーボンフリーなわれわれの未来は、豊富さの時代となるだろう。

これまで見てきたものを組み合わせれば、問題の解決には十分だ。唯一決定的に足りない要素が、すべてを束ねられる送電網である。

21世紀の送電網

1973年から1974年にかけて、現代のインターネットの前身であるARPA

NETに取り組む小さな研究者グループが、一般にTCP／IPと呼ばれる、ネットワーク上で情報がどのように流れていくかを定める一連のプロトコルを設計した。彼らはパケットという情報単位を発明した。

偉大なイノベーションは、ネットワーク上のすべてのパケットを、中身のデータ、どこから来たか、どこへ向かうかに関わらず、平等に扱うことを保障したプロトコルにあった。このアーキテクチャは、スケールすること、そして技術の変化に適応することに特化して設計され、実際にそうなった。小さな学術・軍事ネットワークから、数百億の接続デバイスが無数のパケットを送受する現代的なインターネットへと成長したのだ。

電力の「パケット」が数百億の接続負荷の間を高速に行き交い、これらを蓄電やバランス取りのために利用できることを可能にする、同じような分散電力ネットワークプロトコルの実現こそわれわれの目標となるはずだ。このアナロジーはインターネットが純粋にデジタルであること、送電網上の電力フローの管理は個体的なパケットではなく電圧と電流の管理であることから、かなりの破綻があるが、それでも依然としてアメリカが目指すべき方向を示す北極星として適切だ。そうしたシステムは小規模にはすでに（多くはマイクログリッドの名で）実装されているが、アメリカのエネルギーシステムの完全な電化には、何重にもオーバーラップしたマイクログリッドにすべての電力供給源と負荷が存在する分散型ネットワークの創造が必要だろう。

われわれは、すべての家庭と車両に存在するすべての需要対応機会と蓄電機会を、大規模かつ完全にシェアできる状態を達成可能である。そこら中にある小さな蓄電方法を積み重ねれば、必要である巨大バッテリーになるのだ。

現在ソーラーパネルを持っている人は、そのエネルギーの一部を送電網に戻すことで販売できるが、そこにはしばしば、月末の収支がゼロになるように使った分だけしか販売できない、などの制限がある。われわれは、各家庭が望む限りのソーラーパネルと蓄電装置を例外なく接続できるようにする必要がある。また、政策立案者は市民が自分の自動車と家電製品を国家規模の需要対応インフラの一部として提供する権限を与える必要がある。われわれの未来のシステムは利用時間帯価格制度よりイノベーティブで、総量課金より柔軟でなければな

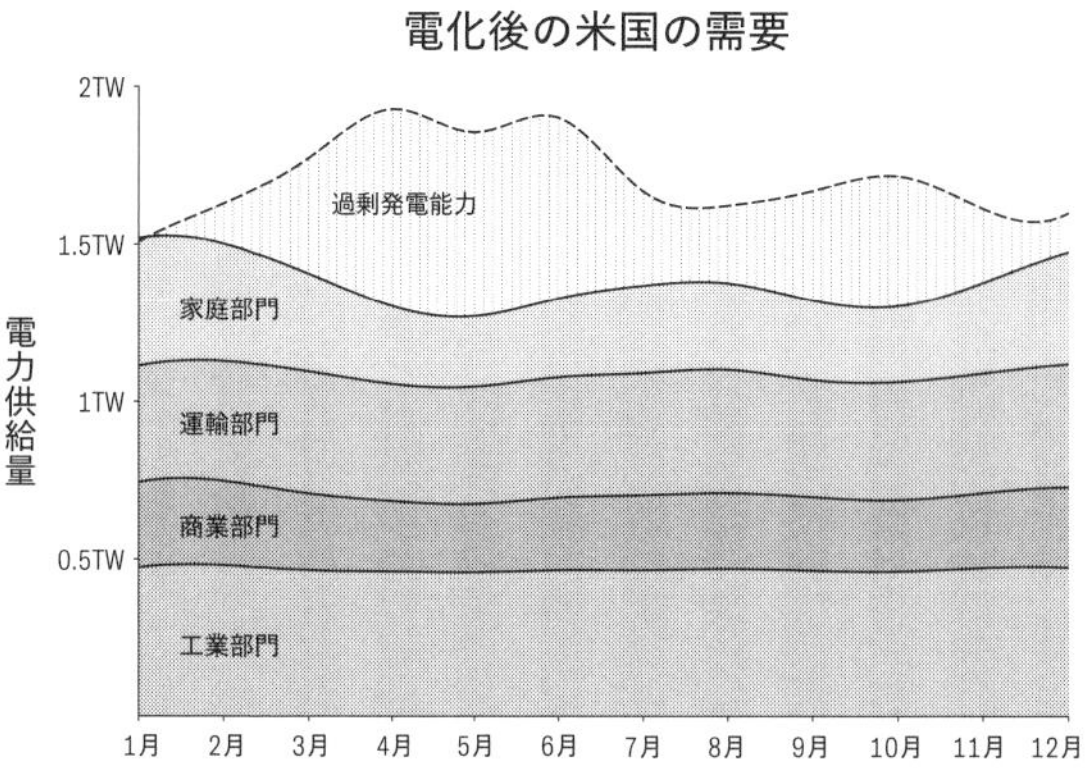

図8-8：エネルギー生産能力の過剰供給（現状の供給量に匹敵する規模の）は、再生可能エネルギーの冬期最少発電量だけで冬期ピーク負荷を確実にまかなうことを可能にする。

らない。接続された全員を供給者かつ需要者として、負荷シフト者かつバッテリーとして扱う送電網が必要だ。

さあ、グリッド中立性の要求を始めよう。農村電力協同組合の理事になろう。議員に手紙を書こう。州の公益事業体委員会役員に選出されようではないか。

9 インフラの再定義

○アメリカ人はちょっとした「グリーン」な消費支出にフォーカスすれば地球を救える、という考えをやめる必要がある。
○フォーカスすべきはわれわれの個人インフラストラクチャを決定づける、少数の大きな購買行動である。
○個人インフラはわれわれの21世紀のエネルギーシステムの共有インフラストラクチャである。
○インフラとは何かを再定義すれば、その取得のための資金調達について新しい方法を考える余地ができる。

インフラストラクチャは、社会または企業を運営するのに必要とされる物理的・組織的な基本構造および設備から構成される。現在のわれわれは、インフラというものを主としてダム、道路、鉄道、橋梁のようなものと考えている。しかしクリーン経済の構築には、このインフラの定義を21世紀向けに拡張する必要がある。

20世紀のインフラは主に供給側の視点を強調するものだったのに対し、21世紀のインフラは需要側をも包括する。道路だけではなく、その上を走る自動車と、その自動車の中のバッテリーも重要だ。送電線が通る場所だけではなく、その先端で接続されるものも重要だ。すなわち温水器、オーブン、コンロ、ヒートポンプ、そして冷蔵庫である。また最終消費者は送電網にのみ接続されているのではなく、まわりの全員と接続されているのだ。

インフラを再定義する必要があるのは3つの理由からである。まず第一に、それは個人としての我々が、自分のCO_2排出量を大きく変える大目標にフォーカスすることを助ける。第二に、それはわれわれの個人的なもの（暖炉、クルマ）と共同的なもの（送電網、送電線）の接続を明瞭に意識することを可能にする。第三に、もっとも大事なこととして、その取得のための資金調達について新しい方法を考えられるようにしてくれる。

あなたの個人的インフラストラクチャ

インフラの再定義はわれわれの個人的インフラから始まる。気候変動の解決を助けるために、われわれが注目する必要があるものはこれだ。われわれの個人的クリーンエネルギーインフラを構成するのは、われわれのカーボンフットプリントの多くを決めながらしばしば不可視化されている、毎日使う機器類や家電製品であるクルマ、暖房機器、給湯器、コンロ、ドライヤーなど、各家庭のお高めの機材である。これらはそこにどんな燃料を使うかと相まって、現代アメリカの排出量の40％以上を左右している。中小の企業と事業所による決断――どうやってオフィスを暖房するか、どんな燃料で社用車を動かすか――を加えると、排出量全体の60％以上を発生することがらについて選択していることになるのだ。こうした購買決定のひとつひとつをインフラストラクチャと捉える必要があるのはこのためだ。意思決定はうまくやることができるし、それにより排出量に大きな影響を与えることができるのだ。

現代の環境意識の高い市民は、毎日の小さな購買決定に多くの注意を払い、買い物袋、合成肉、休暇旅行、プラスチック包装などについて複雑怪奇な善悪計算をおこなっている。どんな小さいものでも重要だというのはもちろんそうなのだが、こうした考え方はこれまで見てきた通り、効率化という1970年代のフレームワークに囚われたものだ（リデュース！リユース！　リサイクル！）。このような購買決定は小さな差異を生むとはいえ、炭素という大きな問題を解決するには野心が足りない。

もっと大きく考えなくてはならない。住んでいる世界に正しい行動を焼き付けるために、われわれのインフラを根本的に再考しなくてはならないのだ。アメリカがそのインフラを正しく設計すれば、われわれは小さいことにクヨクヨせずに生きていけるようになる。

脱炭素化された未来に本当にかかわる、大きくて低頻度の決断の優先順位を上げることを、われわれは始めなければならない。どこに住むのか？　移動手段はどうするか？　何に乗るのか？　運転するのか乗せてもらうのか？　家の大きさはどのくらいにするのか？　屋根には何を載せる？　地下室には何を置くのか？　キッチンの白物機材はどんなものにするか？　すべて電化製品にするのか？

適切な個人インフラに投資すれば、朝起きていつもどおり生活を送るだけで、気候変動解決の一部を担うことができるのだ。

良き気候市民であるためには、4つか5つの大きな決断をうまくやるだけでいい。これらはおよそ十年ごとに行われる購買（または投資）についてのものだ。ガレージの中にあるもの、屋根の上にあるもの、あなたの家を暖めるものだ。賢く選ぶことで、毎日心を悩ませてきたことをだいたい忘れることができる。これらの低頻度の決断は、われわれをエネルギーをたくさん使うか少し使うか、二酸化炭素を撒き散らすか撒き散らさないかを決定づけるものだ。

気候を意識する人が気にすべき主な購買決定は以下の通りだ：

1. **個人輸送インフラ：**次のクルマは、そして以後すべてのクルマは電気自動車であるべきだ。（もちろん、公共交通、自転車、電動自転車、電動スクーター、その他が化石燃料駆動でなければ、すべてさらに良い選択肢だ。）

2. **個人発電インフラ：**次の機会には、自宅の屋根にソーラーパネルを設置すべきである。改修時、葺き直し時、新築購入時のいつでもかまわない。現在一般的な既存の電力負荷にどうにか間に合うような小型のソーラーシステムではなく、電気自動車と電化暖房設備を駆動するのに十分な大きさのソーラーパネルを設置しよう。

3. **個人快適設備**（空調）**：**暖房ボイラーやガス／石油暖房を電動ヒートポンプに交換しよう。さらに、家の断熱と密閉をおこなうのが賢明だ。フローリングを交換するところなら、温水輻射床暖房設置のタイミングとして完璧だ。エアコンは高効率のものを選ぶこと。また、建物全体ではなく1室単位で冷暖房できるシステムを購入しよう。

4. **キッチン、洗濯室、地下室のインフラ：**売られている中で最高の効率で電気式の冷蔵庫、ドライヤー、ストーブトップ（コンロ）、レンジ、温水器、食洗機、洗濯機を選ぼう。

5. **個人蓄電インフラ：**国全体が電化されていくと、小規模の家庭用バッテリーの設置が個人のエネルギー需要を守るものとして経済的意味を持つときが来る（これはまた、送電網をより頑健にするものにもなる）。議論の必要はない。「なるほど、それなら」の精神で、送電網接続バッテリーもきっと登場する。大事なのは必要な蓄電容量が十分あることで、それに全員の参加が必要なのだ。最終的にはコストが決め手となるので、送配電コストが安くなるように、最終利用者の近くで多くの蓄電を行うようになると思っている。

6. **地域インフラ：**自分のコミュニティと州でクリーンエネルギーインフラをサポートし、あなたの個人インフラがすべてカーボンフリーの電力源に接続されるようにしよう。学校や教会の駐車場を太陽電池で覆うように働きかけよう。

7. **個人食生活インフラ：**インフラについての議論で食生活上の選択について考えるのが重要だとは思わないかもしれないが、肉食を減らしたり、ベジタリアンあるいはヴィーガンにまでなるという決断は、あなたのエネルギーと気候排出量に非常に大きなインパクトがある。厳密な菜食主義は必須ではないが、熱くて混雑した地球に食生活を合わせることは、あなたにも環境にも良い影響を与える。

個人インフラを共同インフラに接続する

われわれ全員がこうした選択をすれば、自分の人生とコミュニティの中で気候変動を解決するという長い道のりを進むことになる。地主や友人、家族にも同じ選択をするように陳情する必要があるだろう。個人インフラを大規模化することのポテンシャルを考えよう。

個人インフラと既存インフラの接続を理解すれば、われわれの家やクルマをバッテリーとみなせるようになる。これはクリーンで電化された世界で、周辺のインフラにとって不可欠なバッテリーだ。アメリカは市民の個人的消費決定だけでゼロカーボン世界に到達できるわけではない。政府と産業界の決断が絶対に必要だ。とはいえ、われわれが個人としてもっとも簡単に排除できる排出量は、われわれが日常的消費者として直接制御できる部分のものだ。

直近の数十年にはシェアリングエコノミーの勃興があった。人々は家や部屋をエアビーアンドビーで貸し出せるようになったし、レンタルの自転車やスクーターはいまや交通インフラの一部となっている。インスタグラムやユーチューブを通じてみんながコンテンツを投稿するので、みんなのインターネットはより豊かに、より良くなっている。

アメリカ人は、エネルギーシステム全体のバランスが共有インフラに依存しているという事実に慣れる必要がある。つまり、すべてを接続する交通整理のルールを非常に注意深く、偏りなく書くのが重要であるということだ。もちろん個人個人で完全にバランスを取ることも可能ではあるが、それは全員が自分の負荷を処理できるほど大きなバッテリーを買おうとするということであり、一番高価な脱炭素手段となるだろう。クレバーで相互接続された個人と地域のインフラは、全員のコストを下げるカギである。

新しいインフラの資金調達ジェダイ心理トリック

すべてを電化する費用をどうまかなうかは極めて重要になるだろう。われわれの個人的生活インフラが21世紀のインフラに決定的に重要であるからには、それは可能な限り最小のコストで万人に開かれているべきであり、このコストには資金調達コストも含まれるのだ。もし私のクルマのバッテリーの一部が送電網のバランスに利用され、ときには送電網が私のヒートポンプと給湯器を負荷のシフトに使用するのであれば、なぜ私はこれらの物品にインフラ向けの低金利ではなくクレジットカードのリテール金利を払わされなければならないのか。

インフラの再定義は、アメリカは気候変動の解決からちょうど金利分だけ遠ざかっているのではないか、という魅力的な考えをいだくことを可能にする。次章で見ていく通り、インフラグレードの最低コストでの資金調達は必要不可欠だ。個人インフラのひとつひとつはそれぞれが高価で、現金で買える人は非常に少ないので、資金調達方法が費用対効果のカギとなるのだ。

われわれは気候にまつわる話し合いを、われわれの工業インフラと生活インフラの両方を修正することに向ける必要がある。駄目なインフラを構築したり、決定的購買のときに駄目な選択をすれば、望ましくないカーボン排出量にロックインされて失敗することになる。アメリカが良いインフラを構築し、良い選択をサポートすれば、われわれは誰もが良い生活をし、エネルギーを適切に高効率に利用し、人生の毎分毎分をわずらわすことなく気候変動を解決するだろう。亡き友人、デイヴィッド・J・C・マッケイ（David J. C. MacKay）の金言、「どんな大きなことでも重要だ（every big thing counts）」を思い出す。エネルギーについての素晴らしい論文、「Sustainable Energy without the Hot Air」に載っていたものだ。

２０２０年代のいま、21世紀のインフラの定義を持ったわれわれは、クリーンで電化された未来への道筋を見ることができるのである。

10

測るには安すぎる

- 過去20年間の技術改善により、クリティカルな技術――太陽光、風力、バッテリー――のコストは化石燃料以下になった。
- アメリカを脱炭素化するようなプロジェクトには、再生可能エネルギーのコストを半分にするほどの規模があるので、これらのコストは化石燃料に圧勝するようになる。
- われわれは電力のトータルコストを見る必要があるが、これには発電だけでなく送配電コストが含まれる。
- 将来の最安のエネルギーシステムは、家庭、地域、コミュニティでの発電を最大限にした上で、産業的な再生可能エネルギーとブレンドするものになるだろう。

カーボンフリーの未来を作り出すための技術はある。しかしわれわれに、切り替えの余裕はあるのだろうか。地球、人類、そして地球をシェアする美しい動植物の未来を考えているときに、コストについて話すというのは冒涜的な感じがする。われわれの未来を良くすることをするための「経済コスト」を正当化しなければならないのは憂鬱なことだ。しかし私はやるのである。鉛筆なめなめ、脱炭素化された未来が実はみんなの財布を助けることになるということを解説する。

われわれは気候変動を解決しながら将来のエネルギーコストを下げることができるのである。

電気はいまや安く、しかももっと安くなる

クリーン発電はすでにとんでもなく安くなっており、今も安くなりつつあり、電気メーターのこちら側では将来さらに安くなる——ただし14章で論ずるように、政策立案者が間違ったルールや規制をかけることがなければ。

エネルギーオタクが異なるタイプのエネルギー間で価格を比較するときは、平準化エネルギーコスト（LCOE：levelized cost of energy）という指標を使う。これはある技術について、すべてのライフタイムコスト（たとえば発電所の建設、運用、解体など）を計算に入れた場合の

kWh（キロワット時）あたり発電コストである。同様に、エネルギーオタクはエネルギー装置の資本コストをドル／W（ワット）で測る。資産運用会社のラザード（Lazard）は投資の目安とするためにLCOEを追跡しており、化石燃料と比較して再生可能エネルギーがどのくらい安いか示すデータを持っている。[*1] 最新のレポートによると、電力会社スケールであれば、ソーラーが3・7セント／kWh以下、風力が4・1セント／kWh以下であるという。これを天然ガスの5・6セント／kWh以下や石炭の10・9セント／kWh以下と比べてみるとよい。

こうした非常に低いLCOE値は電力会社規模の発電所の場合である。ちなみに面白いことに、屋根上ソーラーはこれよりも安くなることがある。なぜなら、自分で発電することにより配電にお金を払わなくてもよくなるからだ。アメリカのわれわれはまだこの可能性の実現には至らないが、オーストラリアはすでに屋根上発電のコスト（自家発電で電力会社に頼らない「電気メーターの裏の」部分）を、集約的な発電所からの配電コストより安いところまで引き下げている。アメリカの平均配電コストは7・8セント／kWhである――オーストラリアの屋根上ソーラーのLCOEである6〜7セント／kWhより高いのだ。オーストラリア政府はすでに安価な1・2ドル／Wの設置コストに対し、30〜50セント／Wの補助金を出しているため、設置価格は70〜80セント／Wとなっている。これによりLCOEは5セント／kWhを下回るのだ！　アメリカがこの方法で将来必要なエネルギーのすべてを作り出すことは不可能だが、かなり多くはまかなえる。

友人で私同様のオーストラリアからの移住者、アンドリュー〝バーチー〟バーチ（Andrew “Birchy” Birch）は、オーストラリアの屋根上太陽光発電モデルをアメリカで再現することについての有力な記事を書いている。彼は米国での屋根上ソーラーのコストの大きな部分が「ソフトコスト」、つまり機材の大きさに比例しないものであることを示した。これには許認可、検査、諸経費、取引コスト、販売費用などが含まれる。

エネルギー省もこれに同意しており、その1ドル／Wの太陽光ムーンショットの狙いは、ソフトコストの排除にあるという。[*2]

アメリカでのソーラーパネルの設置は注文住宅建築のようなもので、複数のレイヤーで設計、仕様策定、監督が毎回必要になる。このプロジェクトは各段階でコストをともなう評価と承認が必要であり、プロセスが進むにつれてガンガン積み上がる。税金、諸経費、その他もろもろの間接費用により、アメリカの消費者は3・00ドル／W前後を支払うことになる。私の仲間のトッド・ジョルゴパパダコス（Todd Georgopapadakos）、マーク・デューダ（Mark Duda）、エリック・ウィルヘルム（Eric Wilhelm）は、このプロセスをもっと安く、給湯器や電気乾燥機といった家電設備の設置のようなものにするための、比較的シンプルな一連の技術を開発中だ。アメリカが現在必要な検査・承認ステップの多くを自動化できれば、コストは劇的に下がるだろう。これはアメリカでクリーン技術に取り組む人々を苦しめ続ける山盛りの規制問題のひとつでしかない。こうした抵抗があるため、ごく普通のアメリカ人は低コストのエネルギーにアクセスできないのである。

オーストラリアでは、屋根上ソーラーの設置は1・2ドル／W以下だ。メキシコでは1・00ドル／W程度、東南アジアでは1・00ドル／W未満である。これは適切な建築基準、訓練プログラム、規制によって、ソフトコストの引き下げができることを証明している。そこには国ごとの人件費の違いもかかってくる——ちなみにオーストラリアのソーラーパネル設置業者の時給は40ドル程度で、アメリカの最低賃金の2倍以上である。

屋根上ソーラーの変革ポイントはここにある。送配電コストが存在しないために、とてつもなく安くなるのだ。電力会社の発電所規模での発電がたとえ無料になったとしても、それを屋根上ソーラーより安いコストで運んで売る方法をわれわれは知らない。これは世界全体を太陽光でまかなえるということを意味しないが、われわれがもし最安のエネルギーシステムを求め続ければ、アメリカのエネルギーの非常に多くの部分が屋根上とコミュニティから来るようになるだろうということを意味している。

再生可能エネルギーは技術イノベーションと生産規模拡大によりさらに安くなる

風力と太陽光が安くなるスピードは、イノベーターが追いつくのが難しいほど速い。20

06年、私はマカニパワー（Makani Power）という凧による風力発電会社を立ち上げた。やりたかったのは風力を使って3〜4セント／kWhで発電することで、これは天然ガスより安く、当時の普通の風力発電の5〜6倍安かった。このプロジェクトは本当に素晴らしかった。747なみの大きさの羽を作って巨大なケーブルでつなぎ留め、200mph（マイル／時）で円を描くように飛ばし、8Gの加速度の中で数メガワットの電気を作るのだ。グーグルからの出資を受けたマカニパワーは、技術を現実にしていくエキサイティングな開発コースをたどって、2019年にはシェル石油と提携してノルウェイ沖への設置とデモンストレーションにこぎつけた。

しかし同時に風力発電産業全体も歴史的進歩を遂げ、いまや日常的に4〜5セント／kWhのタービンを設置するようになった。2020年、マカニパワーはそのアドバンテージの消滅により廃業した。マカニパワーの技術と遂行能力は確かなものだったが、風力発電産業の方でも、ただただ巨大なスケールで展開する、というコスト削減方法を見つけたのだった。マカニパワーの技術がコスト競争に勝てなかったという事実はさておいても、それが風力、ソーラー、バッテリーのコストを引き下げ化石燃料と競争可能にすることを担う世界のイノベーターたちの大きなうねりとエコシステムの一部であったことに間違いはない。

2011年、私はレイラ・メイドローン（Leila Madrone）とジム・マクブライド（Jim McBride）とともに、もうひとつの会社を立ち上げた。サンフォールディング（Sunfolding）

である。最初に作ったのは、空を動いていく太陽に合わせてソーラーパネルを正確に追尾させるトラッキング装置だ。われわれは目標を太陽熱発電に置いていた――太陽光を多数の反射鏡で集めて塩類を溶融し、これでお湯を沸かして作った蒸気で発電するのだ。しかし光起電力（PV）素子の容赦ない価格改善マーチにわれわれは市場から叩き出され、PV向けのトラッキング装置製造への「転進」（シリコンパレーでいまいましく言われるやつ）を余儀なくされた。市場にはまだ残っているものの、われわれはいまこの技術を、地を這うような2セント／kWh程度の産業太陽光発電設備向けに販売している――想像もしなかったような低価格であり、いかなる化石燃料発電よりはるかに安い。

コストを下げるには2つの方法がある。ひとつはより良いネズミ捕りの発明だ。そしてもうひとつは、目がくらむほど大量のネズミ捕りを製造することだ。最初の「研究による学習」は、典型的には累積R&D投資額で測られる。次の方法はスケーリング（規模拡大）により、あるいは「実行による学習」により起き、累計総生産量で測られる。マカニパワーは完全に「より良いネズミ捕り」の方で、大量のネズミ捕りを作ることはできなかった。サンフォールディングはたくさんの小さな部品の改良を代表するものだ。それはイノベーションではあるが、ネズミ捕り全体のイノベーションではなかった。より良いネズミ捕り用スプリングといったところだ。サンフォールディングのトラッキング技術は1ドル／Wくらいのものから5～10セント／Wを取り除くのに優れている。このコスト低減の半分はわれわれの開

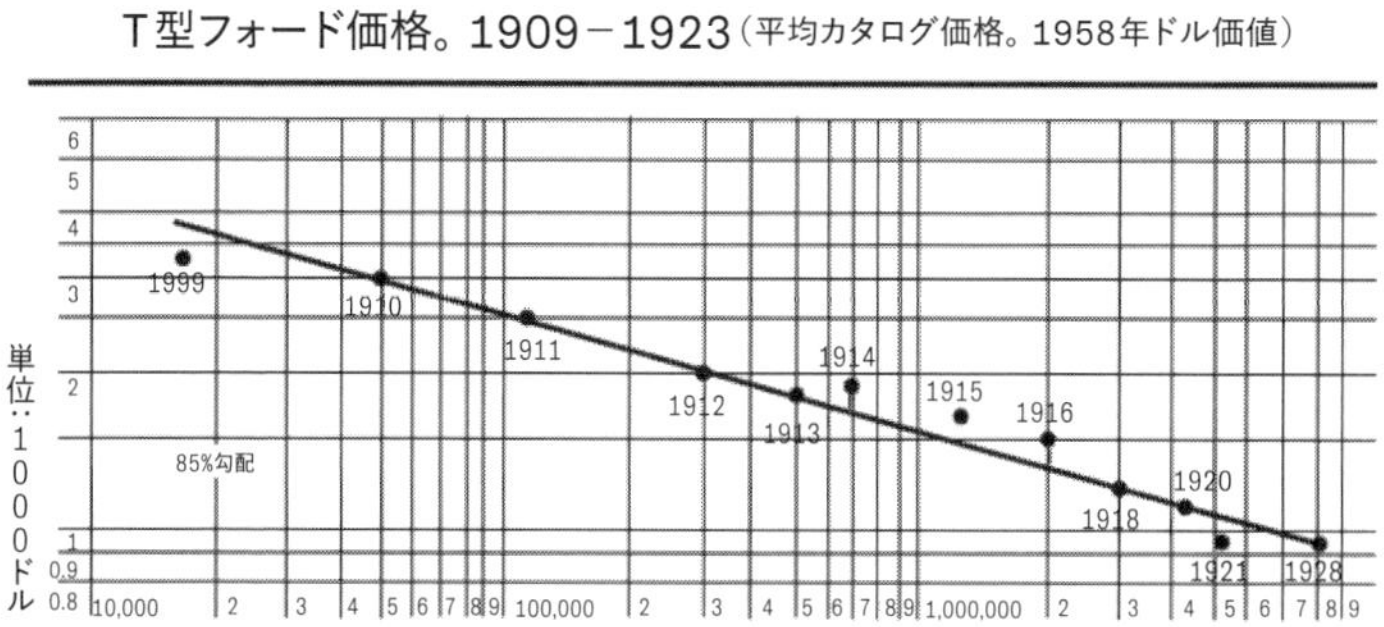

図10-1：T型フォードの学習曲線。出典：William Abernathy and Kenneth Wayne著 “Limits of the Learning Curve”, Harvard Business Review, 1974

発したハードウェアによるものだったが、重要なのは、残りの半分が設置人件費の削減によるものだったことだ。材料と手間におけるちょっとした効率化は、「実行による学習」によるコスト低減の代表だ。これらの逸話が示すように、そしてさまざまな実証研究が示すように、[*3]ゼロカーボンエネルギーの長期コスト低減を最大化するために、われわれは上記の能力の**両方**に重点的に投資する必要がある。

もっとも予測可能な形でコスト低減を達成するのは「実行による学習」である。見てきた通り、ソーラーと風力の発電産業はイノベーションの世代を重ねるごとに改良を進め、どんどん安価になっていった。「実行による学習」でおこなわれる改良は「学習率」で測られる。定義は、生産量2倍ごとの価格下落パーセンテージである。

このような学習率が最初に観察されたのは、航空機のコストにおける「ライトの法則」である。図10

ー1のようにT型フォードの生産量増加と価格低下を追跡することで、これを自動車に適用することができる。集積回路のとんでもない指数関数的密度上昇を示すムーアの法則[5]も、この現象のちょっと違った形のひとつと見ることができる。[6]

発電について言えば、ソーラーPVの学習率が約23%、風力が約12%である[7]――20世紀初頭の化石燃料におけるコスト下落全盛期と同程度か、それ以上のスピードなのだ。太陽光で設置容量が2倍になるたびにモジュールコストが約20%下落するこの現象は、スワンソンの法則と呼ばれている。サンパワー（SunPower Corporation）の創立者リチャード・スワンソン（Richard Swanson）にちなむ。この学習率による動きをプロットしたのが図10－2[9]で、2008年の不況のような巨大な経済

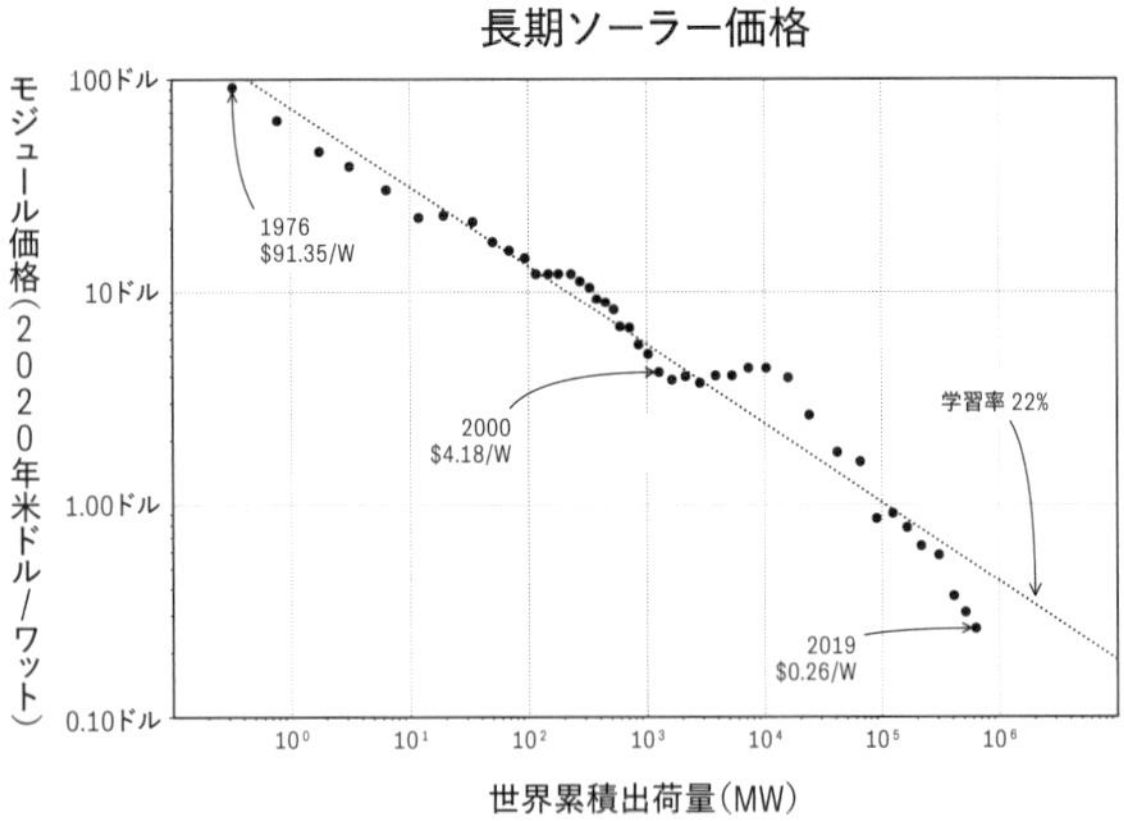

図10-2：光電池モジュール価格の学習曲線。

出典: Nancy M Haegel et al., “Terawatt-Scale Photovoltaics: Trajectories and Challenges,” Science 356, no. 6,334 (April 14, 2017): 141–143, https://science.sciencemag.org/content/356/6334/141.summary.

イベントがあろうとも、ソーラーPVモジュールが低価格化の道を歩み続けてきた様子を示している。さらに言えば、過去5年間に世界全体での新規に建設された再生可能エネルギー発電量は化石燃料エネルギーのそれを上回るようになった（2018年には2：1近くになっている）。[*10] こうした変化は学習とコスト下落のさらなるチャンスとなる。

現在、世界中で約250GW（ギガワット）の風力発電と約125GWの太陽光発電が設置されている。完全に電化された世界では、およそ10〜20TW（テラワット）の電力が必要になるだろう。[*11] これはつまり、われわれに必要な年間発電量を達成するには、ソーラーパネルと風力タービンの規模を2倍にすることをあと4〜5回繰り返す必要があるということだ。既知の学習率と必要な成長規模を考えると、これまで達成してきたコストをさらに大幅に下げる機会が十分にあり、化石燃料と競争可能どころの騒ぎではないほど安価になるだろう。

立ち止まってこのことを少し考えてほしい。われわれが気候変動に対処するために風力と太陽光に十分な規模でコミットすれば、そのコミットメントだけでおそらく再生可能エネルギーのコストはもう一度半分になるだろう——それは化石燃料の棺桶に打つ釘となるだろう。かつて原子力電気はついに（まあおおむねのところ）「測るには安すぎる」ものになるだろう。かつて原子力について言われていたように。

これらすべては産業界にはめったにないようなチャンスとなる。規模の大小に関わらずだ。シリコンバレーの神話によると、破壊は常に良いことであり、進歩は世界をおでこに乗せてクルクル回す型破りの創業者によって起きるものである。ところがこのモデルはソフトウェアについてはうまく行ってきたが、ハードウェア、特にインフラについては本当にはうまく行かない。失敗が重大な結末を生み、機械類が20年以上高信頼で動作する保証が必要な分野では、保守的なことが自然だ。これまで見てきたように、進歩は継続的な研究投資と巨大スケールでの製造の組み合わせにより、予想可能な形で達成される。われわれにはイノベーションのためのスタートアップが必要だ——そして狂気とブレイクスルー・アイディアが、たとえそれがわれわれが大きく考えるためのインスピレーションにしかならないとしても、必要だ。しかしさらに決定的に必要なのは、こうしたイノベーションをすくいとって大規模にスケールアップする大企業である。野心的な動員計画があれば、産業的学習率を活用してコストの引き下げを継続し、電化された未来における経済を改善することができる。問題は、アメリカが電化された未来を現実のものとするだけの産業的マッスルメモリーを——あるいは意志を——持っているかである。

11

核心は家に

○エネルギーが安くなれば、あらゆるものが安くなる。
○再生可能エネルギーは安価だが、化石燃料技術に比べると初期投資コストが高い。
○いま再生可能エネルギーに移行するには米国の1世帯あたり7000ドルの投資が必要になる。
○適切な政策と市場規模拡大により2025年にはこれを2000ドル以下にすることができる。
○アメリカが脱炭素化すれば、すべての世帯が年あたりのエネルギーコストを数千ドル節約することになる。
○米国世帯すべてのに安価なエネルギーのための資金調達をおこなうには、新しい種類の資金調達方法が必要である。

電気が安くなるとき、生活や家庭の中の多くのことも同時に安くなる。気候変動と戦うためのプロポーザルの類（グリーン・ニューディールなど）はどれも、その大胆不敵さこそ素晴らしいものの、生活の脱炭素化には数十億ドルから数兆ドルもの費用がかかると示唆しているように思える。

逆に、クリーンエネルギーの未来を、より低コストで、みんなの資金を節約し、一般大衆——懐疑論者から信奉者まで、大金持ちから貧乏人まで——に「売りやすい」ものにするにはどうしたらいいか、というところから考えてみたらどうだろうか。

仲間のサム・カリッシュ（Sam Calisch）と私は、キッチンテーブルから広げていく脱炭素モデルを構築した。[*1] 家計におけるエネルギー利用のすべてを考慮したものだ。このモデルは、この国が気候変動を解決するプロセスの中で節約できるお金をすべて示すものだ。

クリーンエネルギーへの移行は、あなたの家庭でいくらかかるだろうか。この章では、それに費用がかからないことを示す。それどころか、家計に大きな額の節約をもたらすのだ。とはいえ、これを達成するには可能なことをすべてやる必要がある。これは技術的問題にとどまらない。政策・政治問題にも、財政問題にもとどまらない。この3つすべての問題なのである。

以下はカリッシュと私が構築したモデルである：

1. 一般世帯における最近のエネルギー利用パターンと、最近のエネルギーコストを使い、現在のエネルギーコスト、すなわち世帯運営にまつわる財政コストを算出した。

2. 現在、世帯が化石燃料で行っている活動を、電化された脱炭素のありがたい活動に変換するための貨幣交換レート（のようなもの）を定めた。あなたのライフスタイルを変えるつもりはなく、電化したいだけだからだ。

3. 電化が将来どのくらいの費用負担になるか、本書でこれまで解説してきたことを踏まえて簡単なモデルを構築した。

4. ここまでわかれば、将来におけるわれわれの世帯活動すべてのコストが、現在と比べてどのようになるかを計算できる。

5. この明るく輝く未来に行くには、お金を使う必要がある。必要なCAPEX（資本的支出 capital expenditures、すなわち機器類）を購入するためである。これらはソーラーパネル、電気自動車、ヒートポンプ、バッテリーその他もろもろである。ここから新しい世帯インフラのコストモデルを構築し、合計する。

6. 最後の課題は、クリーン機器購入資金の調達モデルを構築し、電化された未来における世帯の年間支払額が現在の生活を続けた場合の燃料費の年間支払額より低くなるような金利の存在を確認することである。

7. オチを台無しにしたいわけではないのだが良いニュースを先に言っておくと、これによりわれわれ全員がお金を節約する。

現在の世帯エネルギーコストの基準額

まず最初に、現在の世帯におけるエネルギー消費支出を定めることから始めねばなるまい。図11－1によれば、2018年の1世帯あたり税引後支出は61224ドル、うち4136ドル（7％近く）をエネルギーに費やしていることがわかる。電気への支出1496ドルは教育（1407ドル）への支出より多く、410ドルのガス料金は歯科医療（315ドル）より多く、また2109ドルというガソリン・軽油への支出は生鮮食肉、果物、野菜類（1817ドル）よりも多い。

すべての世帯は似通っているが違う。これは労働統計局（BLS）が集計したカリフォルニア、フロリダ、ニュージャージー、ニューヨーク、テキサスの州レベル支出[*2]を見てもわかる通りだ。全世帯は所得ごとの五分位に分けられている。世帯のコストには収入に応じた大きな差がある。比率的にいえば、低所得世帯のエネルギー費用は高所得世帯のおよそ2倍となっている（低所得世帯で6～10％に対して高所得世帯で5～6％）。

アメリカの多様性は大きいため、世帯分析は全州について行った。これにより寒い地方と暖かい地方、人々があまり運転しない都市部と運転する地方部といった違いが見て取れるため、分析結果は彩り豊かなものになった。

われわれは世帯ごとの全燃料コストを推定している。これには輸送用のガソリン（単純化のため、この項目には軽油とガソリンの両方を含めた）、天然ガス、プロパン、暖房用燃油、照明、家電、その他向けの電力が含まれる。

州エネルギーデータシステム（SEDS：The State Energy Data System）にはセクターごと、州ごとの詳細エネルギーデータが収められている。[*3] これには家庭用の燃料と電力がすべて含まれていて便利だが、致命的なことに、世帯ごとのガソリン消費が含まれていない。こちらについては全米家計交通調査（NHTS：National Household Transportation Survey）を使用した。これらを各州ごとに集計し、平均世帯の総エネルギー利用量を算出した。図11－2では、電化後の世帯コストを見る上で比較の基準となる現在のコストを示した。

エネルギーの交換レート

電気はエネルギーの基軸通貨の役割をよく果たす、あらゆる「燃料」の中でももっとも万能なものだ。このことは過小評価されている。ガソリンで明かりをつけるのは良くない考えであり、天然ガスでエアコンを動かすのはほとんど不可能、プロパンガスでクルマを走らせるには大幅な改造が必要だ。ところが電気はこうした機器のすべてが動かせるし、それ以上のことができる。電気はエネルギーのリンガ・フランカなのだ。この柔軟性は、効率性と相まって、脱炭素化された未来における大きな利点となる。

比較コストを見ていくには、輸送のための燃料コストを電気自動車でのコストに、暖房燃料コストを電気暖房のコストに、その他の世帯燃料コストをすべて電動バージョンでのコストに換算してやる必要がある。

マイル／ガロン（MPG）からマイル／キロワット時（MPkWh）へ

燃料に含まれるエネルギーを基準にMPGをMPkWhに換算することは面倒である。これはそれぞれの自動車とその部品すべての効率について熟知している必要があるからだ。さいわい、いまや電気自動車はそれなりに走っており、もちろん内燃機関車もたくさん走っているので、実際の走行距離を使ってガソリンのガロンを電気のkWhに変換することができる。カリッシュと私は似たようなサイズと性能のクルマ同士で同じ距離を走った場合にどうなるか計算した。

大まかに言えば、テスラモデル3やBMW i3のような小型の高効率電気自動車は、街乗りで1マイル（約1・6キロメートル）あたり250Wh（ワット時）程度を消費する。つまり約4MPkWh（6・4km／kWh）である。ホンダシビックなど、これと同等の内燃機関車は、環境保護局の評価で平均36MPG（15・3km／L）となっている。[*4]

アメリカ平均世帯支出

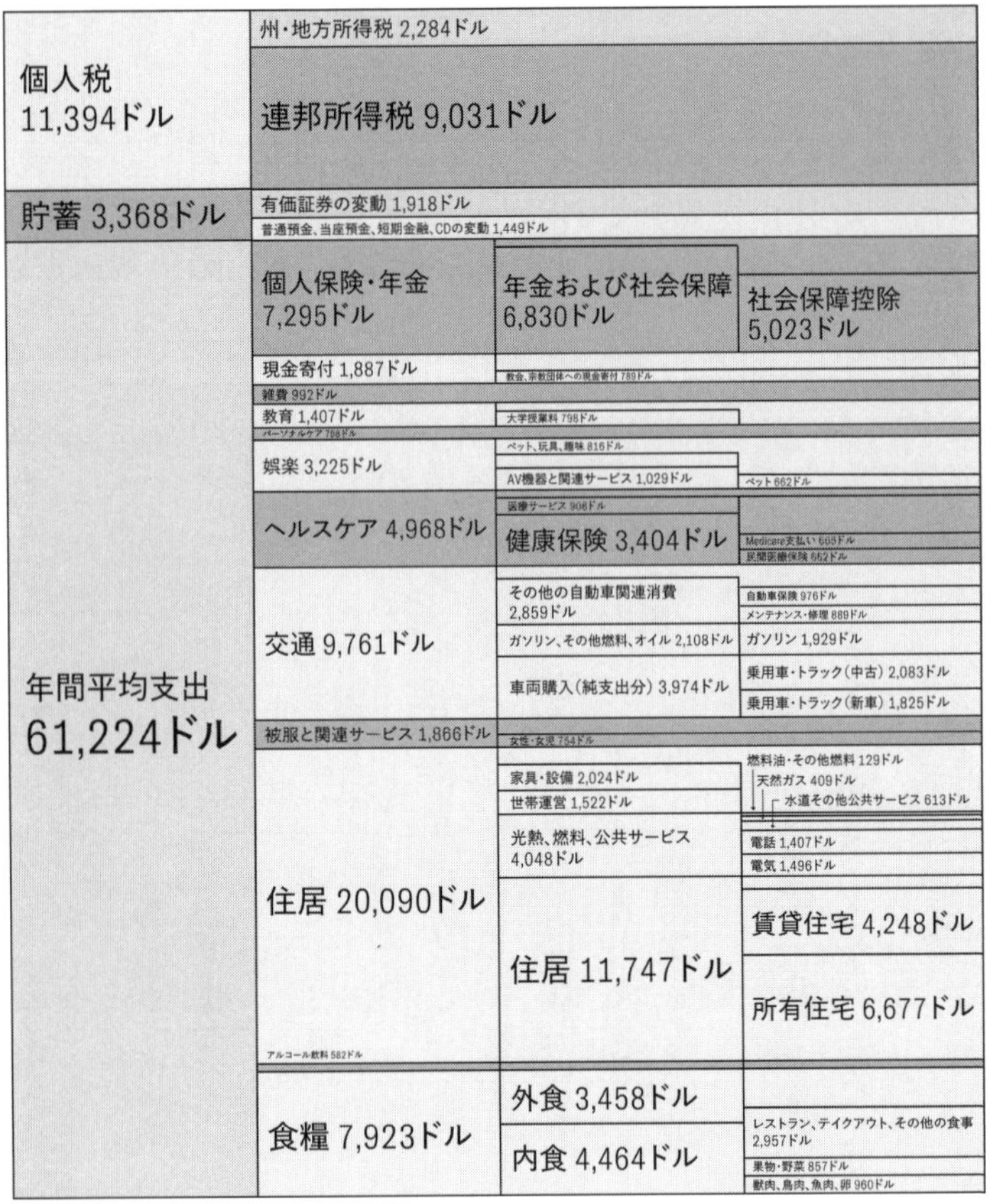

個人税
11,394ドル
州・地方所得税 2,284ドル
連邦所得税 9,031ドル
貯蓄 3,368ドル
有価証券の変動 1,918ドル
普通預金、当座預金、短期金融、CDの変動 1,449ドル
年間平均支出
61,224ドル
個人保険・年金
7,295ドル
年金および社会保障
6,830ドル
社会保障控除
5,023ドル
現金寄付 1,887ドル
教会、宗教団体への現金寄付 789ドル
雑費 992ドル
教育 1,407ドル
大学授業料 798ドル
パーソナルケア 768ドル
娯楽 3,225ドル
ペット、玩具、趣味 816ドル
AV機器と関連サービス 1,029ドル
ペット 662ドル
ヘルスケア 4,968ドル
医療サービス 908ドル
健康保険 3,404ドル
Medicare支払い 665ドル
民間医療保険 662ドル
交通 9,761ドル
その他の自動車関連消費
2,859ドル
自動車保険 976ドル
メンテナンス・修理 889ドル
ガソリン、その他燃料、オイル 2,108ドル
ガソリン 1,929ドル
車両購入（純支出分）3,974ドル
乗用車・トラック（中古）2,083ドル
乗用車・トラック（新車）1,825ドル
被服と関連サービス 1,866ドル
女性・女児 754ドル
住居 20,090ドル
家具・設備 2,024ドル
世帯運営 1,522ドル
光熱、燃料、公共サービス
4,048ドル
燃料油・その他燃料 129ドル
天然ガス 409ドル
水道その他公共サービス 613ドル
電話 1,407ドル
電気 1,496ドル
住居 11,747ドル
賃貸住宅 4,248ドル
所有住宅 6,677ドル
アルコール飲料 582ドル
食糧 7,923ドル
外食 3,458ドル
内食 4,464ドル
レストラン、テイクアウト、その他の食事
2,957ドル
果物・野菜 857ドル
獣肉、鳥肉、魚肉、卵 960ドル

図11-1：2018年BLS消費者支出調査による世帯支出内訳

テスラモデルSのような、もっと大型、大重量、高速の電気自動車は、1マイルあたりおよそ333Whの電力を使用する。ほぼ3MPkWh（4・8km／kWh）だ。こちらの比較対象はBMW 5シリーズなどの大型高級車で、燃費はおよそ26MPG（11km／L）である。*5

ピックアップトラックとSUVはアメリカの自動車保有台数の半分近くを占める。リヴィアントラックなどの同等の電気自動車は、1マイルあたり500Wh程度が必要だ。これは約2MPkWh（3・2km／kWh）で、同じくらいのサイズのトラックは15～20MPG（6・4～8・5km／L）である。*6

上に示した小型、中型、大型自動車のモデルを使うことで、多くの車両についてMPGとMPkWhの換算ができる。これにより係数（kWh：G）が求まるので、家計におけるガソリンのガロン数を電気のkWh数に換算できるようになる。表11－1に示すように、われわれが考慮した各車両サイズそれぞれの数字は驚くほど似通っている（8～9の範囲になる。km／L（キロメートル／リットル）とkm／kWh（キロメートル／キロワット時）だと2・2～2・4程度になる）。これはたいへん便利だ。どんなクルマを所有しているかに関わらず、平均値の8・5を使うことで、家計におけるガソリンの消費ガロン数を同等の電力量に換算できるということだからである［訳注：LとkWhでは2・3となるリッター15キロ走るガソリン車と同等のEVはkWhあたり6・5キロほど走る。それぞれを燃料コスト、例えば150円／Lや

図11-2：2018年BLS消費者支出調査による世帯支出内訳

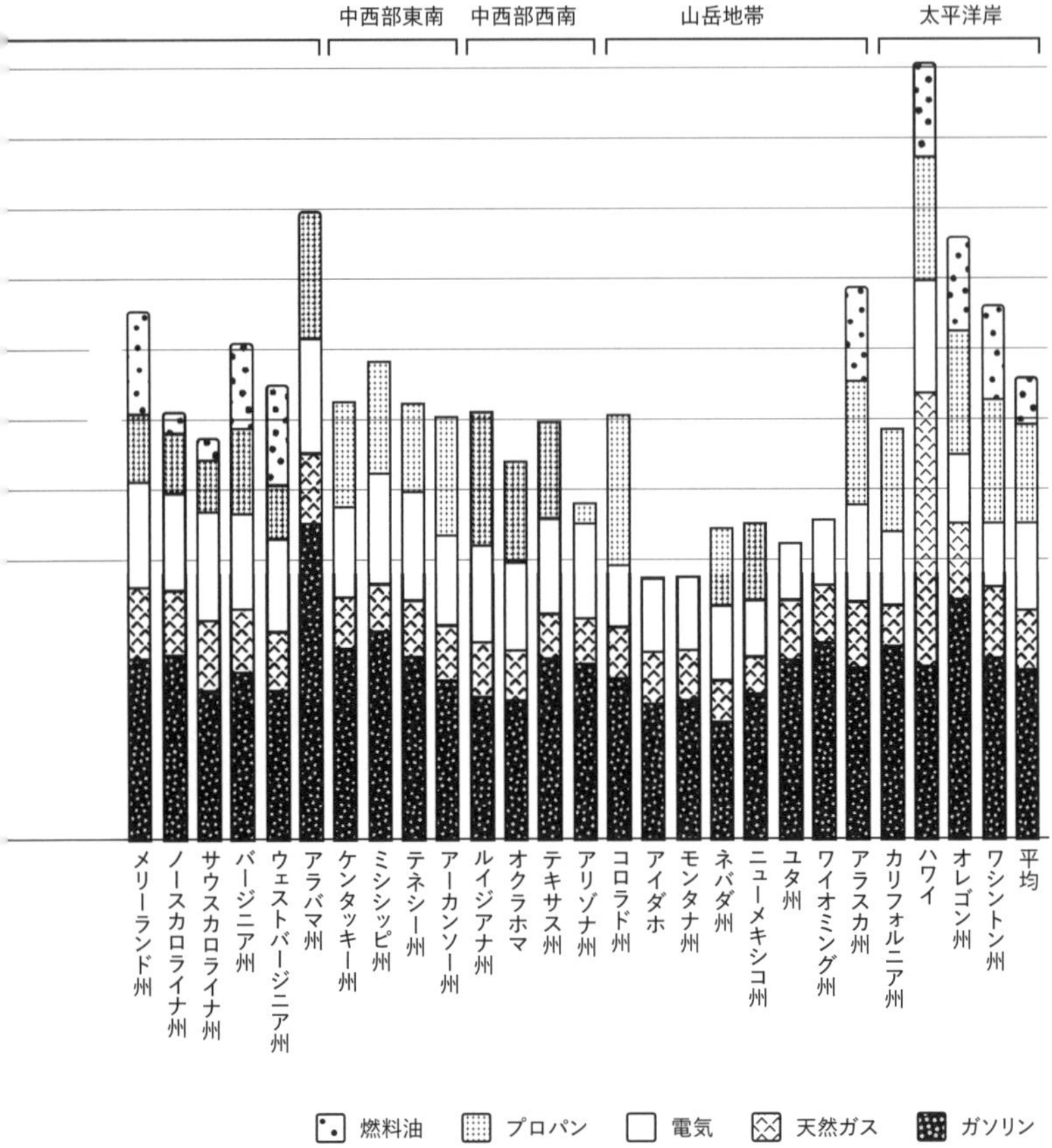

一般的な世帯のエネルギー支出。米国。州・国政調査局区分ごと

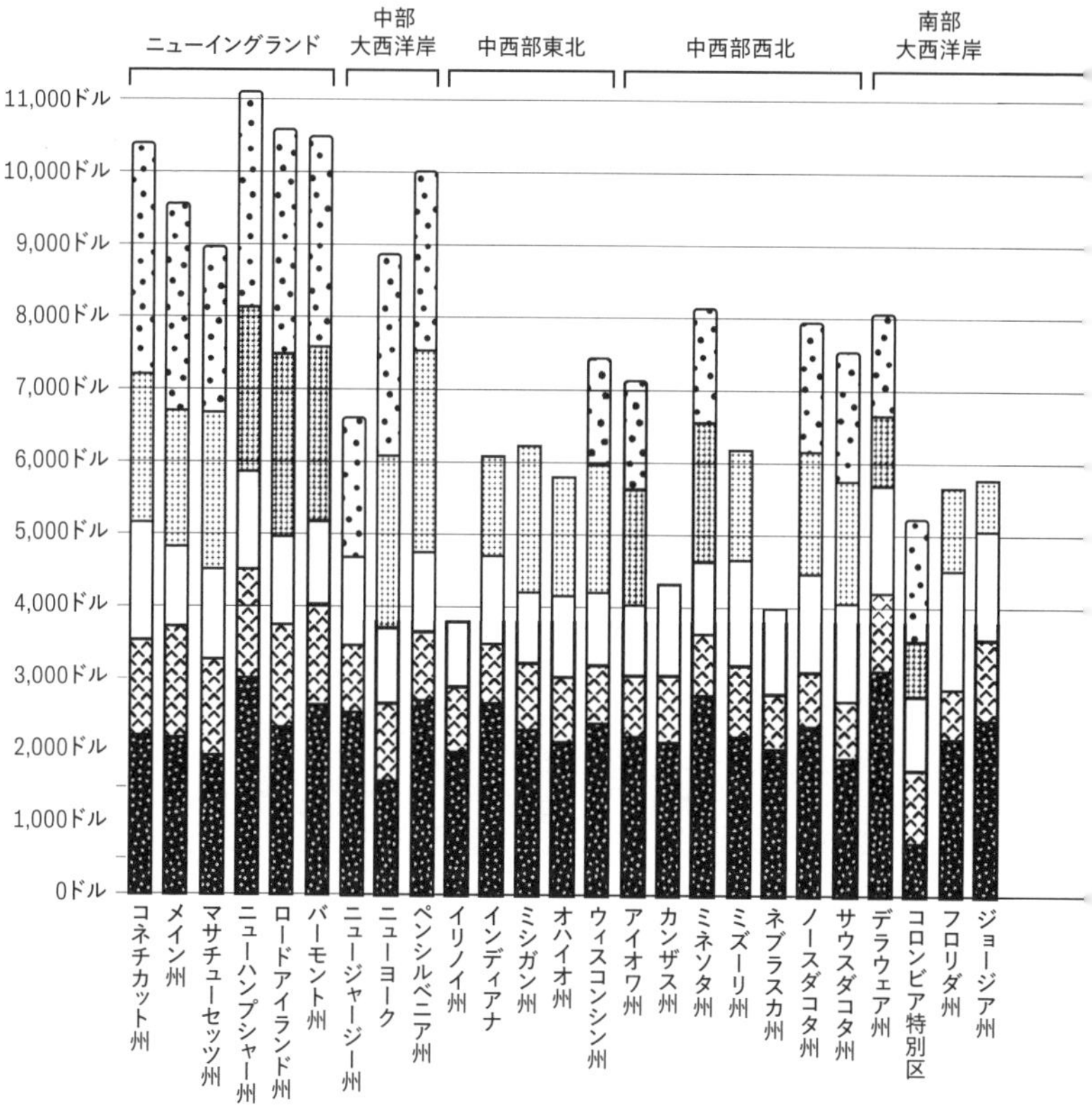

車両サイズ	MPG	MPkWh	内燃機車	EV	kWh:G
小型	36	4	ホンダシビック	テスラモデル3	9
中型	24	3	BMW 5シリーズ	テスラモデル5	8
大型	17	2	シボレーピックアップ	リヴィアン	8.5
平均	-	-	-	-	8.5

表11-1：内燃機-EVでの等価化表

32円／kWhで割ると、1円あたりの走行距離になる」。

熱量BTUをkWhに換算する

暖房に使用されるエネルギーの計算は、2つの理由からクルマのエネルギーより複雑だ。第一に、すべての家が同じ方法で暖房されているわけではないこと。大部分の家屋は天然ガス暖房を使っているが、電気を使っている家も多いし、プロパンガスや燃料油（石油）を使っている家もある。第二に複雑なのは、われわれのモデルが、さまざまな暖房設備を電気式ヒートポンプで置き換えることを考えたものであることだ。ヒートポンプの性能係数（COP）はヒートポンプのタイプ（空気熱か地中熱か）によって変わるし、使用地域の地中温度や気温によっても変わる。ここではすべての置き換えについて、資本コストと置き換えコストの安い空気熱ヒートポンプを使用するという単純化した想定を使う。（地中熱ヒートポンプはニューハンプシャー州のように強力な暖房が必要な地域ではCOPが高いため、こうした地域では経済的に最適な選択肢になるかもしれない。）

各州に適用する年間気候モデルは、国立再生可能エネルギー研究所（ＮＲＥＬ：National Renewable Energy Laboratory）が全国に持つ１０００箇所ほどのＴＭＹ３（Typical Meteorological Year）気象観測所のデータに基づいている。[*7] このデータの気温を、一般的な空気熱ヒートポンプの技術性能データ[*8]およびエネルギー効率・再生可能エネルギー局（ＥＥＲＥ）が計算した全ＴＭＹ３地点における住宅用時間負荷プロファイル[*9]を組み合わせると、暖房と給湯の両ヒートポンプについて州ごとの年平均ＣＯＰが算出できる。

助かることに、ＥＩＡが国勢調査局と共同で、家庭の暖房設備タイプのすばらしいデータを国勢調査局地域および区域ごとに取ってくれている。それぞれのタイプの比率――天然ガス、石油などのパーセンテージ――についても追跡しているのだ。

われわれは現在の使用量（ｋＷｈ等価単位）をＣＯＰ増分（既存の加温設備をヒートポンプで置き換えたときのゲイン）で割ることで、電気、天然ガス、プロパン、石油による家庭の暖房のすばらしいパターンデータをｋＷｈに換算した。

電気加温の換算レートは、クルマでのそれのように、アメリカ全土に適用可能な単純比として表現することができないが、さいわい、スプレッドシートとデータベースがすべての州とＣＯＰの面倒を見てくれる。暗算でやりたいのであれば、比率はおよそ３である。

暖房・給湯以外の燃料を電気に換算する

家庭では加温以外の活動にも少量の炭素ベース燃料が使われている。主として調理である。われわれの計算では、これらの燃料にはCOPを1として電気に換算している。コンロやグリルにはヒートポンプを使えないが、IH調理器や電熱線加熱の機器が使える。ほかに考慮すべきエネルギーコストとして、熱以外の形をした電力負荷がある。照明、テレビ、携帯電話、コンピュータ、送風ファン、プールのポンプ、電動工具などだ。こうした負荷については脱炭素世界でも現在と同じようなことをやるようになるため、効率向上は想定しなかった。

資本支出──あなたのインフラをアップグレード!

こうした節約は、現在使っている内燃機関車やガス暖房装置を110Vコンセントにつなぐだけで得られるわけではもちろんない。われわれは生活のための新しいインフラを購入する必要があるのだ。新しいクルマ、暖房、給湯器である。それはどんなものになるだろうか。以下は完全に脱炭素化する必要のある、われわれの家庭で主要な地位を占める8つのカテゴリーである(われわれには相違点より類似点の方が多いのだ!)。表11−2にその一覧を示す。

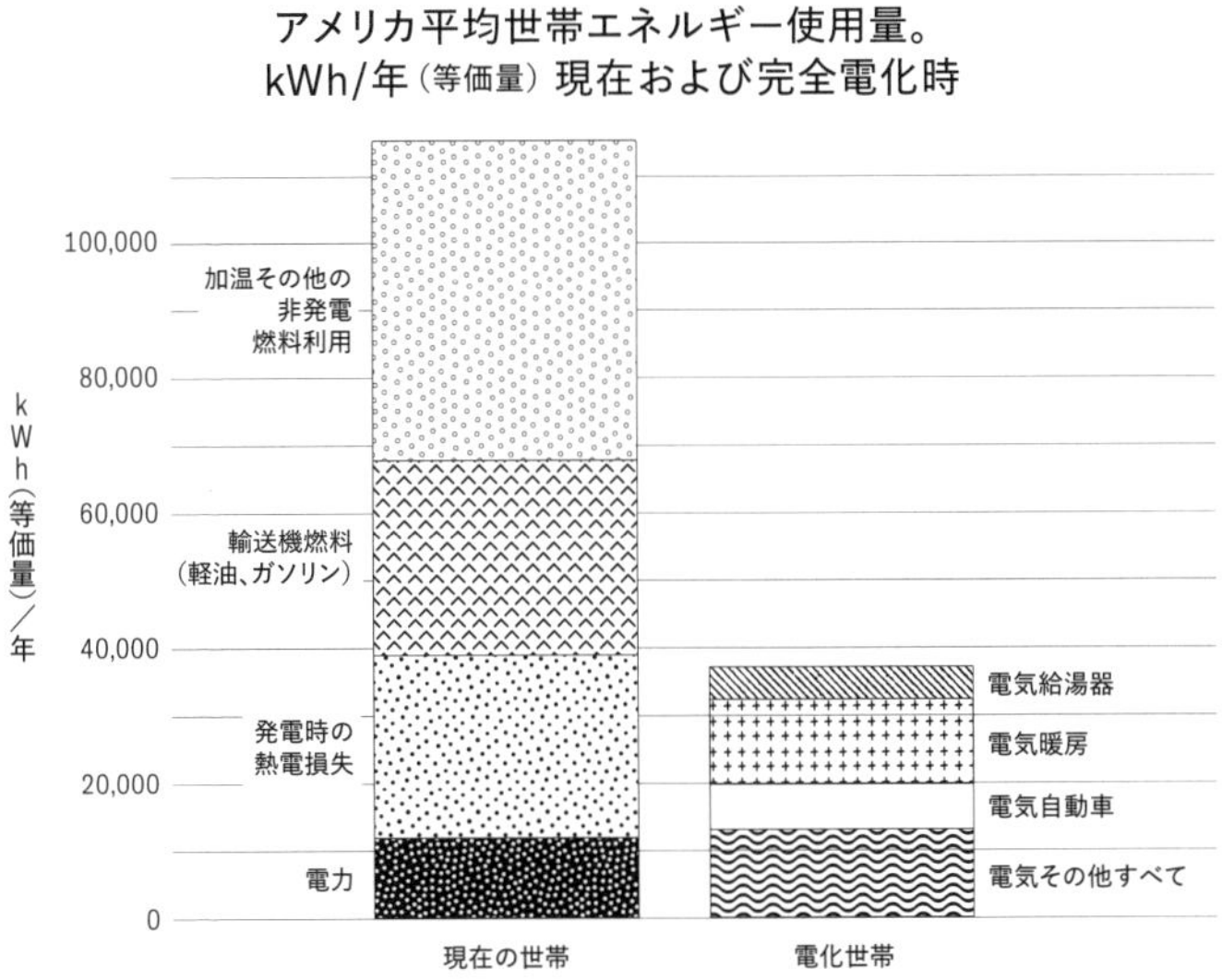

図11-3：現在のすべてのエネルギー利用をkWhに換算した現在の電力負荷と、すべてを電化した場合の総電力負荷の比較。

すべての機器は最高の製品ではなく一般品を用いている。また、ここでは新旧の機器にかかるコスト差についてのみ考慮している。キッチンのコンロもクルマも暖房器具もすでに持っているはずなので、差分に対する資金調達と考えなければフェアではないからだ。たとえば中心価格帯の電熱レンジは、ガス加熱タイプより500ドル程度高価である。

分電盤——電気会社のメーターと家屋内を接続する、ブレーカーと太い電線の入った大きな箱——は新調するものとした。使用する電力量がおよそ2

倍になるので、分電盤のアップグレードは必須なのだ。EV充電設備も世帯あたり自動車所有台数（平均2・1台）に合わせて新設するようにした。負荷の平準化を補助するための、約4時間分の家庭用蓄電設備も備えるものとした。電化暖房設備については利用する熱量に比例した資本コストを用いている。電化温水器についても、そのコストは現状の温水器負荷に比例するものとした。

もっとも高価な2つの部品が最後に残っている。われわれは電気自動車についてはバッテリーにのみ資金調達する。内燃機車との決定的なコスト差はここにあるからだ。バッテリー容量は国内の自動車の平均航続距離（250マイル／400キロメートル）に応ずるものとした。もうひとつの高価な部品は屋根上ソーラーだが、これは部屋全体に敷き詰める絨毯のようなもので、一定の大きさにはならない。このため、将来の電力負荷の60〜80％をカバーするに足るソーラーパネルを設置する想定とした。このソーラーパネルは安価になる――オーストラリア方式で設置し、あるべき形で資金調達するなら。安価なソーラーエネルギーが電化された世帯に給電するとき、それはさらなる節約を生む。

資金調達モデル

住宅ローンのような担保借入はタイムマシンであり、われわれが12章をまるまる充てたほ

項目	一般価格		
資本コスト	数量	一般価格	融資期間
レンジ	各戸につき1	500ドル	15
分電盤	各戸につき1	500ドル	20
EV充電器	1台につき1	500ドル（各）	15
EV電池	車両電池1kWh当たり	100ドル/kWh	7
家庭用蓄電設備	新しい電力負荷での必要蓄電時間	100ドル/kWh	10
暖房設備	現在の暖房設備負荷に比例	5,000ドル	20
給湯器	現在の給湯負荷に比例	600ドル	15
屋根上ソーラー	負荷の一定割合	15,000ドル	25

表11-2：CAPEX/インフラストラクチャ・モデルで考慮される9つの資本項目

ど重要な考え方だ。それはあなたが明日欲しいと思う未来を、今日手にすることを可能にする。もし子どもたちにとって安全な未来、安定した気候と炭素排出のない未来が欲しいのであれば、その未来をいま可能にしておく必要がある。アメリカがこれをできるようにするには、みんなが使える低利の資金調達方法を作り出せばよい。

ここでおこなう思考実験では、機器の資本コストの全額に対する単純な利払い計算をおこなう（頭金はナシ！）。また、2020年の連邦住宅ローン金利2・9％と、表11－2で定めた融資期間を使用する。このモデルで残存価値を考慮する物品は自動車用と家庭蓄電用のバッテリーのみである。これらは耐用年数経過後にリサイクルされる原材料の価値に等しい残価があるものとする（40ドル／kWh程度）。

それではこれらの数字をすべて入力して会計報告を……、と思ったが、もうひとつ必要なことがある。

将来の電力コスト

将来の脱炭素ライフスタイルを駆動するには電気代が必要だ。ここでは単純に、NRELによる屋根上ソーラーの技術的可能性研究[*10]と同等のパーセンテージで太陽光発電を利用する想定とした。この割合は、全国平均では典型的世帯の負荷に対する75％となる。エネルギーの屋根上ソーラー部分のコストは、太陽光発電の融資コスト（1ドル／W）としてモデル化した。これは達成可能であることが判明しているコストである（オーストラリアは2021年にこの目標を達成した）。2・9％で資金調達した場合、これは5セント／kWh程度となる。たった5セントだ。過不足の充当分については既存の送電網電力コスト（米国内の平均は約14セント／kWh）をあてはめた。

これらの想定は確かにアグレッシブだが、予見される範囲を超えているわけではなく、どうすれば達成できるかもわかっているものである。

将来の世帯でのコスト

すべての数字をあてはめ、コンピュータの力を使い（またはハムスターだかグレムリンだかとにかく中にいる者の力を使い）、図11－4、11－5の結果を得た。われわれのコスト削減努力がそこそこだった場合、各家庭の節約額は年間約1000ドル、非常によくやった場合、各家庭の節約額は年間約2500ドルとなる。これよりさらにうまくやれると信じる理由もある。子どもの未来がかかっているというのに、もっとアグレッシブなレートで資金調達しないということがあるだろうか？

もしアメリカが、あちらで1セント、こちらで1セントといった細かいコスト削減にアグレッシブに研究開発資金を使えば、われわれは重要部品のコストをさらに削減できるだろう。また、価格はそのままで性能向上した場合もやはり改善が起きる。太陽光の効率は30％になりうることが判っているのに対し、現在の値はたったの20％なのだ。バッテリーはもっとも大きくコストを左右する。バッテリー蓄電設備のコストには、初期コストよりも充放電を何回繰り返せるか――サイクル寿命という――の方が効いてくる。サイクル寿命を伸ばしつつあるメーカーはすでに数多く、努力次第でさらなる改良が見込めるはずだ。バッテリーが1000サイクルで5〜10年ではなく5000サイクルで20年持つようになれば、前述の魅惑的見通しですら上回ることになるだろう。

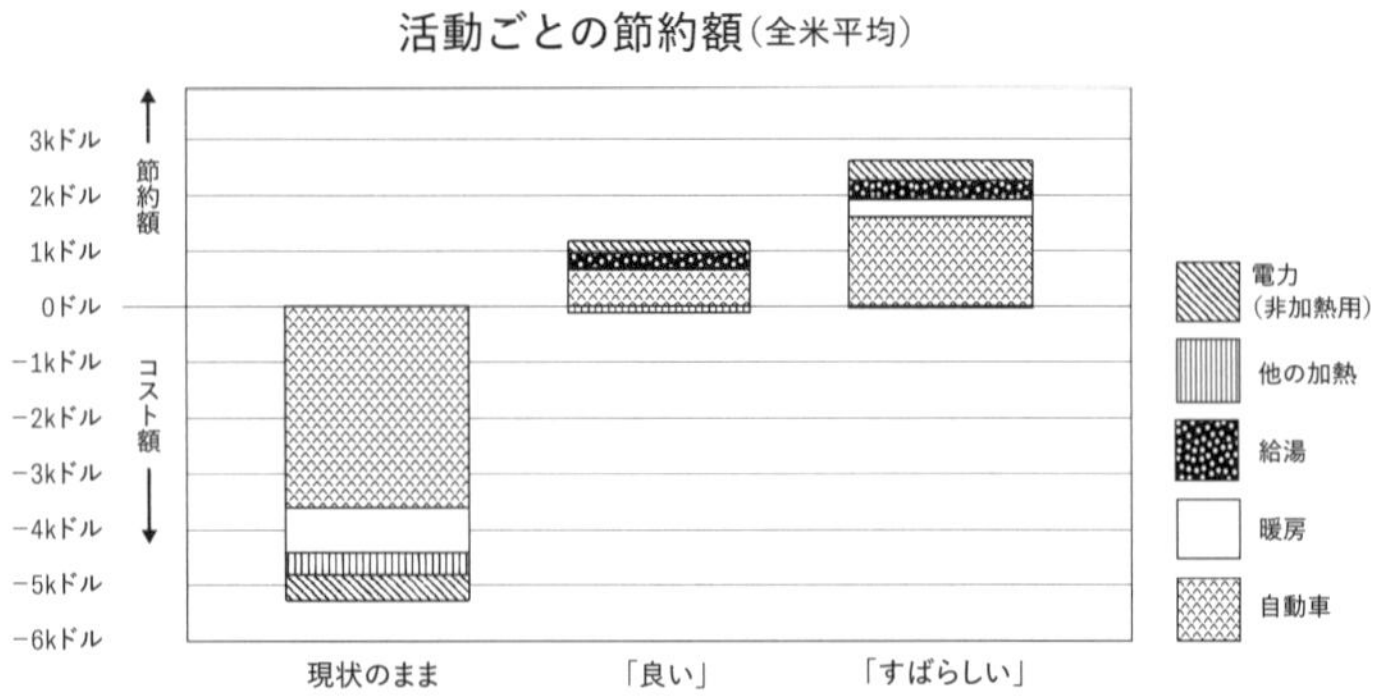

図11-4：ソフトコストの低下を中心に政策設計し、集中的な技術開発型の価格低下と連携する金融政策を策定することで、すべてのアメリカ人は非常に近い将来、多額の節約が可能になる。

どんな結論が出せるか

適切なやり方ができれば、気候変動機器への対処は全員のお金を節約するものとなりうる。ここで計算した年間の世帯節約額にアメリカの世帯数1億2200万を掛けると、国全体では年に1200億ドルを節約することになる。クリーン電力は化石燃料より安い。この簡単なマントラを忘れないこと。われわれにはこれができるし、そのプロセスで全員が節約できる。走らせた一番アグレッシブなモデルでは、60ドル／kWhのバッテリーと80セント／kWhのソーラー、2・9%を下回る利率を使い、年間3000億ドル以上の節約ができることがわかった。グリーンニューディールには何兆ドルもかかるって言ったのは誰だ？　何兆ドルより

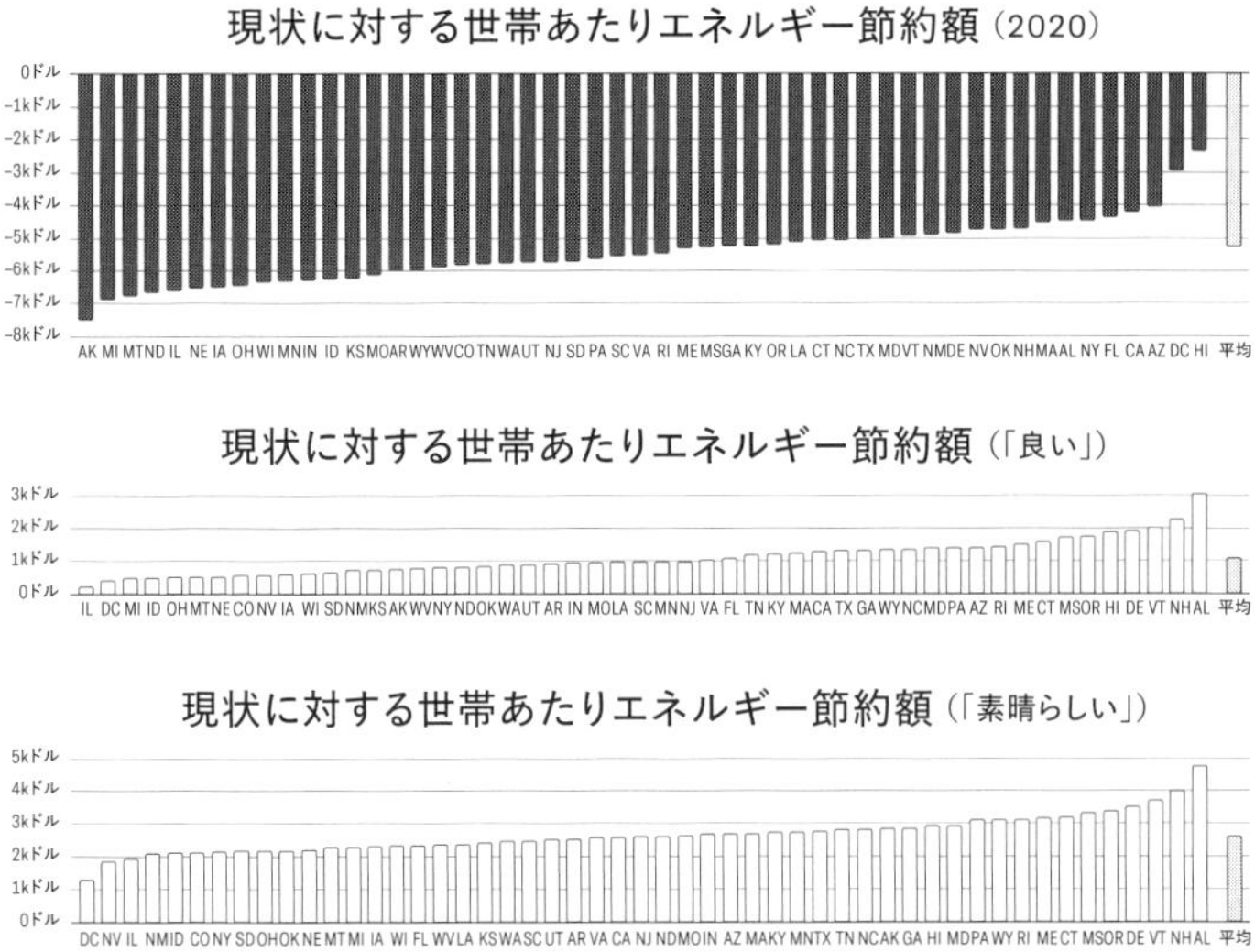

図11-5：世帯あたり節約額（世帯消費エネルギーのトータルコスト削減額）。車両燃料、世帯運営燃料を含む。現状および積極度別の3つの脱炭素シナリオによる。（グラフの下のアルファベット2文字はアメリカの州の略称）

まだ節約できるじゃないか。

現在までの、初期のクリーンエネルギー市場は、明らかな経済的利益が得られる場所や状況で発達してきた。オーストラリアで屋根上ソーラー設置数が伸びたのは、人口密度が低くて送電網が非常に低密度なことから配電コストが高く、電力会社の電力が高価だったためだ。南オーストラリアがグリッド規模バッテリーを実現したのは、新規に天然ガス発電所を建設するより安価だったからだ。カリフォルニアが電気自動車で世界を牽引したのは、ロサンゼルスなどの都市中心部の大気汚染によりクリーンな自動車の必要性が明らかだったからだ。近年の中国でさらに電動化が進んでいるのは、大気汚染問題がより深刻であるからだ。西欧と日本がヒートポンプを使いこなしているのは、国内の天然ガスが限られており安価な熱供給が必要だからだ。

こうした世界のレシピの一番良い部分を集めて大量生産に適用し、不必要な規制コストを排除すれば、前進のための道は開ける。

これまでの緊急事態で、最優先の問題が「どうやって払うのか?」だったものはない。常に「何をしなければならないのか?」だったのだ。人は余裕があるから戦うものではない——やらない余裕がないから戦うのだ。気候変動と戦わない余裕はない。そしてすべてを電化しない余裕はない。なぜなら適切に実行することで、全員が膨大な金額を節約できるからだ。

12

担保借入はタイムマシン

○化石燃料を使うと節約は今で支払いは後からになる。再生可能エネルギーでは支払いは今で節約は後からになる。

○大多数の家族には、長期には節約となる世帯脱炭素化の初期費用を払う余裕がない。

○アメリカの政策立案者が適切な利率の「気候ローン」を提供できれば、クリーンエネルギーへの移行は今日からわれわれの節約になる。

○われわれはこの種のローンを過去にも創設している。大恐慌後に持ち家を可能にした長期住宅ローンが特に有名だ。

ここまで見てきた通り、クリーンエネルギー技術は初期費用が高くランニングコストが安いため、初期資本へのアクセス提供が問題になる。気候変動は世帯予算や経済状況を考慮してくれないし、残念なことに、これがクリーンエネルギーへの動機やアクセスにおける貧富の差の元になっている。

富裕世帯には、すべてを電化して脱炭素化することで得られる潜在的節約を獲得しに行く余裕がある。手軽な融資やホームエクイティローンへのアクセスがあるため、屋根上ソーラー、電気自動車、水循環型ヒートポンプシステムの初期資本費用を出す余裕があるのだ。他方には、脱炭素化による経済的節約が必要なのに、初期費用のかかる最新技術を買う余裕がない低所得世帯がある。気候変動の公平性の議論において、もっとも焦点を当てるべきはこの部分だ。低所得世帯が脱炭素化・電化された生活から来る低い世帯コストから受ける恩恵は大きい。問題は、彼らがこれを買うための資本にアクセスできないことにある。誰もが未来を買えるように助ける方法が見つけられなければ、われわれは気候変動を解決できない。

この安くつく未来に移行できるか否かは、多くが資金調達にかかっている。基本的には金利の問題だ。家庭がいま買って後で払うことを助ける方法を編みだす必要がある。さいわいアメリカ人は特にこれに親しんでいる。

米国平均世帯がすべてを再生可能エネルギーに移行するにはおよそ4万ドルかかることを思い出そう。COVID−19前でも、40％のアメリカ世帯は非常資金として400ドル未満の銀行預金しか持っていなかった。このようなプロジェクトに払うだけの現金を持ってる人々はほとんど居ないのだ。クレジットカードで払おうとすれば非常に高く付く。なぜならクレジットカードの金利は15～19%にもなるからだ。現在一般的な太陽光向け融資を利用した場合、金利はおよそ8%である。政府が後押しする低金利の、たとえば連邦住宅ローン金利の3～4%で借りられるローンで支払えれば、これはほぼすべての人の手が届くものとなる。これは小さな違いに感じられるかもしれないが、ソーラーパネルの支払いが20年以上にわたることを考えていただきたい。住宅ローン金利の3・5%で借りられれば、最終的には元の価格の2倍を支払うことになる。一般的な金利である8%で借りた場合、購入価格の4・5倍を支払うことになるのだ。クレジットカードで払うことなど考えてもいけない。

繰り返すが、担保借入ローンは本当にタイムマシンで、明日欲しい物を今日手に入れられるようにしてくれる。クリーンエネルギーと居住可能な地球という未来を望むなら、お金を借りよう。デヴィッド・グライバー(David Graeber)はその啓蒙書『Debt: The First 5,000 Years(負債：最初の五千年史)』で、われわれが負債の創造により実際にはお金の創造をしているという強力な主張を展開している。そしてわれわれは実のところ、将来お金を節約してそれで借金を返済するという決意の創造により、気候解決の夢を実現するための資本創造をやっているのだ。

急速な脱炭素化へのカギは、アメリカの経済エンジンを長らく支えてきた、官民パートナーシップやイノベーティブな資金調達戦略と同じ種類のもの――融資――を作り出すことになるだろう。

あらゆる種類の低利融資の選択肢を作り、消費者が21世紀の脱炭素インフラへの資本投資ができるようにすることが絶対に必要だ。電力会社規模のインフラへの資金調達にはグリーンバンクが勃興したが、われわれはもっと大胆になる必要がある。気候変動の解決を日常生活に作り込むための個人インフラを誰もが購入できるようにするには、気候変動ローンがリテール金融商品として買えるべきである。家を所有していない人、所有しようとも思っていない人は、このメッセージと住宅ローンのアナロジーには不満があるかもしれない。借家人や地主向けの財務ソリューションや、よりよい機材のためのリテールローンも必要だというのは、まったくその通りだ。私より優れた金融マインドを持つ人がすべての細部を詰める必要がある（私は日常の買い物でいっぱいいっぱいだ）。

アメリカのライフスタイルはローンの上に構築されてきた。自動車ローンと住宅ローンはともに20世紀のアメリカ人の発明品だ。アメリカは、というか現代の世界は、人口の大多数が多額の資本製商品を買うことを助けるこれらの金融装置なしには今のような姿にはなっていなかった。

気候変動危機に対応する気候変動ローンの創設には、明白な歴史的前例がある。現代の住宅ローン市場は、ある過去の危機の中で連邦政府の介入により形成されたものだ。その危機とは大恐慌である。大恐慌期間には資産価格が急落し、全住宅所有者の10％が差し押さえの危機にあった。これにルーズベルトがニューディールで介入し、１９３３年に住宅所有者融資法が議会を通過する。同法は債務不履行の危機にあった家庭（白人家庭。黒人家庭はこの政策から除外され、この結果中流階級からの大規模な脱落が起きた。われわれは絶対に「気候ローンを」全員が利用可能なものとしなければならない。）に低利融資を行う住宅所有者資金貸付会社（ＨＯＬＣ：Home Owners' Loan Corporation）を設立した。これにより数十万の住宅所有者が住宅ローンを支払うことが可能になり、しかもこのプログラムは税金の大損失につながるという予想を打ち破り、わずかながら利益を出す。このプログラムは１９３６年にファニー・メイ（連邦住宅抵当公庫）を、１９６８年にフレディ・マック（連邦住宅金融抵当公庫）を生み、世界最大の最低コスト債権プールと巨大資本市場を作り出した。（自動車ローンの起源は異なる。ヘンリー・フォードは宗教的信念から借金による自動車購入を許さず、大衆が自動車を購入可能にすることに市場チャンスを見出したゼネラル・モーターズのアルフレッド・Ｐ・スローンが自動車ローンを発明した。この資金調達イノベーションは現代アメリカの担保借入の先駆けである。）

ニューディール政策には、電化をサポートする低コストの連邦ローンを提供するプログラムもあった。テネシー流域開発公社（ＴＶＡ）に起源を持つ家庭農場電化局ＥＨＦＡは、冷蔵庫、レンジ、給湯器といった電化製品を購入する融資の提供を援助した。アメリカ農村部（特にテネシー川流域）を対象とし、電力消費の国内市場拡大に向けた取り組みの一部を担った。

ニューディール政策の一部である農村電化プログラムは、アメリカ農村部全体に基本的な電力設備を普及するための融資引受援助をおこなった。標準的な設備は、230ボルト・60アンペアのフューズパネルとキッチンへの配線、および各室への照明用コンセントだった。プログラムに参加を希望するメーカーはEHFAの認可を受けた低価格の標準型機器を製造する必要があった。消費者はEHFA認可の機器を選び、米国財務省が裏書きする分割払い契約でディーラーから購入する。購入者に課される条件は、5〜10%の頭金（当時提供されていたいかなる分割払い条件より低い率）の支払いと、金利5%で36〜48ヶ月以内でのローン完済であった。これらはEHFAに認められた料率の電気会社から電気を買っている消費者にのみ利用可能である。このプログラムは最終的に420万台の電化製品の資金調達に使われた。当時のアメリカ総世帯数は3000万程度である。*2

気候安定とより強固なエネルギーインフラのためには、アメリカ政府はゼロカーボン資本融資をもっと大胆にやらなければならない。未来のインフラは個人的で分散化されている必要があるので、住宅所有者がこの国家的取り組みに寄与し、また家庭における長期的節約を得られるように、資本へのアクセスを補助するべきだ。

そしてこれを、インフラ向けの融資のように融資しようではないか。そもそも、未来における送電網のバランスを最小限のコストできちんと取るには――前章で学んだように――われわれのバッテリーと負荷シフト機会の集合的な活用に注力する必要があるのだから。すべてを電化した暁には、送電網からエネルギーを得るだけでなく戻すこともあるような個人的インフラを、誰もが持つことになる。消費者の取引の全体像は、アメリカ政府が電気自動車や電化住宅の安価な融資を保証し、代わりにこれらを全員の負荷をバランスする集合的国家インフラに接続するというものだ。

こうしたインフラ向けの、債権起債、官民金融、公益事業株といった融資方法や法令の開発は、導入への大きな助けになるだろう。政策立案者とメーカーは、アメリカ人の購買決定のひとつひとつに対し、資金調達方法、製品、政策をともなうソリューションを提供する必要がある。また、家主向けや、自動車や家を持ちたくない人向けに、共有インフラのための資金調達方法も必要だ。適切に実行されるイノベーティブで低コストの融資は、公平性の保証と、安価で高信頼な21世紀のエネルギーへのユニバーサルアクセスを実現する、もっとも効率的な手段となる。

2020年から2021年にかけて、COVIDパンデミックの結果として、各国の金利はゼロ近い水準まで下落した。未来のライフスタイルを脱炭素化する家庭向け技術とインフラへの融資に、この歴史的な低金利は絶好の機会である［訳注：世界的には2022年にはインフレが噴出して長期金利も上昇中である。ただし日本を除き］。気候変動への対応は、富裕層だけがクリーンエネルギーに移行できてもうまくいかない。すべてを電化することから得られる節約の恩恵を誰もが受けられるようにすること――そして気候目標の集団的な達成を――われわれは必ず可能にしなければならないのである。

13

過去への支払い

○化石燃料企業のバランスシートにすでに資産として計上されている埋蔵量は炭素の怪獣だ。こうした企業群と終わりまで戦えば、われわれ全員が終わるだろう。彼らをわれわれの側で戦わせるメカニズムがあれば、両者とも生き残るチャンスが出てくる。

○株式市場が化石燃料を中心に構成されているため、われわれはこの産業の存続にインセンティブを与え、みずからの経済上の運命を化石燃料の燃焼に結びつけてきた。

○化石燃料企業からのポートフォリオ・ダイベストメントだけでは十分ではない。

○巨大化石燃料企業群を買収し、全員同じチームとして気候変動と戦うほうが安くつくのではないか。

過去の罪への償い（支払い）

私の遠い先祖はオーストラリアに原料炭を導入した人々だった。私の最初の就職先はオーストラリアの鉄鋼産業で、石炭に依存していた。私は先祖に、そして石炭が世界に与えてくれた恩恵に感謝する。しかしもう使うのをやめるときが来た。経済的にも環境的にもだ。またまだが、私のもう片方の親の先祖には、アイルランド中に灯台を建てた人がいる。われわれに現代社会をもたらし、今ではおおむね不可欠ではなくなった、もうひとつの技術だ。未来はここにあり、いまや最安の発電資源は再生可能エネルギーとなっている。祖先には大いに感謝している。しかし気候変動に対処する方法を考えているときに、ノスタルジアにひたる余裕はない。

ところで、化石燃料からの移行に際しては、その経済的影響について慎重に考える必要がある。前章ではゼロカーボンエネルギー源の導入を助けるのに融資をどう使えるか見てきたが、おそらく化石燃料についても同じことができるのだ。

大地に穴を穿つには大金がかかる。石油やガスをともなう穴を見つけるには、もっと大金がかかる。脱炭素技術について書いてきたことと同様に、化石燃料企業は化石燃料の発見に多額の投資をし、その回収にはゆっくり長い時間をかけなければならない。このビジネスモデルでは穴を掘るのにお金を借りる必要があり、そうした会社がお金を借りるときに担保にする資産は、次の油井から出てくる石油なのだ。[*1]

エネルギーインフラを移行する文脈では、このような形で残存する負債を「座礁資産」と呼ぶが、これは大きな問題である。座礁資産とは、かつては価値があったものの、通常は技術、市場、社会習慣などの変化により、もはや価値がなくなったものだ。

現在の推定では、未採掘の化石燃料の価値は総計10〜100兆ドルである。この推定はわれわれが1500GT（ギガトン）という確認埋蔵量から導いたものだ。[*2]

確認埋蔵量の買取コストの上限は、もっとも高価な化石燃料、石油の価格を使って計算したものとなるだろう。石油の最低価格はおそらくサウジアラビアの生産コストである10ドル／バレル（60ドル／トン）あたりだろう。この数字を元にすると、1500GTは90兆ドルの価値になる。アメリカの多くの油田は、1バレル30ドルを下回ると採算が取れない。これはすべて、ずっと少額な利幅分だけの価格で買い取れるかもしれない。要するに、このクレイジーなアイディアは推計よりもずっと安くつくかもしれないということだ。

こうした化石燃料は、人類がまだ目にしてもいないのに、エネルギー企業の帳簿に資産計上されている。気候学者はこの埋蔵量の燃焼により1・5℃の温暖化限界を守れなくことを認めている——実のところ、この目標以下に留まるには、こうした資産プールに計上されている石油の1／3、ガスの半分、石炭の80％は燃やしてはならないのだ。ところが、これらの燃料はすでに融資されたものなので、他の形の資産と同様に取引されているのだ。これらの資産を所有する人々は、その放棄に抵抗するだろう。あなたが銀行に10兆ドルばかり持ってるとしたら、それを戦いもせずに放棄するだろうか。

われわれは埋蔵燃料の上に築かれた炭素バブルの中で生活している。石油・ガス企業がこうした資産から利益を得るのを禁止すれば、その株価は暴落するだろう。それはこうした企業や関連株式を投資信託や年金プランの形で（おそらくは無自覚に）所有している数千万の人々に影響を与えるだろう。２０１８年のNature Climate Changeの研究では、化石燃料資産の座礁資産化により世界経済から4兆ドルにものぼる額が消滅すると見積もられている。[*4] ちなみに、２００８年の暴落はたかだか２５００億ドルの損失が引き起こしている――「不良債権」という言葉を覚えているだろうか。化石燃料資産の座礁はエネルギー株だけでなく、ガソリンスタンドからパイプライン、石油タンカーに至るまでの、化石燃料に関連した諸産業や機器類への投資にも影響を及ぼす。２００８年の暴落同様、波及効果は破滅的なものになるだろう。

われわれを現代人にしてくれた産業が立っている絨毯をただ引き抜くようなことは、明らかに不可能なのである。われわれには計画が必要なのだ。

ダイベストメント

「ポートフォリオ・ダイベストメント」というアクティビスト投資ムーブメントは、リベラル志向の数多くの大学基金により推進され、勢いを増している。このムーブメントに加わった投資ポートフォリオは持っている化石燃料関連資産のすべての株式を売り払う。これは十分な人々がこうした資産を売却することにより、化石燃料産業が掘削、採掘、汲み上げを続けるための貴重な資本をゆっくり枯渇させることを狙ったものだ。

ダイベストメント（ディスインベストメント、負の投資、ともいう）は機能しうるものであり、前例もないではない。1980年代にはアパルトヘイトに関連した南アフリカ企業からの大規模なダイベストメントがあった。1986年には、このダイベストメント・キャンペーンはアメリカで包括的反アパルトヘイト法（Comprehensive Anti-Apartheid Act）として法制化までされている。ロナルド・レーガンは拒否権を発動しようとしたが、共和党優位の上院がこの拒否権を覆した。[*5]

とはいうものの、ダイベストするグループから資産を買い取りたがるバイヤーは、まだいくらでもいる。この戦略は、十分な時間があれば機能するだろう、というものだ。努力をくじく気はまったくないのだが、気候変動の緊急性と不可避性により、われわれはより素早く行動し、より確実な結果をもたらす戦略を受け入れなければならない。ダイベストメントは衝突を前提とする戦略なので、アクティビストは広く支持される友好的な解決に行き着くことなく、その一歩一歩を闘い取る必要がある。

戦いをやめろ：協力を始めろ？

この危ういシナリオ進行を動かすのにベストの戦略は、これらの資産の所有者、化石燃料産業を、敵ではなく友人として遇することかもしれない。つまるところ、彼らは一世紀に渡って高信頼のクルマと温かい家屋を提供してきてくれたのだから。こうした企業群を敵に回すのではなく、脱炭素化された未来を作る最高の同盟者とするのはどうだろうか。現在の化石燃料企業群は資本集約型ビジネスへの投資能力がきわだって高い。彼らは掘削・運搬技術に優れた賢く有能な人材からなるチームを大量に抱えている。彼らはインフラストラクチャを母語としている。こうした人々は脱炭素インフラの建築雇用にこれまでと同じくらい喜んで——もしかしたらもっと喜んで——応じてくれそうではないか。われわれがあれほど大喜びで利用していたエネルギーをもたらし続ける仕事をやり遂げた彼らを、祝福してもよいのではないか。よくやってくれたと祝福するその席で、脱炭素運動の原動力になってくれないかと誘うのだ。

それに至るうえでの唯一の障害は、この友人たちを古い産業に縛り付ける座礁資産なのだ。ではそれを買い取ってしまえば？　そこまで高くはならないかもしれないのだ。交渉の余地があるだろう。彼らの資産を満額で買い取る必要はない。なぜならこれらはいずれにせよ薄い利幅（6・5％程度）で取引されてきたものだからだ。豪気に10％と行こうではないか。90兆ドルの10％とは9兆ドルである。これは１００兆ドルという年間世界総生産（GDP）のごく一部にすぎない。この金額で、土地とそこに埋蔵される化石燃料を買い戻すことができるのだ（さらに永久的な国立公園群の国際的コレクションにできるかも？）。

これがもし実現するようであれば、化石燃料企業たちは新しいエネルギー経済と21世紀のインフラに投資可能な巨額のクリーン資本を身に着けることになる。もちろん彼らは以前のオペレーションの収拾に10年ほど費やす必要があるだろうが、それでも新しいエネルギー経済への投資と運用に最適な位置を占めるようになりうるし、そのプロセスで雇用と経済的機会を生み出すだろう。供給側から需要側まで広がるインフラ技術を構築することで利益率は上がり、座礁資産をはるかに超える価値を持つビジネスの構築のため初期資本投資にレバレッジをかけることもできるだろう。

まったくもって大胆なアイディアであることは認めるが、気候危機とそれに必然的な衝突を解決するために受け入れなければならない思考法の一端として考えていただきたい。これまでのやり方では不十分なのだ。あなたが経済学者か化石燃料企業の重役なら、いまは私の素朴な考えにカンカンかもしれないが、大胆なアイディアを考慮するきっかけになればと望むものである。これはわれわれの最大のエネルギー企業群を引き込んで最大のエネルギーインフラを構築する、究極空前の妥協となるかもしれないのだ。

14

ルールを書き換えろ！

○気候変動の戦いは、数千もの規制の変更という長く困難で面倒な作業をともなう。
○オーストラリアは屋根上ソーラーが最安のエネルギーになることを証明しており、アメリカでも時代遅れの規制群を捨てさえすればそのようになる。
○建築法制や電力法制はクリーンエネルギー技術と衝突するものから、それをサポートするものに更新する必要がある。
○化石燃料への補助金は完全に廃止しなければならない。

タイトルを見ただけでこの章を飛ばしたくなった人もいるかもしれない。本章では退屈で官僚的な規制について詳しく解説する――それがどうしても絶対的に重要だからだ。弁護士や政治家にも仕事が必要なので、気候変動の解決に加わっていただこうではないか。

気候変動との戦いの最前線は、ぜんぜんそのようには見えないが、われわれに必要な未来を妨げる何百もの小さな規制障壁との間に広がっている。通りを行進して電気自動車を買えばそれだけで気候変動を止められれば、ものすごく安心だ。しかし未来への戦いに勝つには、市当局にデモをかけるだけではすまない。それは議員に話をしに行ったり、さらには自分自身が当選することが必要で、そうすれば地方の建築規制、州の電力会社規則、連邦融資法制といったものを脱炭素化された未来をサポートするものにできる。

私は昔から、規則や規制には有効期限が必要だと考えている。ほとんどの法は20年以上続けるべきではない。なぜなら十分な時間さえあれば、人はあらゆる規則や規制を堕落させる、または回避する方法を考えつくものだからだ。これは化石燃料の燃焼において非常に顕著だ。ここで強調したいのは、規則や規制の整理には単に新法の制定にとどまらず、壊れた古い法の撤廃も重要だということだ。

古いやり方は法規に埋め込まれ、建築規制や電力法制にはソーラー、家計、電気自動車に非友好的な、恐竜のような考え方が国中ではびこっている。また、時代遅れの電力会社規制、道交法、ガソリン税、住宅所有者協会憲章、税制優遇措置なども、エネルギー市場を歪め、われわれがやるべきことを阻んでいる。化石燃料ベースの経済のために規制を作り続けてきた官僚的弊害や精神的怠惰による妨害をわれわれが看過しなければ、アメリカ合衆国は子どもたちのための脱炭素化された未来への道を歩むことだろう。

自動車

オーストラリアは国内の自動車産業をサポートするために、海外からのクルマに高い輸入税と高級車税をかけた。電気自動車などのイノベーションを選ばなかったオーストラリアは、自国の化石燃料自動車産業の保護を選択したのだ。こうした税金のためにオーストラリアの電気自動車は未だに高い——テスラ1台の価格はアメリカの2倍である。こうした規制に固執するより、オーストラリアは最安のEVを製造するよう市場を誘導すべきなのだ。こちらの戦略はノルウェーでうまくいき、電気自動車が新車販売の60％を占め、2025年には化石燃料自動車の新車はゼロになる見通しである。[*1] 皮肉なことに、オーストラリアの政策はその自動車産業を救うことすらできなかった。最後のホールデン・コモドア（色は赤）が組立ラインを出たのは2017年のことである。

アメリカでは、米国自動車産業に燃料効率の良いクルマを製造させるためにCAFE燃費基準が考案された。これは優れた考えだった。ところが、あらゆるルールと同様に、抜け穴や迂回方法を見つけるために時とともに数多くの弁護士が投入されるようになった。軽量トラックは他の自動車と違った燃料基準を持つ別カテゴリーに入れられ、これによりＳＵＶやクロスオーバー車が生まれ、セダンなどの低車高で空力的に優れた（ゆえにより高効率の）自動車の市場を実質的に破壊してしまった。効率基準は理論的にはすばらしいアイディアだが、厄介者にもなりうるのだ。

ガソリン税は道路整備費用をまかなう合理的なアイディアだった。しかしアメリカはそれをあまりに長い期間、あまりに低いままに置きすぎた。ガロンあたりの税額という形で１９９３年以来ずっと据え置いたために、毎年毎年税金の率は下がり続けた。これにより道路の整備状態は悪くなった――多くのアメリカ人が文字通り毎日感じている通りだ。整備の悪い道路はまた、消費者に大型で重くガソリン食いのクルマを買わせるものとなる。ヨーロッパやアジアに小型でエネルギー効率の良いクルマがある理由のひとつは、高いガソリン税が運航コストを引き上げていることだ。大部分のクルマが電動化されたとき、こうした税収はどうなるのかと思う人もいるだろう。もしアメリカが賢明な政策に導かれるようなことがあれば、自動車には距離による、そしてトン数による税金をかけるだろう。自動車保険にはすでにこのようなマイル課金のものが存在する。これは軽量で高効率のクルマを少なく乗ることを奨励する。自動車会社は軽量なクルマに報奨を与えられるべきだろう。

ニュージーランドには、企業が従業員に自動車を与える場合の税金がある。雇用に対する報酬であるため、税がかかるのだ。ところがここには実用車に対する例外がある。工具でいっぱいのクルマであれば、子どもを迎えて買い物に行くクルマではないだろうというロジックだ。そんなわけで、いまやすべての社用車は社員が実際に必要とするか否かにかかわらず「ユーツ（オーストラリア方言でトラック）」であり、これにより付加給付税を逃れている。この抜け穴は最近ふさがれたが、歪んだインセンティブが世界のエネルギーエコシステムと炭素排出に悪影響をもたらす典型例であろう。

善意の規制やインセンティブにすら精査すべきものはある。初期の7500ドルの電気自動車税額控除は、大気汚染のないクルマの購入を奨励し、電気自動車産業を構築することを意図していた。初期のEVは高価だったので、これはお金持ち向けの補助金に見えた。「インセンティブ」には税額控除や税制優遇措置によるものが相当多くある。これらの優遇を受けるには、まずかなりの収入がなければならないのだ。脱炭素化された未来に向かうにあたっては、全員が勝たなければ勝ちではなく、みんなに有効な規制やインセンティブを設計するのが絶対的に重要であることを、肝に銘じておく価値がある。

屋根上ソーラー

以前アメリカとオーストラリア／メキシコの屋根上ソーラーコスト格差について書いた通

り、規制は広範な屋根上ソーラー設置への深刻な障害だ。オーストラリアで屋根上ソーラーを設置するときのコストは1ドル／W（ワット）だった。そしてアメリカでは、規制、許可、検査、高い販管費により、そのコストは3ドル／Wとなる。使われているハードウェアは信じられないほど安く、モジュール（太陽電池のユニット部品）は国際的に35セント／Wで販売されている（25セント／Wになる見通しも立っている）。ソーラーエネルギーは高価ではない。ソーラーを取り巻く規制がそれを高価にしているのだ。

規制の一部は博物館に入れたくなるほど古い。サンフランシスコでは屋根を完全に覆うように太陽電池モジュールを設置することはできない。周縁部から4フィート（約1・2メートル）下げる必要があるのだ。これは1906年の大地震に続いて起き、地震そのものより大きな被害をもたらした火災のためだと聞いたことがある。歴史のその瞬間、家庭照明のマジョリティがガス管につながれた何ダースもの小さい火で行われていたとは。ガス照明は気候変動上の問題として1世紀ほど存在し続けているのだ！　地震が起きたときにガス管に漏れが生じ、ガスは家中に満ちつつ上昇した。メタンは空気より軽いのだ。そしてあらゆる場所で火事が起きた。

そしてその後、屋根に穴をあけることで建物を換気できるようにするための建築基準を消防士たちが求めた（ステレオタイプの消防士が斧を持っているのはこの作業のためだ）。サンフランシスコの土地は狭く、区画は25×80フィート（約7・6×24メートル）が一般的だ。家屋は普通45フィート（約14メートル）の幅にしかならない。屋根は小さく、全周から4フィートを除けば、安価なソーラー電力の発電に使える面積は44％も減ってしまう。

この起源物語は本当には正しくないかもしれないが、要点は有効だ：われわれはベストなクリーンエネルギー電気システムと衝突する建築基準を国中に持っているのだ。同様に、電力、火災、健康、安全の各基準や、速度制限、環境法制、排出基準といったものは、すべて古い化石燃料世界向けに制定されたものだ。弁護士と市民からなる軍団を送り込み、安全で安価なエネルギーシステムに最適化するように基準を整理し、書き換えることで、新しい電化世界のコストを下げるチャンスはある。

先進的で前向きな建築規制の例としては、新築時のソーラーパネル設置を義務付けたカリフォルニア[*2]やサンフランシスコ[*3]の建築基準がある。重要なのは、カリフォルニアの建築基準が家の買いやすさへの影響を考慮していることである――この義務付けが実際には家屋所有のコストを引き下げること、その節約分を居住者に還元することを保証しているのだ。とはいえ新築される住宅はアメリカの総住宅数の１％程度である。既存住宅のアップグレードや改修にも効く規則、規制、インセンティブを制定できなければ、気候変動を解決することはできないだろう。

もうひとつ数多く報道された例として、ガス管接続の禁止がある。これはカリフォルニア州バークレーの新築住宅に最初に適用されたものだが[*4]、マサチューセッツ州での採用以後は全国的なムーブメントとなっている。実は私の友人で建築家のリサ・カニンガム（Lisa Cunningham）は、マサチューセッツ州で大きなリノベーションの際にガス管を取り外すことを求める運動のリーダーを助ける立場にある。[*5] リサの闘争には意義申し立ても来るが、それこそがこの闘争を全国津々浦々で市民が取り上げるべき理由となっている。

化石燃料

1913年、アメリカ初の石油産業補助金が連邦税法に書き込まれた。歳入法というこの補助金は、石油会社が地中の石油を資本設備とし、これにより税の控除が受けられるようにしたものだ。当初は1バレルあたり5％の控除であったが、現在はバレルあたり15％となっており、年間では数十億ドルにのぼる。これは美しい世界を危険にさらしているものにアメリカが補助金を出している数多くの例のひとつにすぎない。

債権条項とは、掘削を行おうとする石油・ガス掘削業者に政府が要求する供託金だ。ケネディ大統領がこの供託金を1万ドルに設定したのだが、この額は設定以来50年以上にわたり更新されていない。あまりに低い供託金は無責任な操業を、特に地下水汚染を引き起こすフラッキング（水圧破砕法）を促進している。

マストラン契約は化石燃料発電所が独占を得るためによく使われる。化石燃料企業は、より安くなりうる他の発電所（たとえばソーラー）を犠牲にしてでも、石炭火力発電所の稼働が許されねばならないと主張する。裏にあるロジックは、そうしなければ「信頼できる送電網」を提供するのに必要な石炭火力発電所の採算性が確保できない、である。それでいいじゃん、と私なら言う。再生可能エネルギーの経済性により石炭火力を廃止すればいいのだ。化石燃料を有利にしているこれらの契約、規制、インセンティブ、税、補助金、ルールについて、もう一度精査すべき閾値にわれわれが達しているのは明らかなのである。

電力規制

全米電気工事規定は良いものであり、おおむね安全慣行を強制するように作られている。ところがこれもやはり、過ぎ去った世界、未来ではなく過去の技術向けに書かれている。全米向けの規定は保守的なものであるべきだが、もっと早く未来を受け入れられるように動かしたほうがよい。たとえば現在の規定では、住宅のすべての負荷を同時にオンにするかのような大きさの分電盤——送電網と住宅の間にある大きなブレーカーボックス——の設置を義務付けている。ところがすべてを電化して住宅の負荷が現在の3倍になれば、ピークロードが巨大になるので、安価でシンプルな分電盤を重負荷用の高価なものに置き換える動きが急激に生じる。後乗せでのソーラーパネル設置では、すでに半分近くの住宅で分電盤の交換が必要になっている。切替型の回路の作り方はよく判っていること、こうした回路でのピークロード管理が十分可能であることを思えば、安価な切替型ブレーカーを許容する規則を制定したほうが良いではないか。

未来への障壁を作っている点では労働組合も無辜ではない。屋内配線を金属電線管――家の外壁や地下室を這い回っている金属チューブ――に通す義務付けに対し電気工事士組合が大きな責任を持っているのは明らかだ。新しい「軟質管」（可撓電線管）という選択肢が存在し、外国や多くの用途で安全性が認められている。われわれは新しい技術を、また低いエネルギーコストをもたらすやり方を受け入れることができる。脱炭素化された未来には、もっと未来志向の組合慣行が必要になるだろう。

グリッド中立性

電化による節約の最大化には、送電網（グリッド）コストの最小化が必要であり、送電網にまつわる法制が決定的に重要だ。グリッド中立性というアイディアについてはすでに触れているが、これは人々がインターネットで情報をシェアするときのように、エネルギーを民主的にシェアすることができるというものだ。これは自然エネルギーの間欠性問題の解決を助けるだけでなく、エネルギーコストの低減につながる。

ソーラーパネルその他の再生可能エネルギー電源を公共電力網に接続して余剰電力を送電

網に戻すだけの総量課金[*6]では不十分だ。これは電力が消費者価格ではなく卸価格で買い取られるため、ソーラーの最大化や蓄電能力のシェアを推進しないのである。ちょっと税額控除に似てる。たくさん税金を払っている人にしか便利じゃないのだ。

利用時刻による価格付けでも不十分だ。これは電気料金が一日のまたは一年のサイクルの中で変わり、需要の大きいときに高く、小さいときに安くすることで送電網のバランスに寄与するというものだ。[*7]一日をさまざまな価格に分けて、消費者はいつエネルギーを使うか選ぶという方法である。これは全員に選択の余地があるわけではないこと、料金率の分割が粗いことから普及には限界がある。

グリッド中立システムでは、世帯と電力会社は同じように扱われ、おたがい限度なしに売買ができる。この裁定取引を通してのみ、われわれは最大限の節約（ドルにおいてもワットにおいても）を実現できるのだ。それはインターネットのようなものだ。インターネットでは情報を望むだけ提供することができるし、望むだけ取得することができる上に、そこでビジネスを立ち上げることもできるのだ。

電力会社、特にその天然ガス事業の防衛もやっている会社は、このアイディアをお気に召さないだろう。しかしこうした電力会社を規制するのが「われら人民」であることを忘れてはならない。恐れることはないのだ。われわれは彼らを制御できる。必要なのは集合的意志の表明だけである。電力会社は最貧世帯への低コストエネルギーアクセスを保証するために自分たちが必要だと言うだろう。私は反論する。電気の交通ルールを正しく書けば、そうした世帯のエネルギーコストを下げることができると。アクセスは他の方法で保証できるのである。電力会社はわれわれが与えた独占を維持したい。しかし気候に優しい未来に向けて一緒に取り組めないのであれば、彼らの独占を取り上げる必要があるだろう。電力会社には気候変動の解決に果たすべき大きな役割があるが、それは家庭による発電や相互の電力共有を妨げることではない。

　われわれがいま必要としている気候変動対策を妨げている規則や規制の例は他にも何千とある。われわれが望み、また必要としている美しい世界を救うための戦いの、これはまさに最前線である。こうした規制に取り組む優れたグループがある。新しい法の制定をするものもあれば古い法を覆すものもある。（コロンビア大学の環境法研究所、Environmental Law Instituteやワイドナー大学デラウェア法科大学院、Widener University Delaware Law Schoolはその好例だ[*8]。）

　われわれの未来の障害の克服に取り組む人々はいくらいても足りないくらいである。

15

雇用、雇用、雇用

○2℃（3・6°F）の世界気温上昇を打倒するのに必要なタイムフレームでアメリカを脱炭素化すると数千万の雇用が生まれる。
○コロナウィルスパンデミックによる高い失業率はゼロカーボン経済の構築の好機であり、刺激策としても元が取れる。
○生まれる雇用の大部分は経済全体に分散するので、全国津々浦々に高収入の雇用が存在するようになる。

より良い地球に生きるための脱炭素化は、それ自体が十分なインセンティブになることを願っている。とはいうものの、この脱炭素化が経済に与えうる影響に慎重な意見を持つ人々がいるのは当然だ。アメリカのエネルギーシステムの脱炭素化というアイディアを、経済成長に、特に伝統的エネルギー産業で働く者にとって悪いものとして描いてきた人々はたくさんいる。エネルギー部門のオーバーホールにより世界を変えるような提案は、彼らの雇用が失われないと力づける――より良くは彼らが給与も満足度も高い新しい仕事が得られると力づける――必要があるのだ。

ここまで私は将来みんなが節約できる道を案内してきたが、人間には今日の仕事が必要である。執筆時はCOVID－19パンデミックのさなかで、失業率は大恐慌以来の高さになっている。この悲劇的難問に対する解がある。屋根に上がって叫びたいグッドニュースだ：クリーンエネルギー経済への急速移行で高給の仕事が何百万も生まれるのである。この恐るべき雇用環境の中で、求職者の全員を仕事に戻すと言えるほど野心的な計画は、アメリカのエネルギーシステム脱炭素化くらいである。これらの雇用は地理的に高度に分散しており、海外移転も困難だ。

クリーンエネルギーが化石燃料より多くの雇用を生むのはなぜか

簡単に言うと、クリーンエネルギー技術は化石燃料技術より、製造、設置、メンテナンスにおいて人手が必要だということだ。ウィンドファームを建設して運用するには、油井を掘って同じ量のエネルギーを掘り出し続けるのに比べて必要とする人数が多い。再生可能エネルギーの燃料は無料だが、化石燃料にはお金がかかる。この無料の再生可能燃料にアクセスするには、多くの労働力とメンテナンスが必要なのだ。

スキャーリーおじさんとみんなの仕事

ゼロカーボンエネルギーに円滑に移行するには、化石燃料産業で働いている人たちを連れてこなければならない。しかし彼らは思ったより少ない。労働統計局（BLS）は毎月の雇用統計レポート「Current Employment Statistics」で素晴らしい雇用データを公開している。われわれはこれを大分類ごとの小分類が見られる樹形図として図15－1にまとめた。この図はリチャード・スキャーリー（Richard Scarry）が彼の有名な絵本、『What Do People Do All Day?[*1]（みんなの仕事は何ですか?）』で答えようとした疑問に回答を与えるものだ。

目を引くのは、エネルギー産業に直接雇用されている人々の少なさだ——アメリカの1億5千万人の労働者（COVID－19前）の中の約270万人である。化石燃料に雇用されている人々のマジョリティは、ガソリンスタンドで働く100万人弱だ。ちなみにこの国ではコ

みんなの仕事は何ですか？

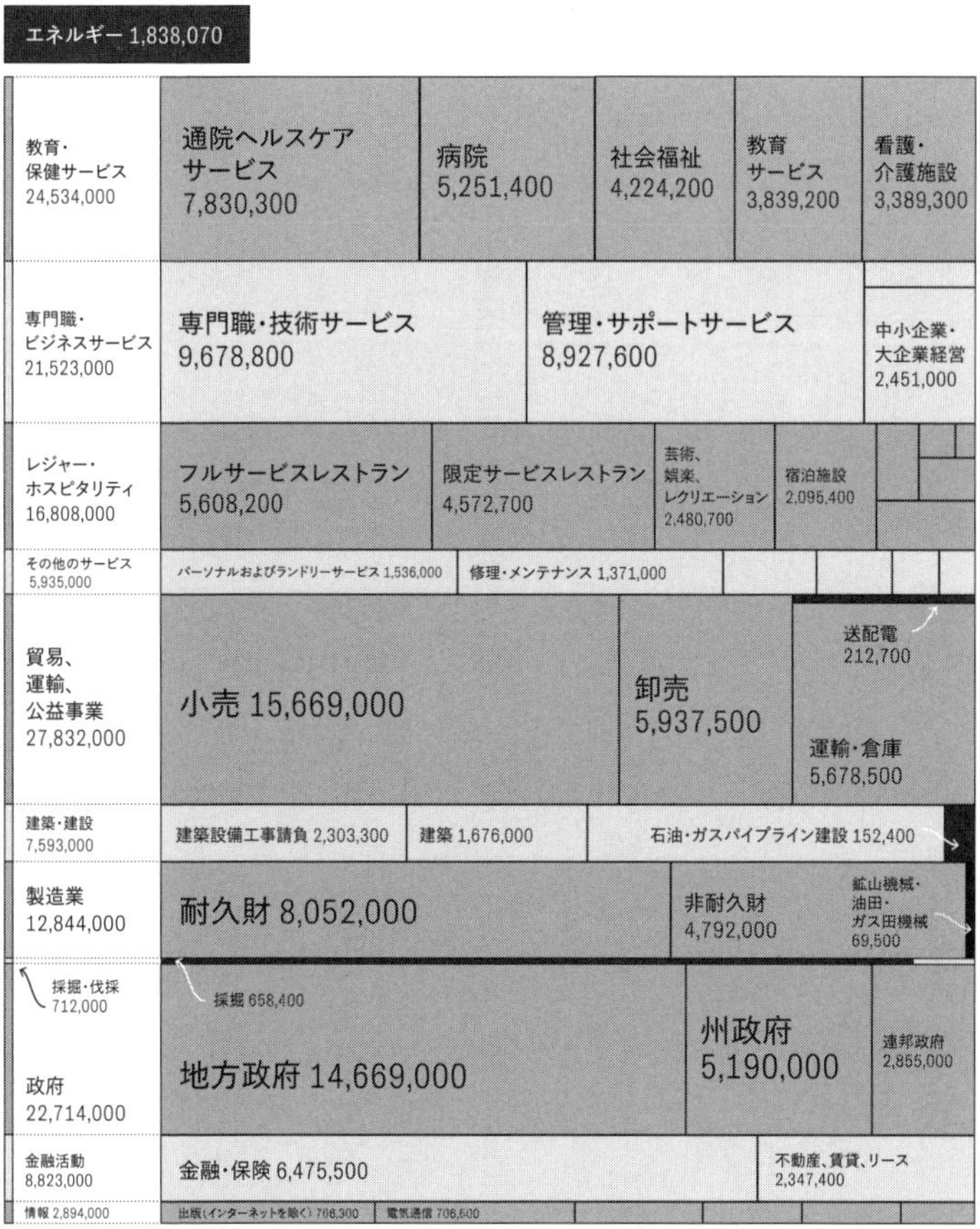

図15-1：全米の雇用（COVID-19パンデミック前）データはアメリカ労働統計局レポート“Current Employment Statistics”より、日付なし、https://www.bls.gov/ces/。メガネを取ってよく見てみよう！

ンビニエンスストアが80％のガソリンを販売している。もちろんコンビニエンスストアではホットドッグ、タバコ、ロッタリーチケットも売っているので、彼らをエネルギー産業にのみ分類すべきではないかもしれない。

石炭採掘の雇用はとても少ない――およそ5万人――ことがわかる。これをたとえば美容師・理容師の45万人や、ゴルフクラブで働く37万人と比べてみるがよい。他には1千万人がレストランで働いている。アメリカにはエネルギー産業で雇用されている人々よりもたくさんの会計士がいるのだ。ぜんぜん大きな経済規模ではないのである。

クリーンエネルギーの世界で生まれる雇用の数は？

アメリカを脱炭素化したときに生まれる新規雇用の数を計算する方法はいろいろあり、手法によって推計はバラバラだが、誰もが合意しているのはこの数が「たくさん」であることだ。友人のジョナサン・クーミー（Jonathan Koomey）は、エネルギー部門の雇用を計算するのは阿呆のお使い（無駄骨）だ、と警告してくれた。私は「Mobilizing for a Zero-Carbon America: Jobs, Jobs, and More Jobs.（ゼロカーボンアメリカに向けて：雇用、雇用、また雇用）」[*3]という白書で無駄骨を折ってみた。こうした計算に慣れた経済学者のスキップ・レイトナー（Skip Laitner）という新しい友人を見つけ、阿呆になるのを手伝ってもらった。

雇用についてのわれわれの推計は、現在米国内で使われているエネルギーの量と、現在の快適性と同レベルの生活（クルマ、熱源、ボタンを押せば動く快適さ）を機能させるのに必要な再生可能エネルギーの量――すべてこれまでの章で解説してきたもの――から来るものだ。レイトナーと私はこのエネルギー需要への理解を使って、「機器類整列！」の集計をした。ソーラーパネル、ヒートポンプ、電気乾燥機、そして温水器などの電化する機器、さらにエネルギー貯蔵に使える電気自動車など、移行に必要な機器それぞれをすべて数え上げたのだ。続いて、これらの機器をすべて製造するのに必要な雇用の数を算定した。

経済学者は雇用創出の推計をコスト推計から始める。われわれは製造すべき全機器のコスト推計をおこない、これを使って脱炭素プロジェクト全体にかかる金額を算出した。経済学者は次に、支出費用100万ドルごとにいくつの雇用が作られたかという産業ごとの履歴データを利用する。この雇用には直接雇用、間接雇用、誘発雇用がある。

直接雇用は具体的にエネルギーにのみ関わる仕事だ。間接雇用、またはサプライチェーン雇用は、直接雇用にサービスを提供する仕事だ。直接雇用はたとえば天然ガスパイプラインやソーラーパネルの設置であり、これにまつわる間接雇用はたとえばパイプのために鉄を、風車のためにファイバーグラスを、パイプライン向けにバルブやポンプを製造するものだ。誘発雇用は直接雇用と間接雇用の周辺コミュニティに発生するものである。レストラン、学校、店舗その他、直接・間接雇用で働く人々をサポートする施設で雇われる人たちだ。ウィンドファームを建設する女性が高額の給与をもらえば、その相当な部分が肉屋やパン屋やLEDメーカーを養う地域経済で使われる。

コスト推計の叩き台を作るため、アメリカが構築しなければならなくなるもののリストを作成した。供給側ではわれわれは1500GW（ギガワット）程度の新たな（クリーン）電力容量が必要になるのを思い出してほしい。これはすなわち、電力をエンドユーザーに届けるために、数百万マイルのアップグレードされた送配電網の新規建設が必要だということだ。需要側についていえば、2億5600万台の自動車とトラック、1億3千万の世帯、900億平方フィート（約830万平方キロメートル）を覆う550万の商業建築、すべての製造・工業プロセスの電化が必要である。これらの数字から、製造・設置する必要のあるバッテリー、ヒートポンプ、IHコンロ、電気自動車、給湯器の数が推計できる。

そしてこれらのコストを、置き換えられる機器との差分について、すべて合計する。これにより従来どおりのビジネスと脱炭素ビジネスの相対コストがわかる。そしてこの金額を、支出100万ドルごとの直接雇用量で割った。間接雇用と誘発雇用の数についても同様に計算できる。たとえば100万ドル（2017年のドルで。経済学ではすべてをインフレ調整する必要がある）を建設業に支出すると直接雇用が5・38、間接雇用が3・87、誘発雇用が10・22生まれる。100万ドルごとに20弱の雇用が生まれるということだ。

新規雇用の総数はこのようにして求められる。次に、化石燃料経済をまかなっている産業で失われる雇用を、間接雇用、誘導雇用を含めて差し引く必要がある。われわれは炭鉱業を徐々に廃止し、その5万人の鉱夫に仕事を見つけなければならない。しかし自動車産業の250万の雇用は徐々に廃止しない。なぜなら彼らは電気自動車その他のネットゼロ自動車産業に転換されるからだ。

製造能力をこの規模まで拡大するために、われわれはまず（3〜5年の）大規模な戦時動員期間と、つづく10年の展開期間を設ける必要があるものと想定している。これは世界気温上昇を2℃（3・6°F）以下に抑える排出量予測の線に沿ったものだ。需要側では、現在使っている技術をその自然な耐用年数に沿った割合で置き換えていく。たとえば11年使った温水器が壊れたら、ヒートポンプのものに買い換えていただく想定だ。

再生可能エネルギーへの移行は金融、R&D、トレーニングで多くの雇用を生むので、これも算入している。

図15−2はこのモデルの出力のまとめだ。アメリカに電線を引き直すこのモデルプロジェクトでは、ピーク時で2500万の新規雇用が創出される。エネルギー産業には（間接雇用、誘導雇用含め）現在およそ1200万の雇用がある。20年の間に既存の化石燃料産業雇用がクリーンエネルギー雇用に置き換わり、急速な建築後にも現在より500〜600万増加した雇用が維持される結果になることが見て取れるだろう。

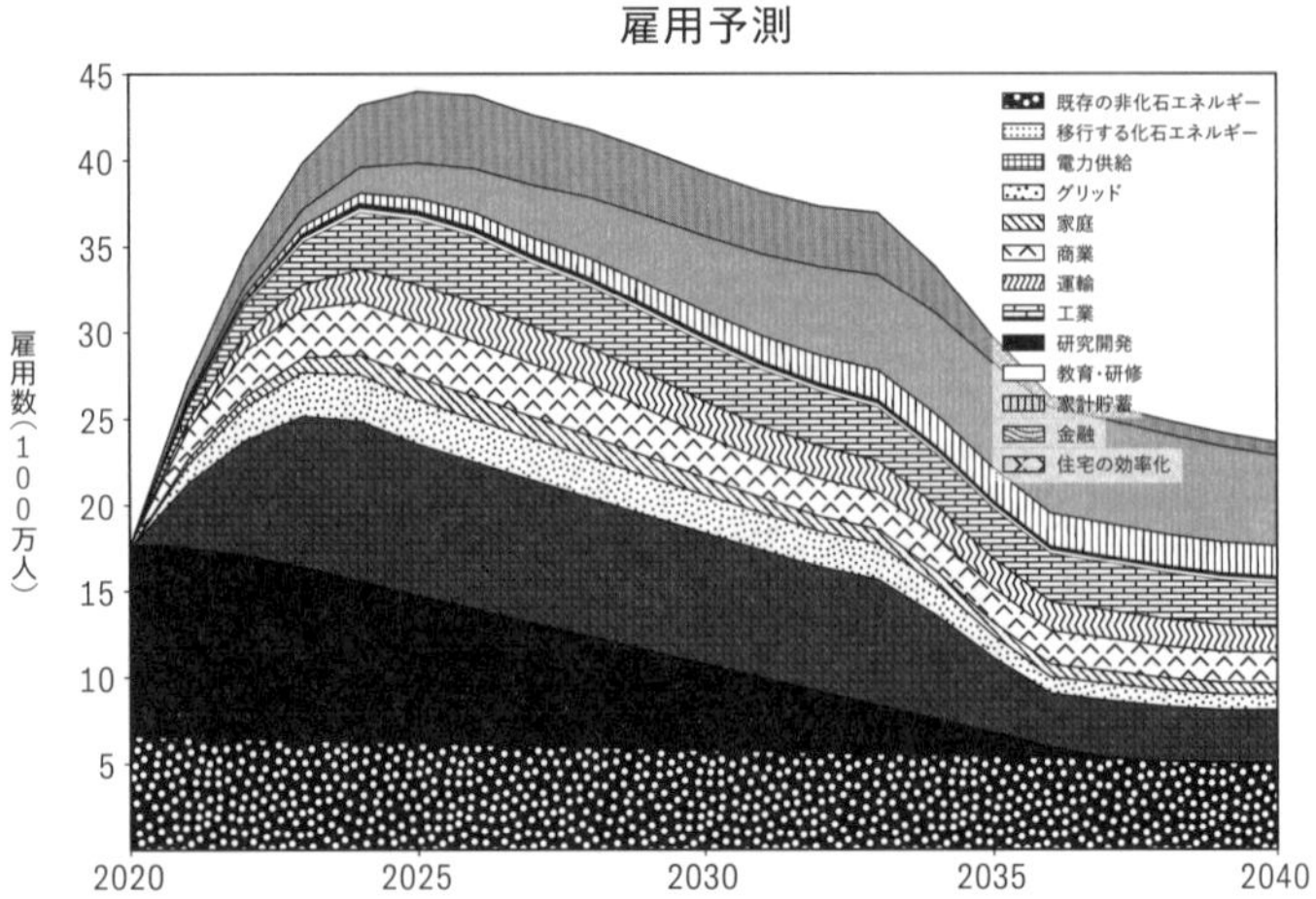

図15-2：2040年までのエネルギー部門の総雇用。世界気温上昇2°C（3.6°F）を達成できるだけの脱炭素化に努めた場合。「効率化」の仕事は脱炭素化に不可欠ではないので、総雇用数には算入していない。

歴史に語らせろ

これほど多くの雇用を創出することにも、大規模な動員でこれを急速に実行することにも、前例がないわけではない。これまでにも書いたが、かなり似たことを第二次世界大戦にもやっているのだ。連合国の勝利にかかった経済的なトータルコストは１９３９年のＧＤＰの１・８倍である。（１９４０年、アメリカのＧＤＰは１０００億ドルだった。１９３９年から１９４５年にかけて、アメリカは連合国の成功に絶対的に必要だった軍需物資の生産に１８６０億ドルを費やした。）完全に脱炭素化されたエネルギーシステムへの移行には、おそらく２０１９年のＧＤＰでたった１年分、22兆ドル程度かかるだけだ——世界を救う額としてはけっこう安い。

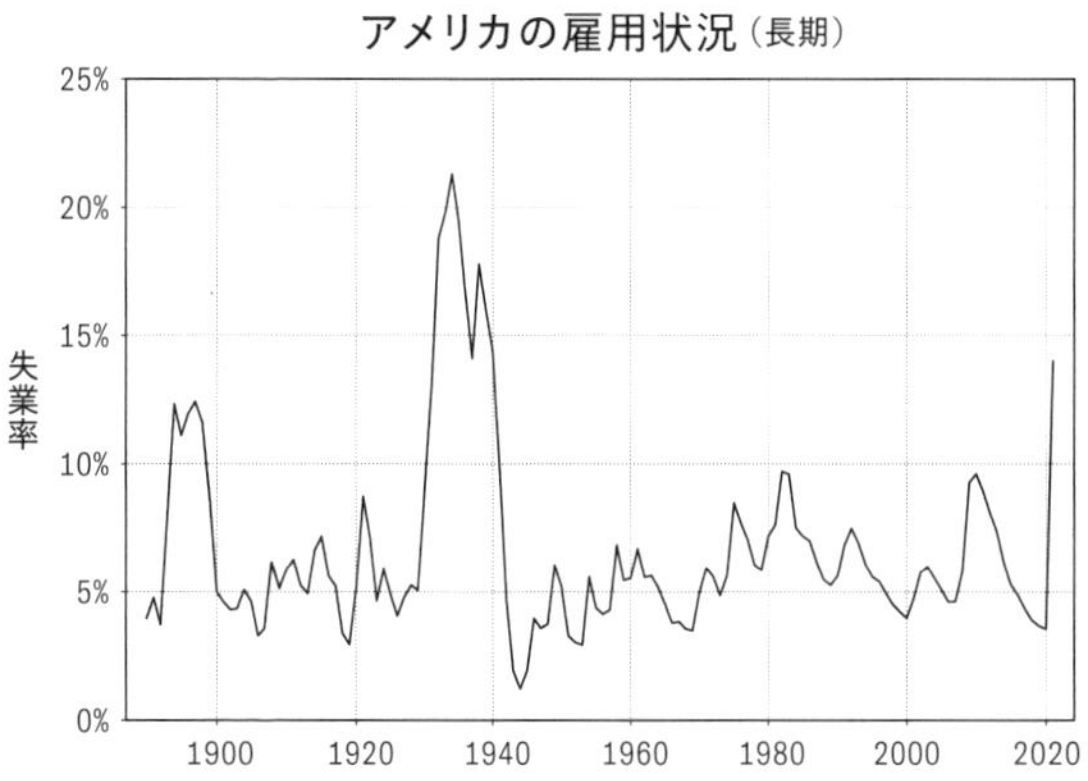

図15-3：アメリカの長期失業率。直近のCOVID-19による急上昇を含む。

前回これほど失業率が高かった大恐慌の間には、ニューディールで経済を刺激して多くの雇用を創出したが、これは十分な数ではなかった。図15－3の通り、大恐慌最悪期のアメリカの失業率は24%以上にものぼった。ＦＤＲの公共事業と雇用プログラムは１９３５年には確かな前進を始めていたが、大戦までは雇用状況が大きく変わることはなかった。軍需物資生産のためのアメリカ工業の動員後、失業率は１・２%まで下がった。この低失業率により、女性とアフリカ系アメリカ人が初めて大量に高収入の職に就くということが起きた。アメリカが戦時活動で築いたこの生産能力は、一時雇用だけでなく、数十年後まで続く雇用を創出した。

「民主主義の兵器廠」[*4]と呼ばれたこの戦時生

産を振り返ってみよう。巨大に見えるわれわれの予測は、その経済におよぼす効果において、WWIIで見られたものと似ていなくもない。製造業の雇用は60〜70%増大し、生産量は2倍以上となり、その活動を支えるために必要な建築と原料生産は大幅に増大する。

第二次世界大戦の生産統計はこうした野心的プロジェクトの経済全体への恩恵を示している。労働力人口が18・3%、製造業雇用は63%、国民総生産（GNP）は52%、消費支出は58%、それぞれ増加しているのだ。戦争というアナロジーは完璧ではないが、気候変動問題の勝利に向けて国の工業生産力を戦時スタイルで動員すれば、経済的にも雇用や消費者幸福においても巨大な恩恵があるということを国民が理解する助けになるだろう。

だがちょっと待って……

われわれの数字は福音ではないし、ほぼ確実に高い方に振れた数字だ。通常の推計とはかなり違ったものであるため、正確な見積もりが難しいのだ。１００万人あたりの雇用数の長期データは、経済がある程度通常通りだった時期のものだ。私が勧めているのは、こうした通常の計量経済学的データの多くを少なくとも当てにならないものにする、巨大な経済刺激プログラムなのだ。とはいうものの、創出される雇用が膨大である――失われるよりはるかに多い――という結論に達することはできるのである。

経済学者の手法により、これらの雇用推計同士の間の鋭い矛盾があらわになる——支出を増やせば雇用を増やせるのだ！ グリーンニューディールからのさまざまなアナウンスが、ひたすら増え続ける支出、支出、支出、のようになっているのはこのためだ。雇用で大きな見出しを取ろうと思ったら、ただ支出を増やせばいいのである。（現金と負債の関係について再検討したいのであれば、上記のデヴィッド・グライバー（David Graeber）の著書を読むことをお勧めする。）これはエネルギーを安価にするというわれわれの目標とは相容れない。エネルギーを安くするということは、規模による効率を追求し、すべてのタスクにおいて必要とされる仕事（雇用）の数を抑えるということだ。雇用と安価なエネルギーのバランスはきわめて重要で、この問題については社会全体で総体的に考える必要がある。

ユニバーサルベーシックインカムのようなアイディアを提示する人もいるが、実績のある方法を考えてもよいのではないか。１９５０年代から60年代にかけて、アメリカ人の大多数が週６日労働から週５日労働に移行した。産業革命以後のオートメーションによる生産性の向上は、多くのアメリカ人の休日を増やすに十分なほどだったのだ。週末なんか２日間もいらない、という人を私はあまり知らない。ということで、私からみれば雇用を増やすことと安いエネルギーを作ることは相容れないものではない。仕事を自動化し、可能な限りエネルギーのコストを下げた上で、週末を３日間にしようではないか。ロボットばんざいだ！

詳細分析のおかしな面を強調するものとしては、ＬＥＤ照明まわりの雇用の算定というのもある。安価で長持ちなＬＥＤは消費者に莫大な金額の節約をもたらしている。これはつまり、アメリカの照明のできるだけ多くをＬＥＤに転換するというお金の節約になるプロジェクトの完遂とは、経済学者にしてみれば、雇用の破壊なのだ。「ＬＥＤ照明は雇用を破壊する──反アメリカ的行為だ！」などという見出しを想像してみるがよい。ところがもちろん、われらアメリカ人は安いエネルギーを選ぶのだ。

いくらですか？

グリーンニューディールの発表は、高すぎる！　という反応に迎えられた。なにしろこの曖昧模糊とした計画に、いきなり20兆ドルの値札がついていたからだ。アメリカにとって不利な、高く付く取引にしか思えないではないか。たしかにコストはそのくらいかかるかもしれないのだが、この金額は15～20年間に分散されるものだ。またこのほとんどは国民の誰もがこれまでも払ってきたもので──20年の間には、誰もが1台か2台のクルマや家庭用機器を買い、家の改修費を払うだろう──このようないずれにせよ起きる支出を「追加コスト」と考えるべきではないのだ。

そして現実には、アメリカの消費者はゼロエミッション経済への移行によりお金を節約できる。この国が本書で概説したようなレシピに従った場合、すべての家庭に年間最大２５０

0ドルの節約がもたらされる。アメリカの1億2千万世帯を合計すると、この節約は200 0～3000億ドルにものぼる。

もうひとつ重要な点は、政府がすべてのコストを負担するわけではないということだ。政府がこれらのインフラに融資保証などのメカニズムを使用した場合、政府は現金を消費しない。現金ではなくその巨大さと信用評価を利用して、すべての人にもっとも有利な利率を提供するのだ。同様に、政府は費用対効果を高めるために全物品のコストすべてを負担するなどということをする必要はない。物品コストの数分の1程度の適切な補助金により、市場が脱炭素化された機器を選好するようにすればよいだけだ。

たとえば、現在の再生可能エネルギー向け税額控除は26％に設定されている。この数字を仮に上記すべてのコストに対する政府負担割合として計算すると、15年間の動員期間中の年額は3000億ドルにしかならない。これは現在の軍事費の1／3である。それだけではない。アメリカの家庭と商業での節約はこのコストをほぼカバーする額になるのだ。

地球を救うにはお金がかかるという不健康なナラティブは変える必要がある。なにしろ、まったくかからないので。適切に行動すれば、恩恵を受けてお金を節約でき——しかも週末が長くなるのだ！

津々浦々の雇用

雇用という話題はそもそも政治的だ。疲れ切って皮肉な様子の気候変動ベテラン政治運動家に、これらの数字を全部見せながら話をしたことがある。彼は言う。「将来の100万の雇用なんて、政治的な材料としたら小さくて声が大きい利益団体や組合の100人の雇用にも当たらないんですよ。」たぶんその通りなんだろう。すべての人の心を掴むことなんかできないのだ。

しかし彼らの心を安定させる材料はある。思い出してほしいのは、この計画はただちに化石燃料経済のすべてをつぶしたり、プラントを閉鎖しようというものではないことだ。それらの雇用は退役する機材の置き換わり率に合わせて転換されていく。新しいクリーンエネルギー雇用へのゆっくりと着実な転換はこれから20年かけて起きるということだ。

人々にリアルに影響する話としては、雇用がどこに生まれるか、というのがある。本書で概説してきた計画の美点は、ソリューションのかなりの部分があなたの車庫に、屋根の上に、地下室に存在するということだ。これらは中国やメキシコにオフショアすることはできない、ロボット化すら不可能な仕事だ。これらはアメリカのあらゆる市町村のあらゆる街区に、かなりの部分が郊外や農村コミュニティに偏って存在する仕事だ。これらは白衣のボフィン(ナードのオーストラリア語)向けの仕事でも食堂の最低賃金仕事でもない。これらはブルーカラー、ホワイトカラー両方の高技能職であり、参加する電気工事、水道工事、建設工事といった業者の非常に多くが高給を得られるような、ピックアップトラック（電動）で毎日出かけて満足感を得られるような、日々の努力と地域への貢献を誇りに思えるような、「再配線されたより良いアメリカ」を築いていく大きな国家プロジェクトの一部を担えるような、そんな仕事なのだ。

赤対青のエネルギー政治

しかし、雇用が増えるであろうと知っていることは、すなわち現在のエネルギー部門の仕事が変化する人々を安心させることにはならない。この問題が政治的ではないと言い張るのは浅はかだ。現在は赤い州（共和党支持州）がエネルギー雇用の大部分を保持している。彼らはそれを失うことを恐れているが、たしかに現実化しそうなことでもあり、クリーンエネルギーの未来に向かって進まない理由として喧伝されている。ハリケーンがあると、テキサスやルイジアナの人々は損傷した石油・ガス施設による水系への膨大な環境破壊を心配する。しかし嵐が去ってしばらくすると、嵐と懸念をさらに増大させる化石燃料生産の仕事にまた戻っていく。

２０１６年の選挙後、私はエネルギー情勢の政治的断絶を目の当たりにして感動した。久方ぶりの驚天動地である。図15－4のように、化石燃料生産は少しばかり赤い州に偏ってい

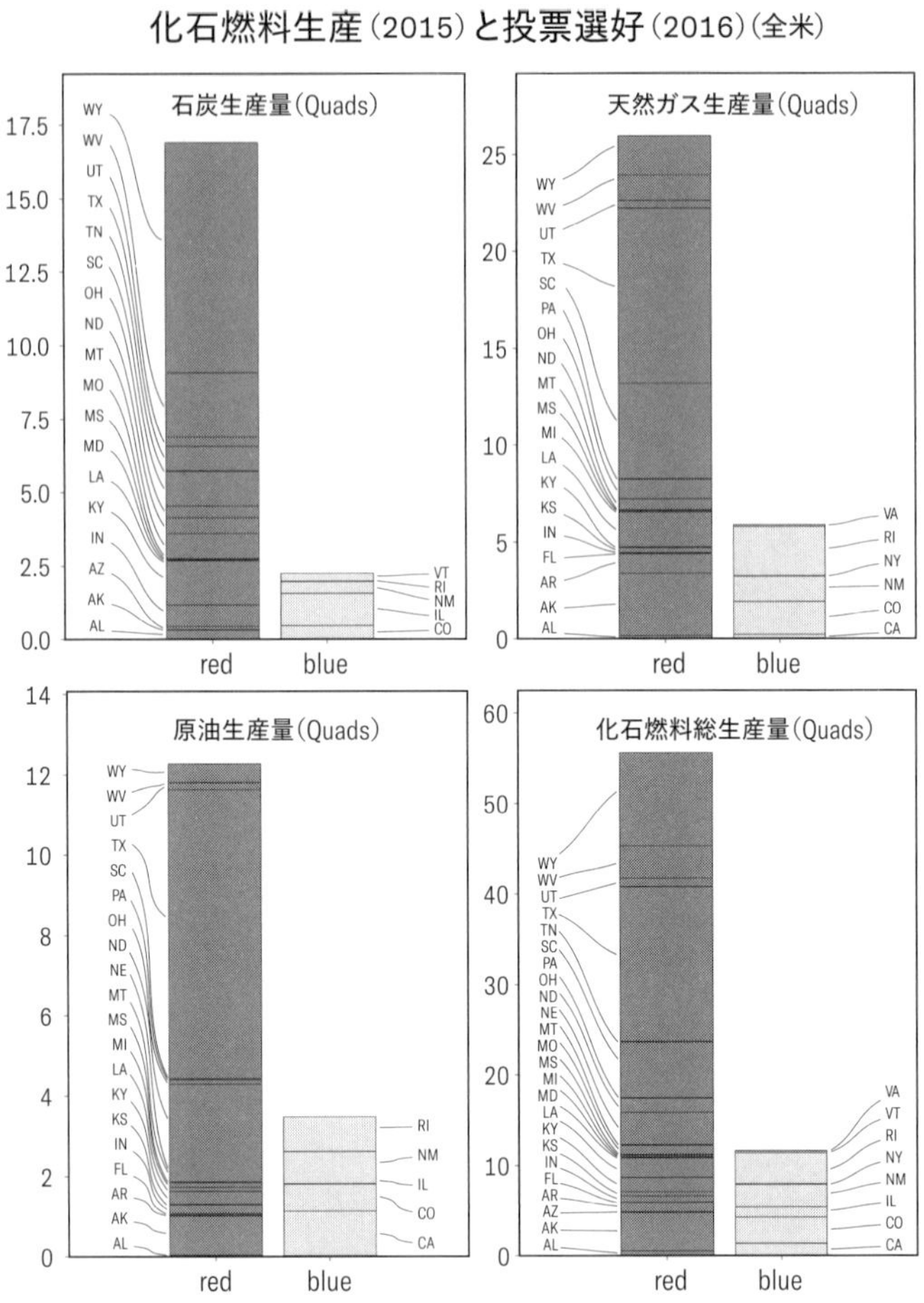

図15-4：2015年の州ごとの化石燃料生産量。石炭、天然ガス、石油、およびこれらの総計を、2016年の投票選考ごとに集計。当時の化石燃料の80％以上が共和党投票州で生産されている。（アルファベット2文字はアメリカの各州の略称）

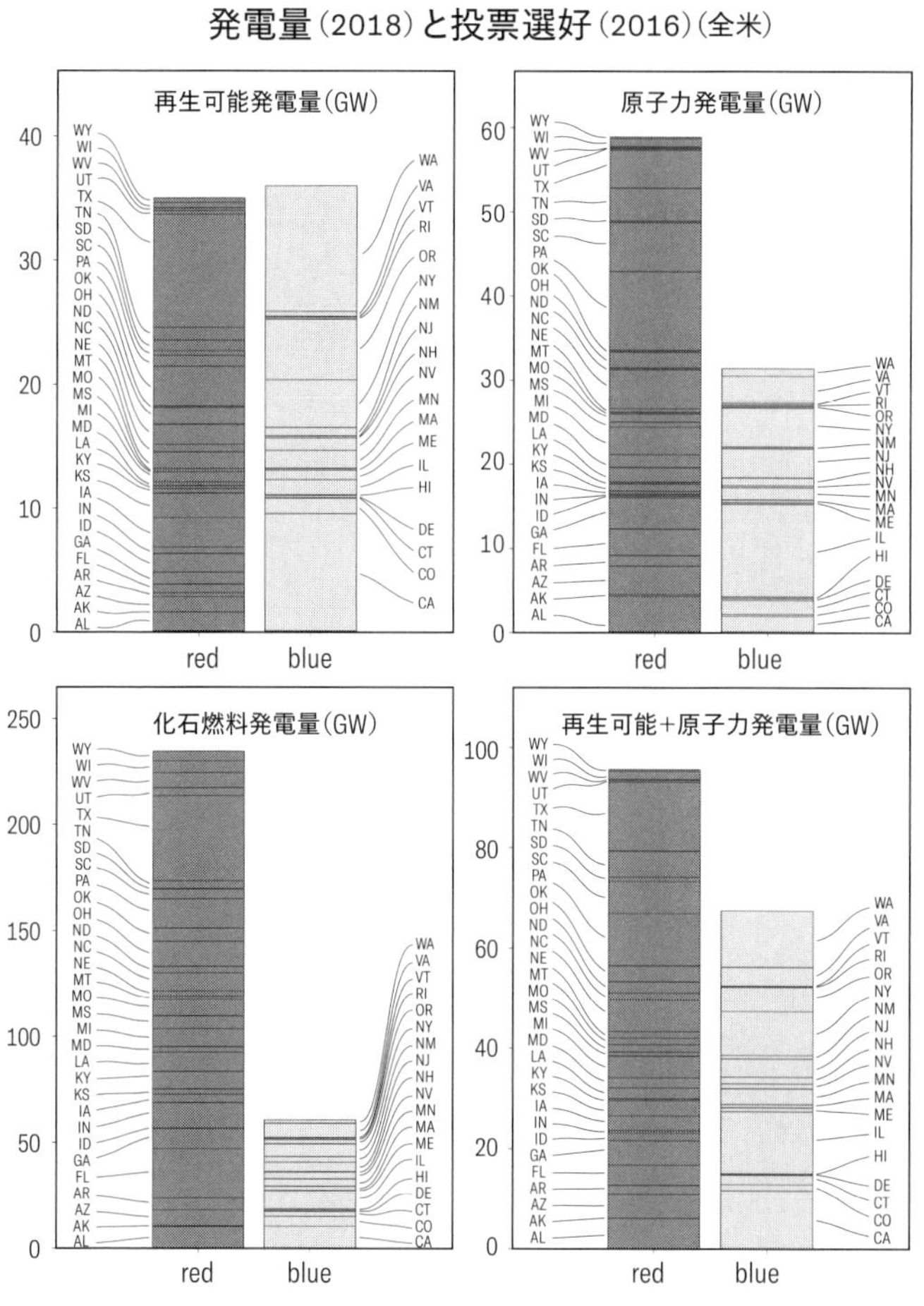

図15-5：2018年の州ごとの発電量。再生可能、原子力、非炭素、化石燃料発電を含む。2016年投票選好ごとに集計。すべてのカテゴリーで共和党投票集の発電量が多い。

る、などというものではない。猛烈に――全生産量の85％程度が――赤い州に集中しているのだ。これらの州の選挙民をもっとも動かしやすい問題は彼らのエネルギー雇用なのだ。

発電についても同様に興味深いストーリーがあり、これは『Electrify（原書名）』という題名の本にはよく合っているように思う。しかしよく見てみると、そこにある図式はなかなか複雑だ。赤い州は青い州にすべての発電カテゴリーで優っており、それは原子力にしても、青い州のお気に入りである再生エネルギーにしても同じである。すべての屋根に可能な限りのソーラーパネルを載せても、クリーンエネルギー全体で言えば相対的に小さく、総発電量の10～25％にしかならない。つまりわれわれはかなりの量の「産業用」クリーンエネルギーと、大規模な再生可能エネルギー設備が必要なのである。

こうした大規模なソーラー、風力発電の設置には土地が必要だ。これこそ農業、製造業、エネルギー生産が赤い州で多い理由である。赤い州のほうが土地が多いのだ。これは図15－6に明らかである。2016年にはアメリカの土地面積の70％が共和党に投票しているのだ。石油がそうした土地に存在するのも驚くことではない。もうひとつ驚かないことがある。クリーンエネルギーの未来はこの同じ土地にあるのだ。テキサスは風力発電建設ラッシュでこれを現実にしているところだ。エネルギーの仕事の未来が、雇用という政治的に非常に重要な部分において、過去と同じ様相を示すことになると信じる理由はいくらでもある。発電雇用の多くは、現在まさに石油、ガス、石炭雇用が存在する場所に、まさにそれらが存在するのと同じ理由で――広いオープンスペースときれいな空気（早めに実現することを願う）により――生まれるのだ。

歴史的類似性

この規模（数千万人）とペース（数年以内で至急に）の雇用創出には前例がないわけではない。第二次世界大戦の動員でアメリカは同様の経過をたどった（次章で詳説する）。前にも書

土地面積と投票選好（2016）
（全米。単位：百万平方マイル）

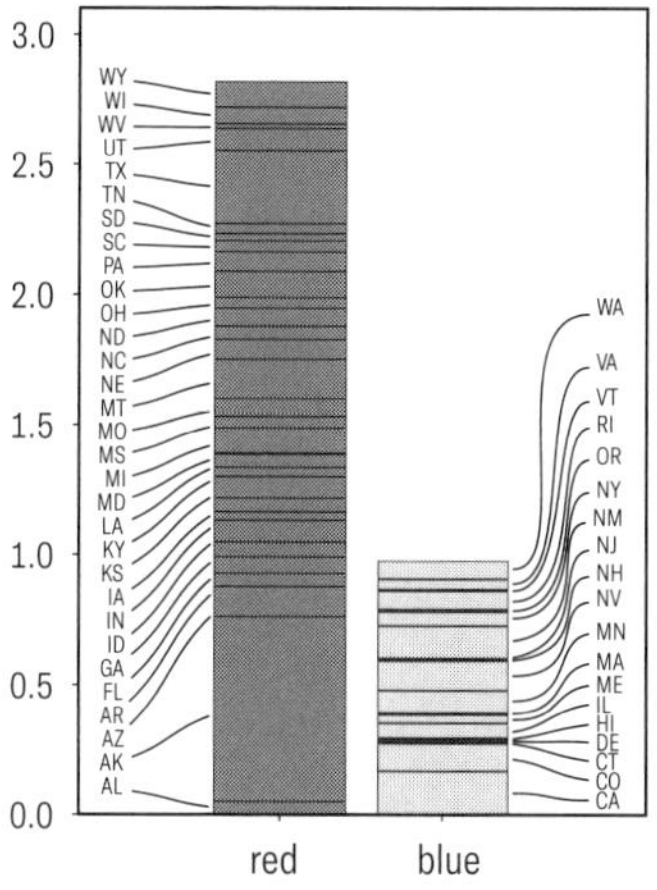

図15-6：広い州は共和党に投票する。2016年の投票選考を面積で集計したもの。赤い州が化石燃料と電気をより多く生産する単純な理由がある：そちらの方がずっと広いのだ。このアドバンテージ（土地面積の70％程度を占める）は再生可能エネルギーの展開でも発揮される。再生可能エネルギーには広い土地を覆う大規模な設備が必要だからだ。

いたが、連合国の勝利にかかった総コストは1939年のGDPの約1・8倍である。完全に脱炭素化されたエネルギーシステムへの移行は、おそらく2019年GDPのたった1倍、22兆ドル程度だ。

アメリカ戦争生産委員会（US War Production Board）の1945年10月9日の報告書、『Wartime Production Achievements and the Reconversion Outlook（戦時生産の成果と再転換の見通し）』に記録された戦時生産の様相を見れば、予測される経済影響の巨大さは、第二次世界大戦中に見られたものとそれほど違っていないことがわかるだろう。図15－7では、製造業の雇用は60～70％増大し、生産量は2倍以上となり、その活動を支えるために必要な建築と原料生産が大幅に増大している。

図15－8ではより図解的に、こうした野心的プロジェクトの経済全体への恩恵を示している。労働力人口は18・3％増加、製造業雇用は63％増加、国民総生産（GNP）は52％増加、消費支出は58％増加しており、非常に多くの人々がお金を手にして消費に回しているのだ。戦争というアナロジーは完璧ではないが、我が国の工業生産能力の動員が消費者幸福を守りつつ数百万の新規雇用を生み出す原動力になることを理解する助けになるだろう。

私がよく言っているように、今後はロボットが必要なほど多くの仕事ができる。自分の手で対処すること、誰もが成功できるようにそれを形作ることを決意すれば、アメリカ人が未来を恐れる必要などないのだ。

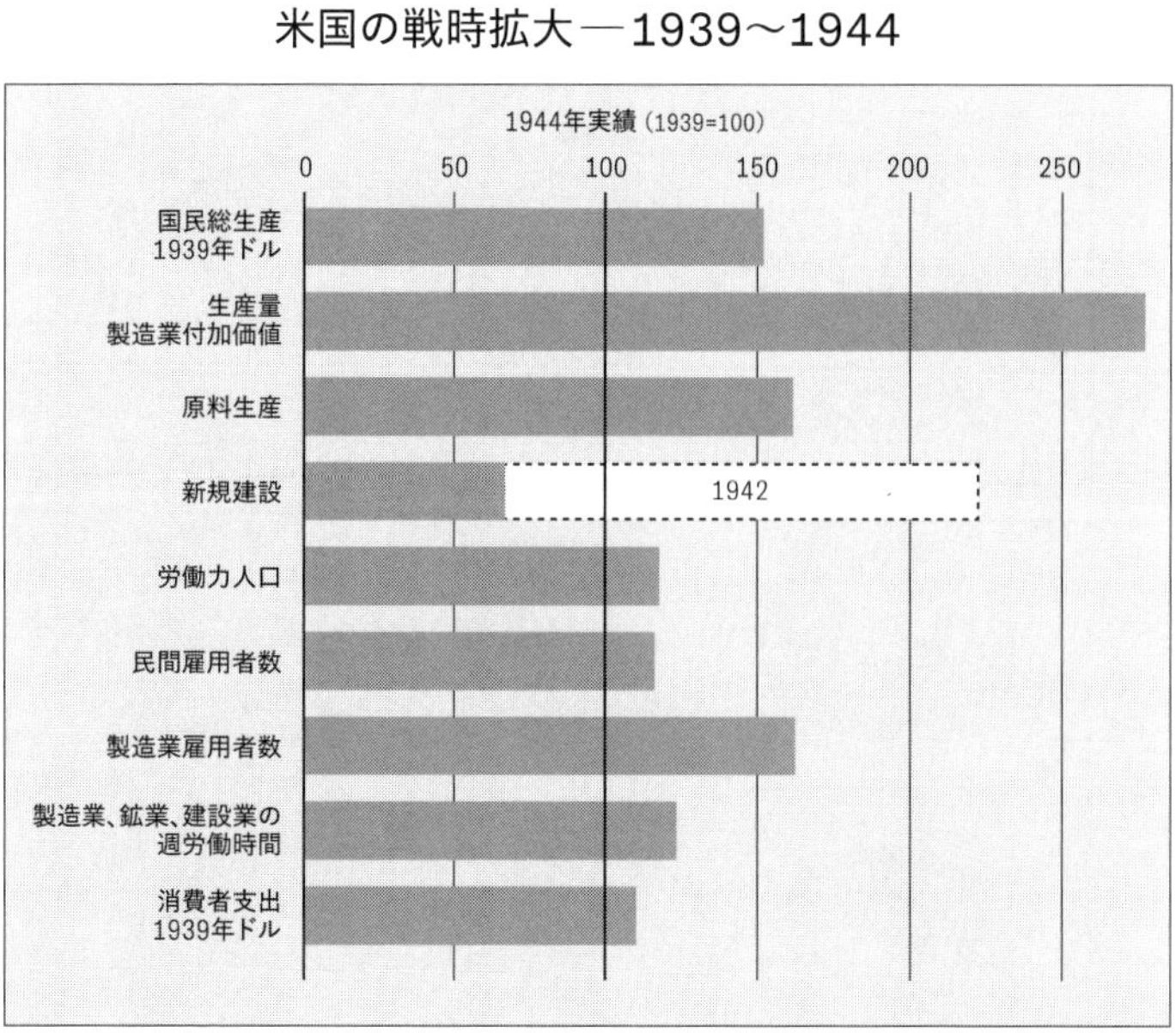

図15-7：戦時生産による米国の重要経済セクターの拡大。1939年比。
出典: US War Production Board, Wartime Production Achievements and the Reconversion Outlook: Report of the Chairman, October 9, 1945, https://catalog.hathitrust.org/Record/001313077

米国経済の戦時シフト

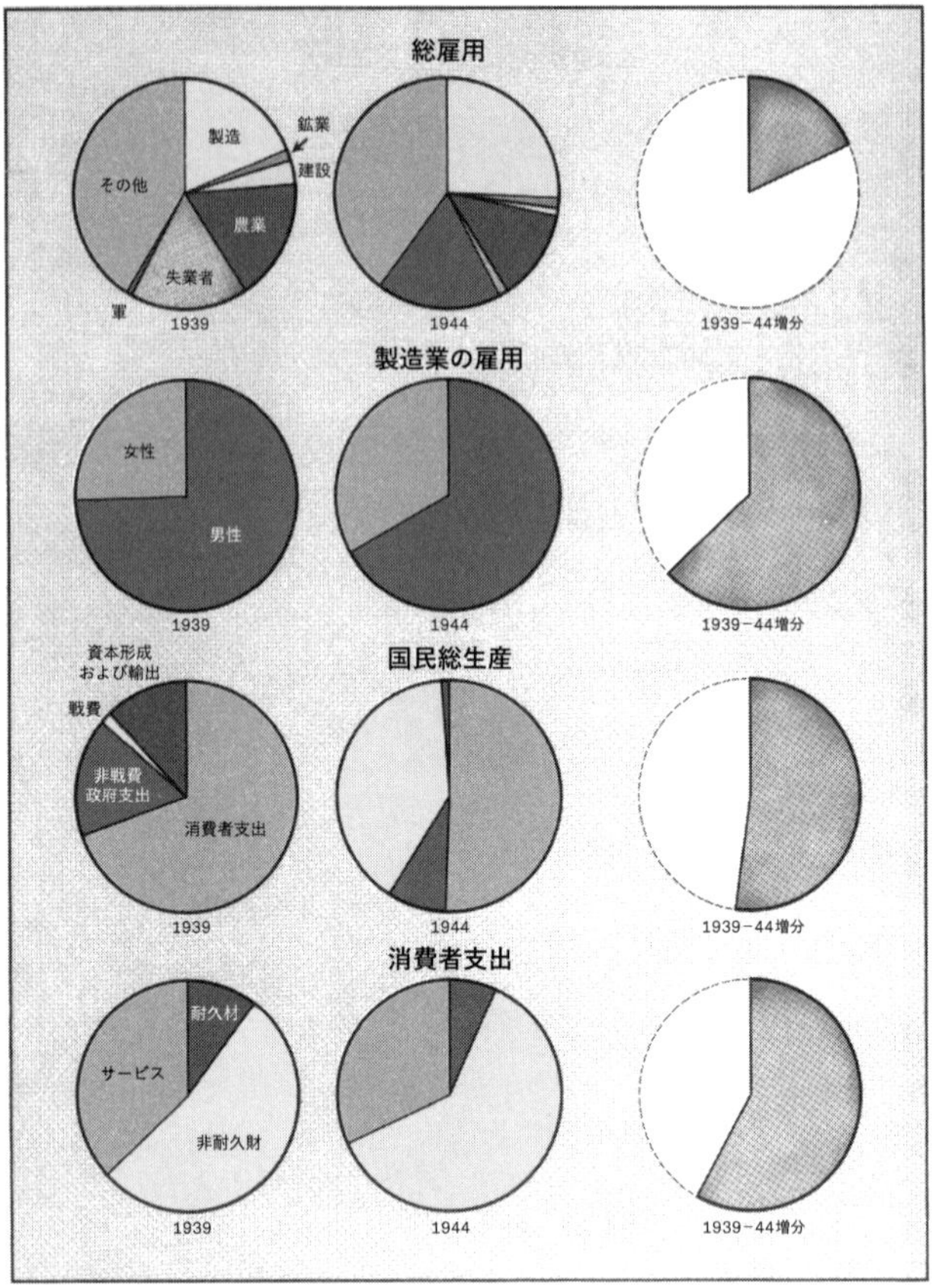

図15-8：アメリカ経済の戦時シフト。
第二次世界大戦の生産努力による重要経済パラメータの変化。
出典: US War Production Board, Wartime Production Achievements and the Reconversion Outlook: Report of the Chairman, October 9, 1945, https//catalog.hathitrust.org/Record/001313077.

16

〝ゼロ〟次世界大戦への動員

○第二次世界大戦で証明されたように、総力戦は技術と生産計画で勝つものである。
○気候変動との戦いは第二次大戦より安いものになる。
○少数の「最重要兵器」を選択し、その生産率を上げる必要がある。

カーボンゼロの実現には、〝ゼロ〟次世界大戦を戦い抜かなければならない。（ゼロ次世界大戦（World War Zero）はジョン・ケリーの造語で、経済全体の炭素排出をゼロにするための戦時努力、というわれわれのやるべきことを見事に要約しているので私も使用する。）たとえ現状が惰性と政治的麻痺にはまり込んでいるように見えても、われわれは行動しなければならない。炭素排出量ゼロを達成し、あらゆる世界大戦と同じくらい破壊的な気候破局を防ぐため、われわれは団結しないわけにはいかないのだ。賭け率は非常に不利になっているものの、前進する道はまだあるのだから。

これまで見てきたように、すべてを電化することは既存の技術だけを使って排出量のほとんどをなくすことができる、実行可能なソリューションである。つまり最初の困難は、規模の問題となる：十分な量を必要な期間で生産することができるのか？　そしてもしそれが不可能なら、量産に必要な生産能力をどのくらい素早く構築できるのか？　である。

脱炭素への最速の道を行くには、実用的なソリューションの急速な工業的拡大が必要だ。アメリカはこれを過去に実行したことがある。「民主主義の兵器廠」の名で知られる英雄的な産業努力により、第二次大戦を戦うための生産を急激に拡大したのだ。気候変動との戦いに勝利するには、第二次大戦の勝利を助けたのと同様の資源集中と協働が必要だ。大戦時のように、きわめて速いスピードで工業力を拡大しなければならない。本書を通じて見てきた通り、これは技術の問題ではなく、意志の問題だ。

アメリカと連合国は第二次大戦に勝利しただけでない。我が国の長期の繁栄を確かなものにする雇用と技術も同時に創出した。英雄的な戦時努力をもってすれば、最重要のクリーンエネルギー産業のすでに優れた成長率をさらに上回る勢いで気候変動と戦うことができるのは明らかだ。

１９３９年、アメリカは大恐慌の末期にあった。ニューディール政策実行中の民主党を中心に、国際情勢への介入に反対するムードが国中に漂っていた。似たような空気が現在の気候変動に対しても見られる——関与への無関心と問題に背を向ける態度で、他の地域で融解する氷河、海面上昇、山火事よりも自国内の営みに集中したがっている。気候危機はすべての政治家の再優先課題であるべきことろだが、２０２０年の選挙でジョー・バイデン大統領が気候変動への対処を優先課題とするまで、それは形式的な言及しかされないものとして扱われがちだった。

同様に、アメリカは第二次世界大戦に関与する気がなく、準備もぜんぜんやっていなかった。１９３９年、アメリカの軍事力は世界18位で、オランダをわずかに上回る程度だった。アーサー・ハーマンが『Freedom's Forge（自由の鍛冶場）』で詳述した通り、アメリカ陸軍のリソースはヒトラーのそれにはるかに劣り、ドイツ軍戦車の２０００両以上に対してジョージ・パットン准将麾下の戦車はわずか３２５両、しかもボルトやナットをシアーズのカタログで注文しなければならなかった。この年に行われた大演習は非常にみすぼらしく、陸軍は戦車の代用としてアイスクリームトラックを使い、Time誌はこの演習を「BB弾の出るてっぽうを持った良い子たち」と書いた。

ハーマンはその著書で、ウィンストン・チャーチルがルーズベルトに戦争への参加を懇願する様子を描いている。市民ボランティアがかき集めた寄せ集めの小艦隊による1940年の屈辱的なダンケルク撤退のあと、チャーチルはすべてを失ったと思っている国民を鼓舞しなければならなかった。彼の「我々は海岸で戦う」演説は、敵に相対して武器を捨てるより戦うことが高貴であるという事実の飾りなき訴えであった。いまわれわれが必要としているチャーチル型の政治家なら、あのスピーチを気候危機に対処するものとして、こんな風に書き換えるかもしれない‥

我々は最後までやる。我々はアメリカで戦う、我々は地球と海のために戦う、我々は清浄な大気のために日々自信を強め、力を強めて戦う。我々はいかなる犠牲を払おうとも、自らの惑星を守る。我々は自分の家で戦う、我々は自分の車で戦う、我々は街頭の送電網で戦う、我々は都市で戦う。我々は決して降伏しない。*1

ルーズベルトは説得され、大規模な戦争努力の構築を開始、戦時生産の管理と差し迫った任務に向けた工業力の強化のために自動車産業出身のウィリアム・クヌーセン（William

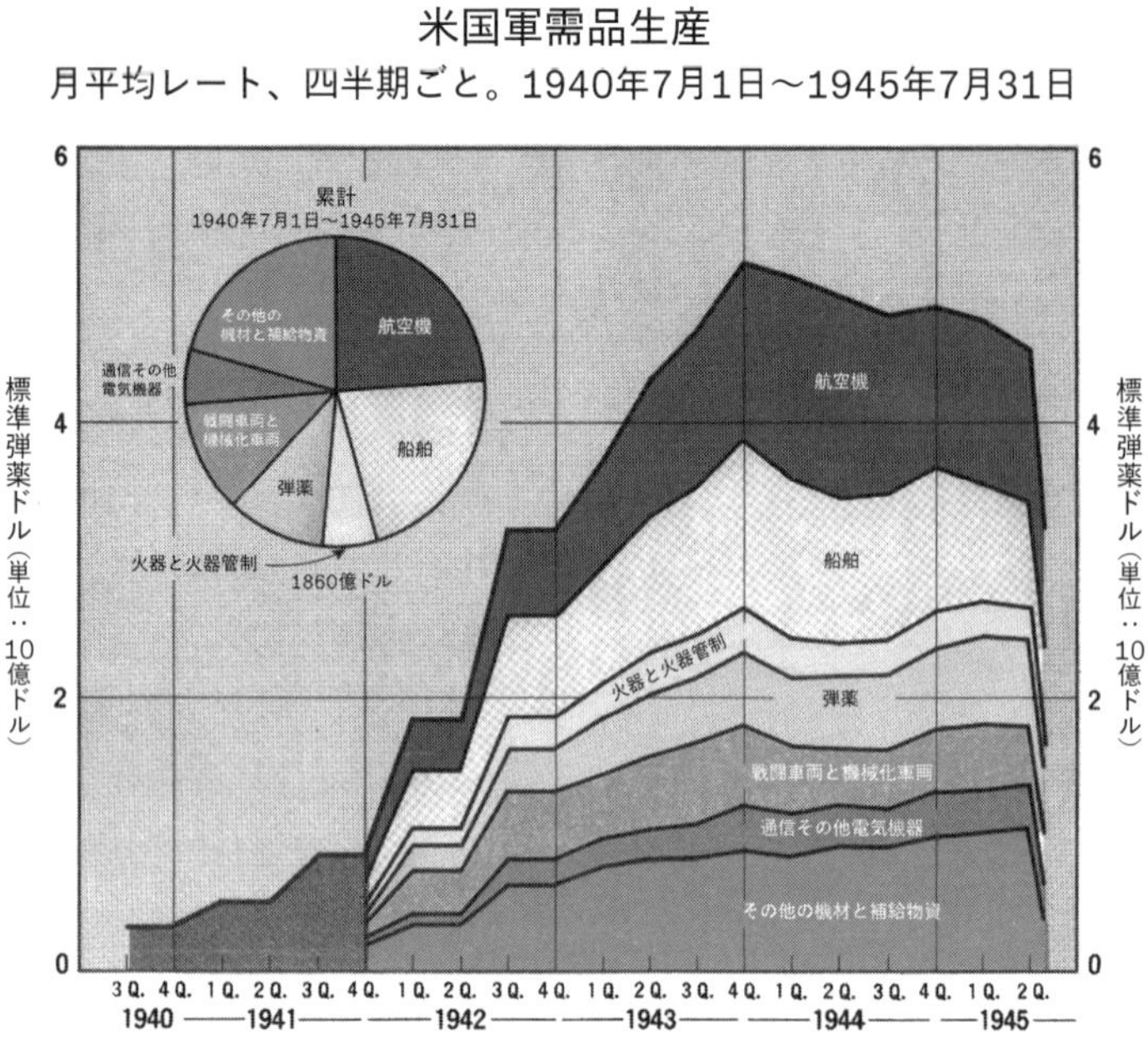

図16-1：アメリカは1941年から1943年にかけ、
戦争に勝つために必要な最重要品目の生産を急拡大した。

出典: modified from US War Production Board, Wartime Production Achievements and the Reconversion Outlook: Report of the Chairman, October 9, 1945, https://catalog.hathitrust.org/Record/001313077

Knudsen）を起用した。

アメリカ政府は最重要軍需品目のリストを作成し、エンジニアリング経験と産業ノウハウと生産工場を提供する実業家たちに、原価プラス7％の利益を保証することで（この利益は「愛国心プラス7％」と揶揄されることもあったが）、ヒトラーと戦いデモクラシーを救うための兵器生産を行った。

1942年、ルーズベルトはもうひとりの実業家、シアーズカタログのドナルド・M・ネルソン（Donald M. Nelson）を戦時生産委員会に起用した。この年、ルーズベルトは演説でこう言っている：

軍需品と艦船における連合国の優位は圧倒的でなければならない——枢軸国が追いつく希望を絶対に持てないほど圧倒的でなければ。この圧倒的優位の獲得のために、アメリカは飛行機や戦車や銃や艦船を、国の能力の本当の限界まで製造しなければならない。我々は自国の軍隊のためだけでなく、我々の側で戦うすべての陸軍、海軍、空軍をまかなうほどの兵器生産能力があり……。こうした全力の大規模生産がなければ、最後の全面的な勝利を早期に収めることはできない……、失われた土地はいつでも取り戻せるが、失われた時間は決して取り戻せない。スピードは命を救う。スピードは危機に瀕している我が国を救う。スピードは我々の自由と文明を救うのである。[*2]

アメリカはやり遂げた。しかも記録的な時間で。部分的にはこれは政府が提供した資金的インセンティブによるものだ。「民主主義の兵器廠」はヘンリー・フォードの量産における天才を基礎に、アメリカ方式の大量生産方式を次の段階に進め、大戦の勝利に貢献した。1939年のアメリカには1700機の航空機しかなく、爆撃機は皆無だった。1945年までに、アメリカは30万機の軍用機（うち18500機がB－24爆撃機）、141隻の航空母艦、8隻の戦艦、203隻の潜水艦、5200万トンの商船、88410両の戦車と自走砲、257000門の砲、240万台のトラック、260万丁の機関銃、807隻の巡洋艦、駆逐艦、海防艦、そして410億発の弾薬を生産した。

連合国を支え、枢軸国を打倒するのに十分な大きさの兵器廠だった。信じられないほどの製造能力向上は戦後の戦時生産委員会によるプロジェクト分析（図16－1）に見て取れる。

他でもないヨシフ・スターリンがこのように書いている：

私はロシアの視点から、大統領と合衆国が戦争に勝つために何をしたかをお伝えしたい。この戦争でもっとも重要なのは機械である。……アメリカは……機械の国である。これらの機械を使わなければ…われわれはこの戦争に負けるだろう。[*3]

表16－1に、気候変動との戦いに必要な一連の「最重要戦争物資」を（その第二次世界大戦版とともに）提示した。航空機の代わりに、いまのわれわれには風車が必要だ。リバティ船の代わりにはソーラーファームが、弾丸の代わりにはバッテリーが必要なのだ。これは簡単な話ではなく、やり遂げるのに必要な官民パートナーシップには、第二次世界大戦同様に巨大な政治的妥協が必要になるだろう。とはいうものの、ここで差し迫る任務は、巨大規模で展開する必要がある物事の短いリストという形で、わりに素直に記述できる。

第二次世界大戦 民主主義の兵器廠	“ゼロ”次世界大戦
航空機	風車
リバティ船	ソーラーファーム
弾丸	バッテリー
戦闘車両	電動車両
エンジン	ヒートポンプ
電子・通信	送電網インフラ

表16-1：第二次世界大戦の勝利に必要だった最重要軍需品と“ゼロ”次世界大戦の勝利に必要な最重要品目の比較

生産量を何度も2倍にするという単純な努力が、第二次大戦の仕事をやり遂げさせた。こうした生産活動により、1600万人以上の人々が新たに労働人口に加わった。女性、未成年、退職者、アフリカ系アメリカ人その他の歴史的に労働力から排除されてきた人々が、この努力による空前の需要に対応するために投入された。

後にも先にも、この戦時生産ほど人々を働かせることに成功した雇用プログラムは存在しない。すべての煙が晴れてみれば、第二次大戦での工業力への投資は何十年にもわたってアメリカの繁栄を維持し続けるものだった。大恐慌最悪期の米国の失業率は24％以上あった。ニューディール政策が10年近く続いた後でも、失業率は14％以上に頑固にとどまっていた。ところが戦時生産努力により、失業率はあっという間に現在のわれわれが下限と考えている2％を越えて低下した。1944年の失業率は1・2％となる。気候変動対策は、すべての人を雇用するのに足るほど大規模なプロジェクトの再来なのだ。

やり遂げるまで生産能力を倍増し続けられると考えるのは現実的ではないかもしれない。第二次世界大戦とは違い、われわれには直面している経済上、実務上の問題がすでにあるからだ。われわれがやらねばならないのは、置換率に達するところまで、可能な限り素早く生産能力を増大させることだ。置換率とは機器の寿命に基づく自然な入れ替わり速度のことである。以前にも触れたが、これらの機器には寿命がある。たとえば風車の生産率は、建設後30年で退役するそれを置き換えられる率に持っていく必要がある。世界的に4TW（テラワット）の風力発電が必要で、その寿命を30年とすると、われわれは年133GW（ギガワット）分の風力発電機生産を持続する必要がある。これは現在の生産能力である25GWを2回ちょっと倍増するにすぎず、現在のこの産業の成長率19％を維持すれば2029年に達成される。すべてのソーラー機器の寿命が20年であれば、必要な生産率は年200GWとなり、現在の成長率を維持すれば２０２７年に達成される。維持生産レベルに達した産業はもう成長する必要がない。世界のクリーンエネルギーに要求される出力を維持するには、その生産レベルを持続すればよいだけだ。この場合、世界のエネルギー需要を再生可能エネルギーで完全にカバーできる時期は遅れ、２０４８年ごろになる（現在の原子力と水力発電能力を維持する場合は２０４５年ごろになる）。

こうなると、最速の道への制約要因は、われわれがこうしたソリューションをどれだけ包括的に受け入れるかにかかってくる。これまで見てきた通り、これに対する制約はコスト、そして、全員が未来を買える金融手段を政策立案者が実現できるかどうかである。現在のアメリカの消費者にとって脱炭素化はあまり簡単ではないので、ソフトコスト（改修、認可、設置、検査のコスト。安くなれば移行が簡単で安価でスムーズなものになる）に容赦ないメスを入れることは絶対に必要だ。最速の道はまた、最大の排出をしている機器たちの上手な早期退役と、新規の化石燃料リースや探査の権利を認めない上手な規制の枠組みにより可能になる。これはカーボンプライシングでも達成できるかもしれない。この場合、ちゃんと最速の規制になるように、炭素価格は素早くかなり高額にする必要があるだろう。最速の道には積極的な研究開発は不可欠だが、それは多くの人が想像する形ではない。研究開発には急速に展開する必要がある物品のコストを下げる役割があるが、本当に重要なのはクリーンアッププロジェクトだ――まだ解がないことが判明している分野での脱炭素方法の発見である。こうした課題の多くは農業と素材にあり、われわれに必要な10年から20年の時間枠の中でソリューションを提供すべく、注視して資源投入するだけの価値があるだろう。

こうした戦時動員には深刻な先行投資コストがかかる。しかし繰り返すが、我が国は以前にこれを実行している。1940年、米国の人口は1億3200万人、GDPは1000億ドルだった。1939年から1945年にかけて、アメリカは連合国の勝利に不可欠な軍需品の生産に1860億ドルを費やし、1940年から1943年の間にGDPは倍増した。

現在米国の人口は3億3千万人、GDPは21兆ドルである。同じ割合で出費すると、それは39兆ドルに相当する。良いニュースだが、脱炭素への努力は確実に25兆ドルより低い――**第二次大戦の勝利に必要だった財政的関与よりは、かなり小さくなるのだ。**

〝ゼロ〟次世界大戦の戦い、気候変動との戦争では、同様の努力を、同様の時間で、しかしより少ない経済的犠牲を費やすことにより、アメリカを完全に脱炭素化できる。1・5℃(2・7°F)という気候目標の達成には100%の受容率が必要である、すなわちすべての新規発電所をゼロカーボンに、すべての新車を電気またはゼロエミッション自動車に、すべての暖房ボイラーを電気式にして、すべてをカーボンフリー資源で動かす必要があることはもう分かっている。これはつまり、アメリカの産業と製品を根本的に変革する必要があるということだ。

ルーズベルトはアメリカの大衆より早い段階で、敵に対応するための「兵器廠」構築の必要性を認識していた。1941年末に日本が真珠湾を爆撃したときには、米軍は準備ができており、国内もその脅威に目を覚ました。われわれはいま同じくらい深刻な脅威に直面している。これはアメリカが過去にやったことがあるプロジェクトであり、われわれはもう一度やれる。その中でわれわれは人々を、プライドを、そして経済を再び活気づける。

気候変動の解決に大規模電化の方法を採るなら――これは唯一の現実的方法だが――機材を非常に大量に生産する必要がある。新しいバイオ燃料産業、新しい農業の手法や技術、新しい製造業の勃興、新しい林業アプローチが出てくるのはもちろんだ。

前述の通り、これらの生産活動は数十年に渡り雇用を創出する。FDRのニューディール政策によるインフラ投資は大恐慌による失業を大きく減らしたが、第二次世界大戦による生産努力は高い失業率の処理においてより顕著な成功をおさめた。1600万人もの新しい労働力が第2次世界大戦中に経済に投入された。子どもたちが望み、必要とする未来を創造するチャンスを得るために気候危機をストップする今次の大戦には、我が国の工業的、技術的、ビジネス的、科学的、人的資源の大々的な増強が必要だ。われわれにはもう一度「民主主義の兵器廠」が必要なのだ――そしてもう一度のアポロ計画が必要であり、またおそらくマンハッタン計画のような研究努力が、もう一度必要なのである。

20世紀中ごろのアメリカは科学プロジェクト、先見的なインフラ、イノベーティブな工業、革新的なファイナンスの大胆な組み合わせの上に構築されており、これらすべてが政府の支援または協働のもとにあった。世界がアメリカを脱炭素革命のリーダーとみなす理由はここにある：これほど野心的なプロジェクトを達成した実績のある国はアメリカだけなのだ。

アメリカの豊かさは安価なエネルギーに基づいている。安価なエネルギーが経済的な強さを保証するのだ。われわれはエネルギーコストをさらに下げられるし、ゼロカーボン世界の需要に対応しながらそれができる。これは新しいアメリカの豊かさへの道である。電化によるフルスケールのエネルギー転換にコミットすることで、アメリカは21世紀における気候問題の成功というものを定義づける。

第二次世界大戦後のアメリカが世界の破壊されたインフラを再建する製品の製造で繁栄したように、脱炭素努力後のアメリカはソリューションを世界中に輸出することで繁栄するだろう。われわれはこの戦争に勝つことができるし、過去の達成を見た人が生きているうちに同様の産業転換を実現できる。第二次世界大戦と同じで、われわれは愛しい大事なすべてを守るために戦わねばならないし、また今すぐ投資しなければならないのだ。

バッテリーは新しい弾丸である

世界では年間900億発の弾丸が製造されている。これはレゴの年間生産数――約200億個――より多い。人間というものを疑いたくなるような数字だ。

しかし弾丸とは、エネルギー密度の高い材料を金属で包んだものに他ならないのではないだろうか。そしてバッテリーとは、弾丸サイズの高エネルギー密度材料を金属缶に入れたものではないだろうか。われわれは将来の電源として、普通の１８６５０リチウムイオン電池を使うとすれば、１兆本を必要とする。しかし10年間に１兆発の弾丸を作れるのであれば、バッテリーの生産拡大は十分可能だろう。

もしわれわれがこの気候戦争に勝つために不可欠の少数の物品——ＥＶ、ヒートポンプ、ソーラーセル、バッテリー、風車——の製造を拡大するとすると、それはどんな様相を呈すだろうか。またそれは可能だろうか。

２０１９年、世界の太陽光発電産業は年間平準発電容量で約３０ＧＷ（ギガワット）を追加し、総容量を１２７ＧＷとした（これは実際の発電量であり、理想条件でしか達成できないカタログ値ではない）。太陽光発電産業は現在年に25％成長している。２０１８年、世界の風力発電産業は年間平準発電容量で20ＧＷを建設し、設置容量を２４９ＧＷとした。風力発電産業は年に約10％成長している。２０１９年、世界の自動車販売台数７５００万台のうち、１０万台が電気自動車だった。電気自動車市場は年に20％以上成長している。

先に示した通り、完全電化された経済では現在世界が使用している半分のエネルギーしか必要ではない。世界的にはわれわれは約16ＴＷ（テラワット）のエネルギーを使用している。この半分は８ＴＷで——とはいえ前述の通り、これは所要量のラフな推計だ。需要にはいくらかの成長を見込むべきなので、約10ＴＷとしよう。現在のなかなかに驚異的な成長率でいけば、２０３７年には風力と太陽光だけでこの総エネルギー需要を満たす発電量となる。現在の電気自動車の成長率20％なら、２０３３年には今の世界年間生産台数７５００万台を生産できるようになる。

これは複利成長の魔法によるものだ。年に25％成長すれば、製造能力はたった3年で倍増する。これは第二次大戦の生産増強の裏にあった論理である。最重要戦争物資を特定し、その品目の生産率の向上に徹底的にフォーカスするのだ。

第二次大戦で最初のリバティ船の建造には２４４日かかった。大戦中期には平均で42日しかかからなくなっていた。そして英雄的な宣伝におけるある1隻の建造には、５日もかからなかった。

ちょっと想像してみてほしい。われわれがこの気候危機に真に野心的になり、ＥＶ、ソーラーパネル、風車の3品目だけの生産成長率を2倍にしたところを。ＥＶの現在の成長率を2倍にするということは生産成長率が40％に、ソーラーパネルは50％に、風車は20％になる。われわれが世界のエネルギー需要をゼロカーボンで満たせるようになるのは２０３０年である。すべての乗用車は２０２８年までにゼロ・エミッションになる。

そう、これは英雄的な、壮大な計画だ。しかしあなたの生命が愛するもの――惑星地球――を救う物語であれば、みんなが英雄になるだけの価値があるのだ。

17

気候変動がすべてではない

○すべてを電化することは気候危機を脱出する近道だ。

○しかし環境問題は気候変動よりさらに大きい。

○脱炭素世界における産業というものを再考しなければならない。

○気候変動を解決しつつ、同時にプラスチックで海を殺すことは可能だ。消費問題の解決には、われわれは自分たちの製品を先祖伝来であり、しかもリサイクル可能なものと考えるようにする必要がある。

海洋をプラスチックで窒息させ、農薬で蜜蜂を殺し、世界の水系を過剰な肥料と環境毒で汚染し続けるなら、気候変動の解決すら大してうれしくない。産業生態系は、気候変動の問題が他のすべての環境問題と衝突する場所である。気候問題だけでなく、他の消費習慣の負の影響をも解決するｗｉｎ－ｗｉｎのチャンスは山ほど転がっている。

私の元々の学位は材料科学と冶金学であり、産業における最初の仕事はアルミ精錬、鋼溶鉱炉、圧延分野だった。よほど関心がない人でない限り、こうした産業におけるエネルギー使用量を大幅に削減し、同時にわれわれが物を作ることに付随するたくさんの環境問題を解決することが絶対不可能だと考える理由はない。脱炭素世界のために産業を再考することは次代の産業人にとって非常にエキサイティングな挑戦のひとつだ。

実際、アメリカの工業経済はエネルギーの最大消費者（約32％）であり、CO_2その他の気候温暖化ガスの大量排出者である。図４－５でわれわれはこの部門のエネルギーフローの図解を見た。われわれのエネルギー使用と炭素排出を計測する機関の定義によれば、工業セクターには鉱業、建設、農業、そしてこのセクターで最大となる製造業が含まれている。例を挙げると、工業界に必要な32クワッドのエネルギーのうち１クワッド近くが肥料の製造に使用されている。肥料は良いものであり、われわれはそれを必要としているが、非常に効率よく使用されているとは言い難く、より健康で優れた食料システムと土壌を維持しながら多くを節約することはおそらく可能である。肥料の大量使用と不適切な土壌管理は亜酸化窒素の大量排出につながるが、これは炭素より害の大きな温室効果ガスである。このような改善の余地は産業セクターにたくさんある。

自分のクルマがCO_2を出すことは、食わせている膨大なガソリンを思えば容易に理解できるし、石油ヒーターによる暖房や台所のコンロから出ることもわかりやすいが、「消費財」扱いで買っている物たちがどう排出に寄与しているかは少し理解しにくい。

前に図4－5のサンキー図で、物を作ることで消費されるエネルギーの量を見た。この図は主として年に2度行われるMECS（Manufacturing and Energy Consumption Survey：製造消費エネルギー調査）によるデータに基づき作成されている。産業部門に埋まっているビジネスと研究のチャンスは大変なもので、私はこのMECSというウサギ穴には何度も耽溺している。

産業部門でのエネルギーの流れを理解するには、この経済における物質の流れに注目するとよい。図17－1に、われわれがどれだけの物を動かしているか示した。アメリカは自然界から年間65億4400万トンの物質を取得している。一人あたり20トンだ。おもしろいことに、ここではCO_2は勘定に入ってすらいない。19億3600万トンの化石燃料を燃焼すると、それは酸素と結合してCO_2が生成される――約67億トンだ。CO_2を製造物のひとつとして重さを見れば、あらびっくり、それはわれわれが動かす他のすべての物質の合計よりも重くなる。

炭素隔離にまつわるプロパガンダにあまり夢中になる前に、このことをよく考えてみよう。地中から掘り出し、森林や耕作地から得ているもののすべてより多くのCO_2を埋めなければならないということになるのだ。それは地獄のような環境破壊プロセスであり、現在あるのと同じ大きさの産業エコシステムをもうひとつ必要とする。

明るい面もある。物質の巨大な流れを見ることで、もっと健全な炭素隔離について考える機会が得られるのだ。これらの流れ、特に大きな流れを見て、「この流れの中に炭素を埋めたり、この時点で隔離したりできないだろうか？」と考えるのだ。これが「できる」になるような方法を考えつけたら、あなたは気候変動の解決に莫大な貢献をする方法を得たことになる。炭素を必要な規模で貯留したいのであれば、物質の大きな流れのどこかに――移動する土壌、林業・木材製品、コンクリートや内壁ボードなどに――吸収する必要があるだろう（私は内壁ボードの仕上げができるロボットの会社の設立を支援し、ボードの製造過程をカーボンの排出源ではなく吸収源にする方法を検討している）。「空中炭素の直接捕獲」のように派手ではないかもしれないが、より実現性が高く、より合理的だ。実のところ、大規模な炭素隔離への道は、国連ＩＰＣＣ排出削減シナリオでモデル化されてきたよりも遅いものになりそうだ。すぐに実行できる方法を、さっさと考え出す必要があるということだ。

工業におけるエネルギーの流れに本質的な影響を与えうる、技術変革を通じた効率化とエネルギー削減の方法は、他にもたくさんある。物質の流れを利用した炭素隔離に加え、少な

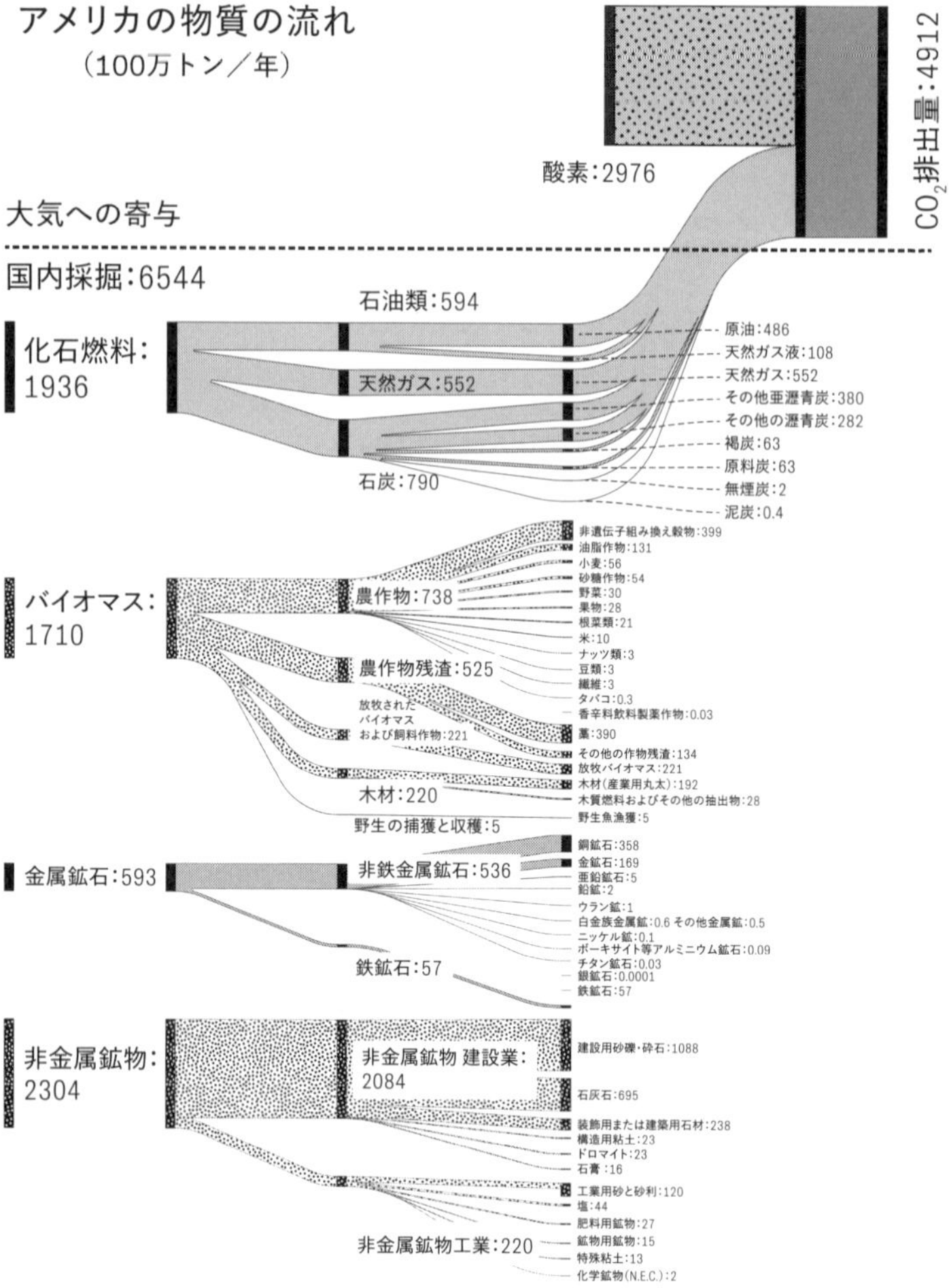
アメリカの物質の流れ
(100万トン/年)
酸素:2976
CO_2排出量:4912
大気への寄与
国内採掘:6544
化石燃料:
1936
石油類:594
天然ガス:552
石炭:790
原油:486
天然ガス液:108
天然ガス:552
その他亜瀝青炭:380
その他の瀝青炭:282
褐炭:63
原料炭:63
無煙炭:2
泥炭:0.4
バイオマス:
1710
農作物:738
農作物残渣:525
放牧された
バイオマス
および飼料作物:221
木材:220
野生の捕獲と収穫:5
非遺伝子組み換え穀物:399
油脂作物:131
小麦:56
砂糖作物:54
野菜:30
果物:28
根菜類:21
米:10
ナッツ類:3
豆類:3
繊維:3
タバコ:0.3
香辛料飲料製薬作物:0.03
藁:390
その他の作物残渣:134
放牧バイオマス:221
木材(産業用丸太):192
木質燃料およびその他の抽出物:28
野生魚漁獲:5
金属鉱石:593
非鉄金属鉱石:536
鉄鉱石:57
銅鉱石:358
金鉱石:169
亜鉛鉱石:5
鉛鉱:2
ウラン鉱:1
白金族金属鉱:0.6 その他金属鉱:0.5
ニッケル鉱:0.1
ボーキサイト等アルミニウム鉱石:0.09
チタン鉱石:0.03
銀鉱石:0.0001
鉄鉱石:57
非金属鉱物:
2304
非金属鉱物 建設業:
2084
非金属鉱物工業:220
建設用砂礫・砕石:1088
石灰石:695
装飾用または建築用石材:238
構造用粘土:23
ドロマイト:23
石膏:16
工業用砂と砂利:120
塩:44
肥料用鉱物:27
鉱物用鉱物:15
特殊粘土:13
化学鉱物(N.E.C.):2

図17-1:米国産業中の物質の流れ(単位:百万トン)。

い物質で同じ効果を得る方法や、そうした物質でリサイクル率100％を達成する方法、物質の使用時の毒性を下げる方法について、われわれはもっと大きく考え始める必要がある。恐ろしいことに、世界の子供の1／3が、すでに血中に有毒レベルの鉛を有しているのだ。[*1]

物品中のエネルギーについて考える重要な方法：内包エネルギー

エンジニアは製品にまつわるエネルギーやカーボンのフットプリントを内包エネルギーまたは内包炭素という視点で考える。内包エネルギー――ある物品の製造に必要なエネルギーの総和であり、物自体に含まれる、つまり「内包」されるエネルギーと考えることができる――は非常に理解しやすいので、計算時のリファレンス値として使用する。内包炭素がその材料の製造に使用されたエネルギー源により大きく異なることは想像できるだろう。ゼロカーボン電力ですべての材料を製造すれば、多くの材料の内包炭素はゼロ近くになるだろう。注目すべきは内包エネルギーであり、表17－1ではその妥当なリファレンス値を示している。

ただしこれは当該材料が一度しか使用されない想定になっている。実際には、これらの材料すべての比較において、以下の式により物体のエネルギー／カーボンインパクトが決まることを認識する必要がある：

物あたりのエネルギー＝重量×内包エネルギー／寿命または使用回数　（17.1）

この式は本当に重要なことを教えてくれる。環境負荷を減らすために、物の重量を減らしたり、別の素材を使うという手段があるのだ。そして寿命を伸ばすことがカギとなる。

多くの企業で最初に取られてきた戦略は材料最適化である——たとえば歯ブラシのプラスチックを数グラム減らすのだ。この種の努力で得られる節約効果は一般的には非常に小さい。戦略としては、これはエネルギー効率化に似ている：よく喧伝される割に大きな変化は得られないのだ。デザイナーはこうした軽量化のために変わった素材を使いがちだが、そうすると製造される物品の内包エネルギーが増えるこ

材料	MJ/kg	炭素（$kgCO_2/kg$）
コンクリート	1.11	0.159
鉄鋼	20.1	1.37
ステンレス鋼	56.7	6.15
木材	8.5	0.46
樹脂被覆木材	12	0.87
ガラス繊維断熱材	28	1.35
アルミニウム	155	8.24
アスファルト	51	0.4
合板	15	1.07
ガラス	15	0.85
PVC（塩ビ）	77.2	2.41
銅	42	2.6
鉛	25.21	1.57

表17-1：一般的な材料の内包エネルギーと内包炭素の概算。

ともある。これはカーボンファイバーや複合材料の利用によってよく起きることだ。こうした材料は物体を軽くするものの、重量削減は新素材の使用による内包エネルギーの増加で相殺され、将来のリサイクル性に悪影響を及ぼすこともしばしばだ。

もうひとつ、多くの「グリーン」企業が使用している戦略は、素材の置き換えだ。このことは竹製の「グリーン」商品がどれだけあるかを見れば明らかだろう。みんな竹を「グリーン」なものだと考えているが、場合によってはそうではない。多くの竹製品は中国から出荷されるが、不透明な環境基準で栽培されている。また「持続可能」な竹製の衣類や布は、有害化学物質で処理されていたり、膨大な水と熱を使用していることがしばしばだ。麻ベースの織物の優位性は、（たぶん自分のTシャツを喫いたいくらい好きな人々により）さらによく売り込まれているが、麻繊維の分離には綿の製造よりはるかに多くの水と熱が必要であるという不都合な真実により台無しになっている。

多くの場合、製品の持続可能性を決定するのは、使用回数や寿命の長さだ。竹の歯ブラシでも、一度しか使わないのであれば駄目なやり方だ。カーボンファイバーの自転車を15年10万キロも使うなら、それは最高の選択だろう。

将来の経済全体の電力需要を見積もる上で、われわれは製造業における現状以上の効率化の達成を想定に入れなかったが、その機会はいくらでもあるだろう。電力需要を削減する方法のひとつが、買っては捨てる物の量を大きく減らすことだ。われわれが使用する物質の大半は最終的に埋立地に運ばれるが、埋め立てられたセルロースが嫌気分解されればメタン（発電に使うことができる）になるので、この埋立地自体が大きな排出源である。アメリカ人は1日に4・5ポンド（約2キログラム）の物を捨てており、この数字はいまも増え続けている。（そして忘れてはならないのは、これが埋立地に行く個人所有物のみの値であることだ。道路や橋、それにショッピングモールや映画館の利用分を合わせると、1日100ポンド（約45キログラム）以上になるのだ！）さらに驚異的なのが、すべてのアメリカ人が年間一人6トンもの化石燃料を使用していることで、これは1日あたり40ポンド（約18キログラム）の炭素、すなわち1日100ポンド以上のCO_2となる。みんな学んできた通り、これらすべてを捨て「去る」方法はない。

物を作るのに使われたエネルギーは、その利用期間を通じて償却される。使い捨てのプラスチックが恐ろしいのはこのためだ。そして何かを「よりグリーンに」する一番簡単な方法が、寿命を伸ばすことであるのもこのためだ。私はこの消費者文化をヘアルーム（先祖伝来[heirloom]）文化にすることができるという考え方を愛し続けてきた。ヘアルーム文化に移行したら、われわれは人々がより良く長持ちするものを買うことを手助けするだろうし、それにより少ない材料とエネルギーしか使わないですむだろう。古いことわざに、金持ちは低品質の安物を買う余裕がないという意味のものがあるが、これは良いものは長持ちする、という事実の宣告だ。これはこの比喩の環境面での具現化でもある。品質の良い品を買って長く使うのだ。とはいうものの、ここにもまた財政的な問題が出てくる。正しい選択はしばしば前金が高くなるのだ。ここでもアメリカの政策立案者は考える必要があるだろう。消費者の資金調達を助け、正しい素材と製品を選べるようにする方法を。

自動車は内包エネルギーにこだわる技術者の議論の的になりやすいが、それにはれっきとした理由がある。一般的な乗用車の炭素排出の約半分が製造段階に——その内包エネルギーに——あるのだ。私が電気自動車に興奮することのひとつは、それが非常にシンプルであるためにずっと長く使えるはずだということだ。あなたのクラシック電気自動車（いつかそういうものが存在することを今は望むしかできないが）が、（リサイクルの）バッテリーパック交換だけで50年も乗れるとすれば、使用される真のエネルギーの相当な量を排除できるのだ。

内燃機車の製造には125GJ（ギガジュール）のエネルギーが、少し重くてバッテリーの製造過程の複雑なEVは200GJが必要だと推計されている。[*2] 200GJは約5・6万kWh（キロワット時）だ。このEVを非常に高効率な300Wh（ワット時）／マイルで動かしたとしても、運行に使われるエネルギーが製造に使われるエネルギーと等しくなるまでは、20万マイル（約32万キロメートル）も運転する必要があるのだ。つまり本当は300Wh／マイルではなく、600Wh／マイルかかっているということだ。（同じ計算は内燃機車にもあてはまる。）アメリカで毎年販売される1700万台の内燃機車に125GJの内包エネルギーを掛けると、（単位を変えて申し訳ないが）2クワッド強となる。現在のエネルギー消費の2%が自動車製造に使われているのだ！50万マイル（約80万キロメートル）の寿命を持ったクルマの設計と製造は、明らかにずっと良いやり方だ。2018年の電動スクーターブームの際、私は一般的な電動スクーターの内包エネルギーを計算し、45日というその平均使用寿命から1マイル（約1・6キロメートル）あたりの総エネルギー消費を推定した。900Wh／マイルに近かった。フォード・エクスペディションSUVより悪いではないか！

工業的なエネルギーと材料資源の利用は非常に重要なトピックで、さまざまな工業素材をどれだけうまく製造しうるかというテーマだけでDOEが素晴らしい研究をいくつもパブリッシュしているほどだ。これらはエネルギーバンド幅研究と呼ばれている。[*3] これらには、最大のエネルギー消費者や炭素排出者を見るだけでも、一見の価値がある。以下でそのいくつかを紹介する。

鉄鋼

鉄鋼生産で排出される炭素は、鉄鋼の加熱と加工に使われるエネルギーのほか、最初に鉄鉱石から銑鉄を製造する際に使われる石炭によるものがある。鋼鉄にはかなりの量の炭素が含まれている。実のところ、炭素含有量は鋼鉄の種類を決める主な指標のひとつだ。「低炭素鋼」が展性に富んでかなりの強度があるのに対し、「高炭素鋼」は通常もっと固くてもろいものの、とてつもない強度がある。現在、製鋼プロセスにおける熱の多くは天然ガス由来だが、これをクリーン電力にすることができない理由はない。鋼鉄の炭素分を、溶鉱炉に投入する石炭（処理の中で酸化してCO_2を発生する）ではない形で付加する方法に取り組んでいる企業は世界中にある。成功した者には（『肩をすくめるアトラス』の引用で申し訳ないが）リアーデン・メタル級の富がもたらされるだろう。

ティッセンクルップ社は、原料炭の代わりに水素を使って鋼を製造する方法を考案した。電化世界で水素が決定的に重要な場面は、製造業における処理で必要な高熱の生成にある。鉄は100％リサイクル可能だが、実際には2／3程度しかリサイクルされていない。

コンクリート

セメントはもうひとつの巨大エネルギー消費者／CO_2排出者であり、しかも未だに大規模な代替品がない。ここには大きなチャンスがある：ローマ時代とギリシャ時代のセメントはCO_2を吸収していたし、セメントを炭素吸収源に使うことはバック・トゥ・ザ・フューチャーのケースになるかもしれない。セメントは人類が大好きな材料、コンクリートを作るのにも必要だ。

コンクリートの統計には毎度驚かされてきた。アメリカは年に1人あたり2トン近くのコンクリートを生産している。この材料は見渡す限りそこら中に存在する。ジョニ・ミッチェルが楽園が舗装されると歌ったのは当を得ていたのだ。セメントだけで世界排出の8%を占めると推計されており、この排出の半分は製造過程で必要なエネルギーから、残りの半分はクリンカー（石灰ベースの結合剤）の製造時に排出されるものだ。石灰石（$CaCO_3$）が熱されて石灰――酸化カルシウム（CaO）になるとき、余分のCO_2が排出されるのだ。

しかしこれはこの通りにしなければならないものではない。使用期間を通じてCO_2を吸収するセメントというものが作れるはずなのだ。またコンクリートの使用量を減らした建築も当然可能なはずである。地面をコンクリートで覆うのは排水、土壌その他に悪影響を及ぼす。もっとうまい方法があると私は確信している。

アメリカコンクリート舗装協会（American Concrete Pavement Association）は、柔らかいアスファルトより硬いコンクリートを使った道路舗装のほうが燃費が良くなるというデータをパブリッシュしている。ここでの本当の問題は、われわれは自分のクルマが走る道路を作るための内包エネルギーを、自動車の走行距離あたりの使用エネルギー推定に算入していないことだ。つまり、600Wh／マイルという推計はもっと悪くなるということだ。

さらに言えば、コンクリートのリサイクルはほとんどされない。さらなる舗装道路の土台にいくらか使われるだけである。

アルミニウム

ほとんどのアルミニウムは、すでに電気でできているので、これもやはり理論的には炭素排出なしで製造することが可能であるが、ただしエネルギー入力だけが炭素排出源ではない。現在アルミ精錬に使われているアーク炉の電極はカーボンであり、これが炭素排出の多くを占めているのだ。先日アップルはアルコアおよびリオ・チントと協同で、カーボンフリーアルミニウムの最初のバッチを製造した。[*4] 私は個人的にアルミを驚異の素材と思い続けているので、われわれがカーボンフリーのアルミニウムという正しい道を歩むのを喜んでいる。

アルミニウムもまた100％リサイクル可能だが、アメリカでは2／3程度しかリサイクルされていない。

紙

理論的には、紙は正味ゼロカーボンの製品だ。製紙・パルプ産業で使われる膨大なエネルギー（2クワッド以上！）の多くは、ともに木を固めているリグニンの糊とセルロース繊維を分離するのに使われている。ペーパーレスオフィスという約束の地は遠く、必要な紙の量はいまだ減っておらず、便利なオンラインショッピングがダンボール包装の需要を高めている。より良い製紙・ペーパーボード産業は、まったくセクシーではないかもしれないが、気候問題の解決に絶対的に重要である。

米国では紙とボール紙の約63％がリサイクルされている。

木材

木はいい。私は木というものを、本の次に優れた炭素隔離方法だと考えるのが好きだ。その使用量を増やすには、今よりずっと優れた林業経営が必要になるだろう。木造の集合住宅を建てている人たちがすでにおり、木は本当に完璧な持続可能建築材料ではあるのだが、世界の誰もがアメリカ式の家を持つには十分な量がない。私は3万本の木を植えたことがある——環境主義者の母が、数種の絶滅危惧種の鳥類のために生息地を作ろうとしたときのことだ。植えた木の多くが成木になった。私の人生全部で使う建材と炭素隔離としては、このうちのわずかな部分で十分だろう。さらなる森林、よりよく管理された森林と、より多くの長持ちする木製品の普及が起きれば非常に良いことである。

ガラス

ガラスは基本的に無限にリサイクルできるが、製造には多くのエネルギーが必要だ。これはガラスの融点が非常に高いためだ。

われわれは強度の高い、薄くて丈夫なガラスを作れるようになっているが、本当のところはおそらく、再利用型のガラス容器パッケージ文化に回帰すればよいだけである。これは食品をプラスチックに貯蔵するより清潔で、化学的にもずっと安全だ。

蔓延しているプラスチックのテイクアウトフードトレイを受け取るたびに、これが食品保存の奇跡だった50年前のことを考える。タッパーウェアを覚えているだろうか。200年前ならそれは黄金、白蝋（食器や台所用品に使われた錫、アンチモン、銅などの合金）、銀と同等の価値があるものとして崇められただろう。いまでは使い捨てである。しかしそれを捨て「去る」ことはできないのだから、再利用可能なガラスについて検討を始めようではないか。

もちろんガラスが常に解になるわけではない。瓶はとても重く、通常一度しか使われないのだ。ワインを飲もうと思ったら樽で買おう。われわれにはかつて「ハウスワイン」を中心とした文化慣習があり、これは再生に値する――イタリア人にはこのやり方でワインを買ったり作ったりしている人が今でも大勢いる。地下室に大樽小樽を置けないのであれば、ガラス瓶の飲み物をアルミ缶にすることを考慮してほしい。こちらの方がずっと軽く、リサイクルしやすいのだ。

現在、アメリカではガラスの34％しかリサイクルされていない。

プラスチック

本書では海洋プラスチックの問題も、プラスチック汚染の悪夢もあまり取り上げてこなかった。しかしこれは非常に大きな問題だ。化石燃料産業がエネルギー供給という低マージン産業からプラスチックという高マージン産業へと拡大したのは、おそらく驚くようなことではないだろう。このプロジェクトは目覚ましい成功をおさめた。海洋環境にはびこるプラスチックを見てもそれがよく分かる。消費行動の変化と問題を解決する新技術の両方が必要である。私は生分解性のある生物由来プラスチックに期待している。これは必ず解決しなければならない決定的に重要な問題だ。われわれが毎日使っているプラスチックの現在の製造過程はCO_2よりさらに危険な亜酸化窒素その他のガスを大量に発生させるからである。[*5]

われわれが早急に状況を変えない限り、プラスチックだけで残った炭素予算の10～13％を排出することになる。[*6] これは普通に考えるとわかりにくい。

プラスチックの背骨は長大で分子量の大きな炭素鎖で、これは永久に残るため、炭素隔離の場として使えるかのように見える。石油を掘って巨大な恐竜を作り、また埋め直せば炭素隔離ができる……わけがない！　ところがどっこい、これまで出ている炭素隔離計画の多くはこんなものである。そして実際には、多くのプラスチックの前駆体であるオレフィンを製造した時点で大量の亜酸化窒素排出が起きるのだ。

プラスチックのリサイクル状況は芳しくない。アメリカでは10％以下のプラスチックしかリサイクルされていない。

リサイクルもうまく行かないなら、プラスチックにはまったく新しい製造法が必要ということになるが、もしそれがうまく行ったとしても、最後に海に集まることは変わらない。そういうわけで、紙やガラスや金属や再利用可能な容器を使うべきであるが、また同時に、草葉のように急速に生分解される新しい種類のポリマーを製造する合成生物学その他に重点的な投資を行うべきだろう。草葉はなにしろ海洋マイクロプラスチックにならないのだ。

アメリカが賢く行動するなら、ムーンショット科学投資は環境を悪化させたりエネルギーを過剰に使わない材料システム、特にポリマーの研究開発にも投じられるだろう。生物学と自然界は、この分野で多くのことを教えてくれる。

材料加工

原材料を加工して使える製品にするプロセスには膨大なエネルギーが必要だ。冶金学を学んだころ、私たちはそれを「ヒートアンドビート」と読んでいた。物を熱し、ハンマーなどで叩いて何かを作る研究だから。このプロセス――原料を粉砕し（0・49クワッド）、電気化学処理したり（0・16クワッド）、または食品加工する（1・11クワッド）――のどこかを改善する方法を思いつければ、新しい産業のリーダーになれるだろう。

われわれの家庭に存在する熱の多くが低温――熱湯も温風も沸点以下である――であるのに対し、産業的に使用される膨大なエネルギーは高温の熱になる。これは鋼鉄を曲げ、アルミニウムを溶かし、セラミックを焼成するような熱だ。こうした高熱にはヒートポンプの効率の魔法は使えないので、他のエネルギー効率向上法を探すことが重要だ。高温の使用自体を回避したり、クリーンなものにする方法が考え出せれば、電化された未来で十億ドル規模の製造業を築き上げるチャンスがいくらでも出てくるだろう。

ゼロカーボン未来の材料たち

重要部品がネオジミウム、スカンジウム、イッテルビウムといったレアアース素材に依存している再生可能技術はたくさんある。高エネルギーマグネットや電子回路で使用されるレアアースは、実際にはその名が示すほどレアではない。ただしそのコストはモーターやバッテリーのような最重要部品にいくつもの課題を投げかけるため、使用量の削減方法の発見は、これらの機器のコスト削減に必要である。

ソーラーパネル、バッテリー、モーター、カーボンファイバーの確実で効率の良いリサイクル経路を確立すれば、材料コスト低減による重要部品のコスト削減の道がさらに開けるだろう。

本書では、脱炭素化された生活を送るためには、われわれみんなに一人あたり４０００Wの定常的なエネルギー供給が必要であることを解説した。これはつまり、２０００Wのソーラーアレイである。４００Wのソーラーモジュールは40ポンド（約18キログラム）くらいある。ポンドあたり10ワットということになる。ということは、われわれはみんな一人２０００ポンド（約９００キログラム）のソーラーアレイが必要であるということだ。こうしたアレイの寿命は約20年だ。ということは、われわれは毎年一人あたり１００ポンドすなわち40キログラムのソーラーアレイを作る必要があるのだ。将来はこのアレイをもっと長持ちで効率の良いものにする方法が、より薄く軽くする方法がわかっていくと思われるが、それでも依然として一人あたり10キログラムから20キログラムあるのであれば、膨大な電子廃棄物になるだろう。

同様に、本書で見てきたような脱炭素計画の４人家族は、すべてを機能させるために２００kWhのバッテリーを必要とする。現在のバッテリーの効率と7年という寿命では、これは一人あたり年間30キログラム（約70ポンド）のバッテリーを意味することになる。もっと寿命の長いソーラーアレイ、風車、バッテリーを作ることを考える必要があるのは明らかである。これらに含まれる材料を100%リサイクルする方法を考案する必要があるのだ。前の方の章で提案したような連邦政府融資を、連邦リサイクルリベート（一部の地域で特定の種類の瓶に適用されている1瓶5〜10セントの割戻金のようなもの）と結びつけて、収集と再使用を推進するような話を考えてもよい。

世界のコバルト採掘のほとんどは西アフリカやザンビアやコンゴ民主共和国（DRC）で行われている。コバルトはバッテリーその他の電子回路に不可欠だ。私は親愛なる友人、ルイーズ・リーキー（Louise Leakey）を訪ねた。もっとたくさん手紙を書くべきだと思っている相手であり、人類発祥の土地、ケニアのリフトバレーでの研究だけでなく、アフリカの驚異の野生動物たちの活発な守護者として非常に有名なリーキー一族の末裔だ。ルイスの父リチャードは、象を絶滅させようとしている象牙採集への反対キャンペーンを指導したがために飛行機を破壊されて両足を失っている。ルイスの夫でベルギーの王子であるエマニュエル・ド・メロード（Emmanuel de Merode）は、その生涯をDRCのヴィルンガ国立公園の保護に捧げてきた。そこには絶滅の恐れが非常に高いマウンテンゴリラ個体群もいる。エマニュエルは何度も撃たれつつも（リーキー家の皆と同じように）生き延びて発言を続け、この貴重な生息地への採掘企業の侵入を防ごうとしてきた。われわれにコバルトを供給しているまさにその採掘企業による侵入を、である。ゴリラの居ない世界と電気自動車のない世界のどちらかを選ばねばならないのであれば、私はEVを殺してゴリラを取るだろう。

ネオジミウム（コンピュータ、携帯電話、医療機器、モーター、風車その他の電子回路に使用される強力な磁石の材料）その他のレアアースのストーリーも、コバルトのそれと比べて大差ない。こうした素材を半世紀採掘し続けた中国は、残された膨大な有毒物質により（そしてもちろん疑問の多い労働慣行にも）目を覚ました。

これらが示すのは、採鉱での多大な改善と、リサイクルでの膨大な改善が必要であることだ。また、これらの希少な素材の代替品の開発や、より希少性が低く、また毒性も低い材料を使った電子機器の設計に、もっと多くの科学予算を費やすべきなのだ。

ただ、希少性の低い素材でも大きな問題になることはある。私はオーストラリアの採掘企業がパプアニューギニアの貴重な熱帯雨林の環境を破壊していた時代にオーストラリアで育った。われわれが電子機器や電線に使う銅のために、山の斜面全体が破壊されたのだ。

そうしなければならないということはなかったのに。私の友人には、生物学と生物処理を使って必要な物質を低い毒性で作ることのパイオニアが何人もいる。友人のドリュー・エンディ（Drew Endy）とMITで私の指導教授だったトム・ナイト（Tom Knight）は、合成生物学という分野を切り開いた。合成生物学は細胞の製造能力を使って生物材料を生産するものだ。これは今まで主として製薬の改良に利用されてきたが、私の信ずるところでは、彼らのより大きな見通しはバルク素材の問題解決にあるようだ。やはりMITの張曙光（Shuguang Zhang）教授の授業では、骨、竹、爪、絹といった驚異的な性質を持つ材料を、クリーンでグリーンな工業的製造インフラに見合った量と形式で製造するにはどうしたら良いかについてブレーンストーミングをした。私がみんなに、爪でサーフボードを作りたい、と言ったときは、みんな私が大量の爪切りをするように想像したが、実際に言いたかったのはサーフボードを有機材料のバットの中で培養することだった。エンディは現在、キノコを、より具体的にはそれらが作る菌糸を、パッケージや緩衝材、そして建材として利用することを提唱している。共通の友人のフィリップ・ロス(Philip Ross)はそれを使って革の代替品を作っているが、実に素晴らしいものだ。

友人のフィオ・オメネット(Fio Omenetto)はタフト大で絹の研究室をやっている。彼と私は生物学で作れるあらゆる種類のものについてブレイン・ストームしている。彼の最近のお気に入り植物は*Lunaria annua*(ゴウダソウ)で、光反射性を持ち、蔦のようにどんどん繁殖する驚くべき植物だ。彼はこれを地球のアルベドを変える地球工学スキームに使用することを考えている。(アルベドとは雪や泥といった地表の反射性の単位だ。地球のより多くが雪に覆われれば、宇宙に反射する光が増え、地球温暖化は遅く、あるいは逆転するだろう——これこそ氷河や極冠の喪失を恐れる理由で、反射性のある雪や氷が光を吸収する水や岩になってしまうのだ。)私はゴウダソウを原料にグリッターを作ろうとオメネットを説得している最中だ。現在のグリッターはプラスチックと、(きらめきのため)多くは金属薄膜を使った、有害な小さい時限爆弾だ。キラキラが大好きで、同じくらいキラキラのきれいな海が大好きなウェディングゲストや子供たちみんなのために、われわれはこの不思議な小さい植物の力を生分解性のあるキラキラのグリッターの製造に活用すべきなのである。私はこれを「マーメイド・グリッター——魚を窒息させないきらめき」と呼びたい。（彼らが私をマーケティングではなく研究室に配置したのはこのためだ。7歳の娘にどんな名前がいいか聞いたのである。）

環境、象、ゴリラ、魚、人魚——これらはすべて保護する価値がある。これらは私を気候変動へのソリューションを見つけるビジネスに最初に駆り立てたものたちだ。これらは世界を豊かに、美しく、虜にするような魅力を与えているものたちだ。

われわれは人類を救うために気候変動の解決を余儀なくされるかもしれないが、生物を救うためにそうしてもよいし、両方救ってもよい。しかしそれをする中でお猿やイルカや白熊を失うようであれば、大して勝ったことにはならないだろう。

研究室や大学や世界中の企業にいる仲間たちは、われわれが協力すれば答えは見つかるし、私の7歳と11歳の子供たちにふさわしい電化された世界を築くことができると信じている。

それにはわれわれ全員が必要なのである。

付録

A なるほど、それなら……

本書では、読者に本旨を理解していただきたいため、細かすぎる話を延々と論ずることはしなかった。ここでは本書の主な主張に対して人々が必然的に抱くであろう主な疑問に対して、ディナーパーティー対応のトークポイントを提供してみたい。それぞれのトピックは、それぞれ1冊の本に値するものだ。あなたのお気に入りをあまりに簡単に棄却しすぎだとか、あまりに私が後ろ向きに捉えすぎだと思われるのであれば、どこかでビールをご一緒するのが良いかもしれない。

なるほど、それなら……、炭素隔離についてはどうですか？

炭素隔離は、ちゃんとした話であれば支援すべき偉大なテクノロジーである。この技術の魅力は、排出された二酸化炭素を空気中に戻す方法が見つかれば化石燃料を燃やし続けることができる、という錯覚を与えてくれるところにある。

これはずっと長いこと地球のバランスを保ってきた自然のプロセスに基づくアイディアである。木、草、微生物たちは、大気中のCO_2を有用な製品、つまりバイオマスや木材に変えるように進化してきた。そこで彼らが使っているのはエレガントな化学反応と酵素の連鎖である。植物は表面積の大きな葉や枝を作ることで、大気中のCO_2を吸収するという偉大な仕事をなすことができる。地球上のすべての木や草、その他の生物機械たちは、1年で合計約2GT（ギガトン）の炭素を吸収する。そしてこの文脈でいうと、我々が1年で燃やす化石燃料は40GTを排出する。全生物の20倍の働きをする機械を作ることができるという考えは、化石燃料産業が燃焼を続けるために作り出した幻想だ。

炭素隔離について考えるなら、まずは40GTのCO_2がどれほど圧倒的なものであるかを思い出すべきだ。巨大なはかりを用意して、人間が作ったり動かしたりするすべてのものを一方に、人間が作り出すすべてのCO_2をもう一方に置けば、CO_2の方が重くなるのだ（図17－1参照）。

炭素隔離の最悪バージョンは、最も魅惑的なものである：希薄な大気からのCO_2回収だ。これはエネルギー的に難しい。赤ん坊、ボウリングの玉、電動チェンソー、火のついたチキ・トーチでお手玉をするくらいのレベルで難しいのだ。100万個の分子の中から40

０個の炭素を見つけ、自然界ではなりえないものになるように説得しなければならないのだ。つまり液体や、できれば固体である。この選別と変換にはエネルギーが必要だ——それも膨大な。これをリーズナブルに動かすことができたとしても、それにはゼロカーボンエネルギーが必要だ。これはつまり、我々のエネルギー供給にはどうせ必要なゼロカーボンエネルギーを使い、しかも複雑で高価な炭素隔離ステップをはさむ、ということである。政府は炭素隔離の研究に資金提供すべきだが、それはリーズナブルな範囲で、多少の懐疑心をもって行うべきである。あればうれしいこの奇跡の技術が技術的には不要であり、おそらく見合わないことを理解するために。

気相での炭素捕獲は大気という干し草からCO_2という針を探す宝探しのようなものだ。１個のCO_2分子を見つけるには、２５００個の分子を見なければならないのだ。これはどういうことかというと、実際には１２００〜４５００ＰＰＭくらいの濃度でしか存在しないのに色々な本に出てくるウォルドさんを探す方が楽なくらいだ。

より精密な話としてはカート・ゼン・ハウス（Kurt Zenz House）らがこのトピックについて書いた論文がある（非常に情報豊かだと思う）[*2]。ハウスは炭素捕獲について化学の原理の観点から分析しており、これは大気中の二酸化炭素をコスト効率の高い方法で隔離できると主張する人間にとって非常に高いハードルとなっている。ハウスらによれば二酸化炭素１トンあたりのコストは１０００ドル程度、もっとも楽観的な見積もりで３００ドルである。この楽観的すぎる見積りを使った場合でも、石炭火力発電のコストなら30セント／kWh（キロワット時）、天然ガス発電のコストであれば15セント／kWhを追加することになる。もっとちゃんと使えるものに時間と資金を投ずるべきではないだろうか。

わずかに良いアイディアとして、煙突中の高濃度のCO_2ガスを捕獲し、なんとかして埋めるというものがある。これは大気中のCO_2の分離という問題だらけのアイディアよりは少し楽だ。ある種の化石燃料であれば、濃縮の必要な大気中の希薄成分ではなく、煙突中の濃密なCO_2噴流からスタートできるのだから。

なかなか期待できるではないか。ところが、われわれは化石燃料を燃やすときは酸素と混合するのだが（燃焼とはそういうものだ）、それによって燃やされる燃料ははるかに大容量になってしまうのだ（そして気化することでさらに巨大になる）。化石燃料の炭素隔離とは、基本的には炭素を元の地面の穴に戻すという考え方だ。しかし、エネルギーとコストをかけて二酸化炭素を液体に戻したとしても、その体積は元々地面から出てきたときよりはるかに大きくなる（約5倍）。掘り出したときはほとんどが炭素なのに、戻すときには多くの酸素がくっついているからだ。他種の地下貯留槽や海底貯留（水圧での封じ込めが狙える）を提案する人もいる。しかしこれらの場合、漏れればすべての努力が失われてしまう。

炭素隔離については経済面からも反論がある。再生可能エネルギーは多くのエネルギー市場においてすでに石炭や天然ガスと競合可能であり、炭素隔離による追加費用が化石燃料の競争力を高めることはない、というものだ。炭素隔離のコストが化石燃料の命取りになるだろうと言うのはわりに妥当かもしれない。

このように煙突でのCO_2隔離は、すでに悪いアイディアだが、化石燃料産業はアメリカ人がこれをクルマや暖炉や台所のコンロからのさらに希薄な排出からの隔離という、さらに悪いアイディアと混同するのを歓迎している。こうした排出は非常に分散されている——40万マイル（約700万キロメートル）におよぶアメリカの天然ガスパイプライン配送網の先の2億6000万本もの配管の終わりにある、暖炉やコンロで発生するからだ。こうした排出源からCO_2を回収し、大気中に出ていかない形にすることは、想像を絶するほど困難である。

化石産業が炭素隔離つきの化石燃料というアイディアをほめそやすのは、従来からのビジネスを続けたいという動機のみから来ることではない。もっと利己的な話がある。化石産業はこうしたCO_2を地面に注入することで、さらなる化石燃料を吸い上げることができるのである。実際、人類がこれまでに隔離したCO_2のほとんどは、原油などの「増進回収」に使われている——つまり化石燃料への依存をさらに強めることになる。悪いアイディアの高価なレイヤーケーキに皮肉のフロスティングまでかけてあるではないか。

ぜんぶ破砕（フラッキング）してしまえ。

なるほど、それなら……、天然ガスについてはどうですか？

天然ガス、というとオーガニックケールみたいな無害なイメージがあるだろう。ところが「天然」と付いているにも関わらず、その大部分はメタンであり、そこにエタン、プロパン、ブタン、ペンタンが混ざったものでしかない。天然ガスが燃焼すれば、他の化石燃料同様に二酸化炭素、一酸化炭素、その他の炭素化合物、亜硫酸化合物が大気中に排出され、グローバルな温室効果とローカルな大気汚染の原因になる。天然ガスを「クリーンエネルギーの未来への架け橋となる燃料」などと宣伝して起きる混乱から利益を得ようとする者に騙されてはならない。石炭は非常に汚い燃料として広く宣伝されているが、天然ガスも生産・処理・輸送に際する排出（fugitive emission）についても同じくらい汚い。天然ガスという橋は、崩れつつあり危険でどこにも行けない橋なのだ。われわれは架け橋を焼いてしまった……、天然ガスで。

なるほど、それなら……、フラッキングについてはどうですか？

フラッキング（水圧破砕）は、加圧流体を坑井に圧入することで周囲の岩盤を破砕し、ガスその他の炭化水素をより容易に抽出できるようにするプロセスだ。この技術とそれに伴う水平掘削の革新は、歴史上のまさに最悪のタイミングで米国に安価な天然ガスをもたらした。フラッキングはメタンをガス井から直出噴出させるため、石炭の代わりに天然ガスを燃焼することの名目的利益を相殺してしまう。これは配送網の配管からも漏出する。天然ガス採掘には他にも地下水汚染や地震活動の活性化など多くの根本的問題がある。それだけでなく、既知のゼロカーボン技術（太陽光、風力、原子力、揚水発電、電気自動車、ヒートポンプなど）への集中をひどく妨げている。

なるほど、それなら……、ジオエンジニアリングについてはどうですか？

われわれは、すでにジオエンジニアリングをやっている。ちょっと方向が駄目なだけだ。つまりわれわれは地球を加熱し、その肺を破壊しているのである。化石燃料の燃焼は気候変動をもたらすジオエンジニアリングだ。問うべきは、これに替わる良いジオエンジニアリングが我々に可能なのか、だ。

ジオエンジニアリングは脱炭素戦略ではない。脱炭素戦略をあきらめた上で、それでも地球の温度を制御しようというものだ。初期のジオエンジニアリング研究の主張の多くは、世界が気候変動に無関心だったときに備えて、こちらの方法も知っておく必要もある、であった。いまでは気候変動を緩和するジオエンジニアリングの方法はいくつも知られている。その多くは太陽からのエネルギー流入量を管理するものだ。巨大な宇宙ミラー、大気への反射性粒子散布、人工雲など、こうしたアイディアについては聞いたことがあるかもしれない。地球のように複雑なエコシステムでは、こうした方法は確実に意図しなかった影響をもたらすだろう。

ジオエンジニアリングの受容は、将来のジオエンジニアリング的ソリューションへの永遠の依存をもたらす。チーズバーガーをどんどん食べながら脂肪吸引で肥満を解消しようとするようなものだ。どうにかうまくいくとしても、もっと良いクリーンなソリューション（本書で提案したような）を見失うような余裕はない。

気候制御を試みることには数多くの問題がある。だれが温度をセットするのか。サンゴを愛する低い島の住民だろうか、もうちょっと気候変動してくれたほうがありがたい北ヨーロッパの人々だろうか。われわれは意図しない副作用のすべてをきちんと知っているわけではないのだ。ジオエンジニアリングにより引き起こされる、環境、社会、政治にまつわるすべてを。

ジオエンジニアリングにできることを研究するのは良いアイディアであり、それは地球のシステムの理解の助けになるだろう。しかし現実的で永久的なソリューションにはならないのだ。しかもこれは、すでに問題を解決するとわかっているテクノロジーから、かなりのリソースを割くことにもなる。

なるほど、それなら……、水素についてはどうですか？

水素が脱炭素化への道であると信じている人は多い。ところが水素はエネルギー源ではないのだ。水素は見つけたりするものではない。気体燃料の形をした電池である。化石燃料産業は水素というフィクションを大喜びで推進する。なぜならこんにち販売されている水素の多くは、実は天然ガス産業の副産物であるからだ。地球に自然に存在する気体水素はごくわずかな量でしかない。炭素抜きの水素を製造、貯蔵するには、電気分解という高効率とは言えない化学反応を起こすために、まず発電する必要がある。続いて水素ガスを捕らえて圧縮しなければならず、これにさらに10～15％のエネルギーが必要になる。それからこのガスを常圧に戻して燃焼、または燃料電池に通す必要があるのだ。このプロセスの各段階に、いちいちエネルギー損失がある。

電池としての水素はごく平凡だ。最初に投入した1単位の電気が、反対側で利用されるときには50％未満程度になる。これを「往復効率」という。水素で世界を回すには現在の2倍の発電量が必要で、それだけでも大変な挑戦になるだろう。ちなみに化学電池の典型的な往復効率は95％ほどである。

ドイツや日本が水素にかなりの投資をしたのは、国内に天然ガスを持たず、ガソリンのエネルギー密度を持つ何かが欲しかったからだ。理論的には水素は重量あたりでガソリンの3倍のエネルギーを待つ（123MJ／kg（メガジュール／キログラム）と44MJ／kg）。しかし水素は圧縮して特殊な材料のタンクに貯蔵する必要があるのだ。このタンクの重量は水素ガス自体よりはるかに重い。タンクを計算に入れると、水素はガソリンの1／4程度のエネルギー密度しかなく、バッテリーよりわずかにマシな程度でしかない。

私は高圧縮の天然ガスおよび水素のタンクを製造するボリュート（Volute）という会社を作った。現在この技術を両産業にライセンス供与しており、つまり私は水素経済から大きな利益を得る立場にあるわけだが、にもかかわらず、これがニッチプレイヤーに終わることを確信している。このニッチの規模については議論の余地がある。たとえば、水素は製鉄などの工業プロセスに高温ガスとして利用できるし、ある種の輸送問題を解決できる。

水素は便利ではある。が、答えにはならない。

なるほど、それなら……、炭素税についてはどうですか？

炭素税はソリューションではない。炭素税は他のソリューションすべての競争力を高めるための市場補正である。二酸化炭素の価格がゆっくりと上昇し、これにより化石燃料の競争力が失われていくように設計されているのだ。すべての化石燃料が、他の少なくともひとつのソリューションに比べて高価になるほど十分高い炭素税があれば、効率的市場はその安価なクリーンエネルギー・ソリューションを選択する、というアイディアである。

炭素税は1990年代に導入されていれば確かに効果的だったかもしれないが、100%の受容率が必要な現在、税率の上昇は非常に急激なものとなる。実施も難しく、逆進性もある。低所得者ほど影響が大きいのだ。

同様の効果は、おそらく化石燃料への補助金をなくしてもあるはずだ。これも多くの市場で代替エネルギーに有利に働く。そして政治が炭素税を実施しようとするころには、再生可能エネルギーとバッテリーは化石燃料より安価になるだろう。

炭素税は素材産業や製造業の経済が到達しにくい末端での脱炭素化に役立つものの、家庭の暖房のヒートポンプ化や自動車の内燃機関から電動車への転換を、必要とされている率で達成できるほど高速ではない。

なるほど、それなら……、技術上の奇跡たちについてはどうですか?

「奇跡」の技術とは、核融合、次世代核分裂、ダイレクト・ソーラー・レクティフィケーション、空中風力発電、高効率熱電材料、超高密度電池など、まだ想像もつかないような技術的ブレイクスルーのことである。これらの奇跡的な技術は、実際に脱炭素化のさまざまな要素に役立つものであり、米国が投資すべき研究テーマである。うまく扱えば、いくつかは実を結ぶこともあるかもしれない。とはいうものの、気候変動ソリューションに使える時間が非常に短い。奇跡に未来を託すのは賢明ではない。こうした野心的技術の開発とスケールアップには、何十年もかかるだろう。我々には何十年もないのだ。

本当の奇跡は、太陽光と風力がすでに最も安価なエネルギー源であり、電気自動車が内燃機関車よりも優れており、電気輻射暖房が既存の暖房システムよりも快適であり、インターネットが未来の電力ネットワークのための練習台であり青写真であったことだ。

なるほど、でも……、既存の電力会社はどうなりますか？

電力会社なしでは、この戦争に勝つことはできない。電力会社には、現在の3～4倍の電力を供給してもらう必要がある。彼らは我々のクリーンエネルギーの未来に大きな影響を与えることができるのだ。

電力会社は、このプロジェクトの現実的リーダーとなるべきだ。これは電力会社が5つの価値ある特徴をすでに備えているからだ（これを指摘してくれたハル・ハーベイ［Hal Harvey］

に感謝)。すなわち、100%の市場浸透率、100%の請求能力、現在の電気の使い方に関する100%の知識(知ろうと思えば知れるのだ)、低廉な資本へのアクセス、すべての郵便番号に存在する優れた地域労働力、である。

電力事業よりも天然ガス事業を優先する事業体には注意が必要だ。あなたが本気で変化を起こそうとするのであれば、在住する州の公益事業体委員会役員選挙で選出を受け、事業を正しい方向に導くとよい。

なるほど、それなら……、
エネルギーに関係のない排出量はどうでしょうか?

本書では、温室効果ガス排出量の約85%を占める米国のエネルギーシステムに関連したことを主に取り扱う。[*3] これは排出量の圧倒的マジョリティだ。それ以外の排出は、農業部門、土地利用と林業、そして工業的非エネルギー利用排出である。本書で提案したような気候変動対応動員を行えば、工業的非エネルギー利用排出の多くにも、あと2つの排出にも少しずつ対応できる。エネルギー供給の脱炭素化は我々のすべきことの85%を占める。残りの15%については、たとえば合成肉の製造販売には成功しているし、恐るべき冷媒の排出がない冷却方法には道筋が付きつつある。また、CO_2を排出しない水素・アルミニウム利用の鉄鋼生産に取り組んでいる。1章でも触れたが、我々が85％にコミットするのであれば、残りの15％に取り組む賢く情熱的な人たちも、その役割を果たすと信ずるべきなのだ。

なるほど、それなら……、農業についてはどうでしょうか？

危険なモノカルチャーシステムを置き換え、炭素回収と土壌回復を行いつつ、農薬／肥料流出（これらは河川、河口、海洋を汚染する）を防止できるようなものにすることは、王道的なクリエイティビティに火を付けるムーンショットだ。我々の世界的な農業工学研究大学群は、これを実現する能力を持つはずだ。

なるほど、それなら……、肉についてはどうでしょうか？

菜食主義者であればわかるように、肉には数多くの問題がある。ひとつは、飼料を育てるのに必要な土地の量だ。もうひとつは、牛や羊のような反芻動物がメタンを排出し、これがCO_2よりもはるかに温室効果の高いガスであることだ。肉を食べる量を減らすことは、気候変動への影響を減らす消費者選択のひとつとしては最も簡単なものだが、これだけでは気候問題を解決することはできない。インフラ的なスケールでは、土地管理の改善と低炭素農業の導入により、食肉消費による影響を低減することができる。私の旧友デイヴィッド・マッケイ（David MacKay）はよく、スコットランドで太陽エネルギーを利用するには羊を育てて食べるのが一番だと言っていた。肉食を完全になくす必要はない。が、アメリカ人が食生活をもっと意識することは必要だ。

なるほど、それなら……、ゼロ・エネルギー・ビルディングはどうでしょうか？

ドイツの高エネルギー効率住宅「パッシブハウス（passivhaus）」のように、正味のエネルギー入力を不要とする超高効率住宅の建築基準を作るのは良い考えだ。もちろん、物質やエネルギーの流れの追跡という複雑な問題があるため、なにをもって「正味のエネルギー入力がない」とするかについては討論を経る必要がある。優れたパッシブハウスにはヒートポンプ暖房が必要ないと主張する人もいる。それは正しいかもしれない。しかしこの問題は、これから建てる住宅だけでなく、すでに建てられてしまった住宅についても解決する必要がある。アメリカではハウスストックの1％しか新築がないからだ。

新築はどのように建てられたとしても珍種のようなものだ。また、建築家が建てる家は全体の2％程度しかないということも忘れてはならない。ほとんどの家は一般的な設計により建設業者が建てるのだ。私はパッシブハウスなどの建築的な設計の数々を、高効率住宅にまつわるアイディアを集めたすばらしいライブラリのようなものだと考えている。新築だけでなく改修に使えるものもあるだろう。そして我々は、特に建築家や建設業者は、こうしたアイディアを取り入れ、さらに発達させるべきだと思っている。

この分野でより大きな影響を与えるのは、小さくてシンプルな家に住むことを好ましいとする文化的シフトかもしれない。モービルハウスは文化的には悪名高いが、従来の住宅よりもカーボンフットプリントが小さく、新しい脱炭素インフラストラクチャに適応する道としては最速のひとつとなりうる。

なるほど、それなら……、世界の他の部分についてはどうでしょうか？

アメリカは現在、世界の排出量の20％程度にしか責任がない（歴史的にはもっと大きなシェアを占めていた）。人々は言う、だからアメリカの脱炭素化なんて気にするほどの価値がないと。中国はもっと排出しているだろう、じゃなきゃサウジは？　インドは？　アフリカは？　全員がこのような敗北主義になれば、我々は終わりだ。逆にアメリカがリードし、その経済的アドバンテージを見れば、他国は付いてくるだろう。いち早く進出した者が、この21世紀の基幹産業を握るだろう。

なるほど、それなら……、充分なバッテリーが作れますか？

バッテリーが多量に必要になるというのは議論の余地がない。そしてこれは、現在のアメリカの製造能力を考えれば不可能ではない。今後20年間で2億5000万台のガソリン車を電気自動車に置き換えるためには、1兆個以上のバッテリーが、つまり、毎年約600億本の18650電池が必要となる（18650は直径18ミリ×長さ65ミリで、懐中電灯に使う単三電池より少し大きい）。これは現在世界で生産されている銃弾の900億発と似たような数字だ。我々には電池が必要だ。銃弾ではなく。

なるほど、それなら……、飛行機についてはどうですか？

飛行は1分あたりで見ればエネルギー集約的だが、マイルあたりで見ればそうではない。旅客マイルあたりで見ると、同乗者1名ありの自動車とほとんど同じエネルギー消費になる。とはいうものの、飛行機に乗る回数を減らすことは、個人がエネルギー・フットプリントを減らす最も効果的な方法のひとつではある。

電動化された未来では、モーターやバッテリーの出力密度の向上により、短距離フライト（500マイル［約800キロメートル］以下）は電動化されるだろう。長距離フライトでは、十分な航続距離を確保するためにバイオ燃料を使うことになる。アメリカでは旅客機向けと貨物機向けで合計2クワッド、軍用機にも0・5クワッドが必要だ。アメリカはバイオ燃料を約10クワッド生産することができるので、航空燃料向け、および建機や採鉱機器などの電動化が難しい機器類向け（両方合わせて1〜2クワッド）をまかなうのは容易だ。

私には電動航空機の会社を持っている友人が何人かいるが、彼らは空飛ぶ車について非常に強気だ。他に、自動車は約80mph（130km／h）を境に飛ばしてしまった方がエネルギー効率が良くなると数字を出して主張する仲間もいる（タイヤを接地させておくことが大きなエネルギー消費になるのだ！）。小型の電動飛行機なら、旅客マイルあたりのエネルギー効率は電気自動車と同じようなもの、と考えることすら可能なのだ。ただしこれは裸で飛んだ場合の話であって、荷物が多ければ違ってくる。また、誰でもどこでもすぐに飛んでいけると回数の方が増えて、燃費の良くなった分を相殺してしまいがちだ。そんなわけで、これは金持ちの道楽にとどまるだろうというのが私の予測だ。

なるほど、それなら……、自動運転についてはどうですか？

空飛ぶ車と同様、自動運転車も人々の想像力を（これで食ってやろうとがんばる人々に限らず）かきたててきた。これには自動運転が交通量を減らし、排出ガスを削減するという想定がある。ところがこれは、ほぼ確実に真実ではない。自動運転車のシミュレーションとして運転手付きの車を受けとったグループは、利用回数がかなり増え、この「自動運転車」にお気に入りのサンドイッチを買いに行かせるようなことまであったのだ。[*4] 自動運転車は、ほぼ確実に走行距離の増大をもたらす。

タクシー業界には「キャリッジマイル」という言葉がある。これは、乗客を乗せずに走行した距離と、乗客1名を乗せて走行した距離の比率だ。タクシーの場合、この比は約1・7、つまり、乗客1名を1マイル（約1・6キロメートル）移動させるために自動車を1・7マイル（約2・7キロメートル）走らせる必要がある。ウーバーとリフトはタクシー業界を破壊する中で、この数字を1・4程度まで下げることができた。これは自律走行車が広く普及した場合に何が起こるかを示す、良い指標だろう。我々の移動先が増えなかったとしても、走行距離は40％増大するということだ。実のところ、これは新発売の「シリコンバレー印のガマの油」でしかない。

なるほど、それなら……、原子力の危険性についてはどうですか？

アメリカは原子力で世界をリードしてきた。米海軍は世界最大の小型原子炉艦隊を運用しており、申し分のない安全記録を誇っている。原子力は電動化の一形態であり、地球温暖化対策計画にも合致するものだ。また現在、原子力発電はアメリカの送電網に約100GW（ギガワット）の非常に高信頼の電力を供給している。この量を維持、または野心的に増大させれば、気候変動対策はまず確実に楽になる。現在の最良の試算によれば、原子力発電のコストは風力発電や太陽光発電の約2倍である。とはいえまず間違いないのは、こうしたコストが技術の進歩によって大幅に削減できることだ。なにしろ、原子力発電所のほとんどは50年前の設計なのである。

原子力発電の健康への影響は、かなり研究されてきた。原子力が我々の考えがちなほど危険なものではないことは立証されている。それでもサメが人を喰う話のように、放射線漏れという低確率事象の見込みが我々を恐れさせるのだ。ユッカマウンテンの施設のような専用のインフラストラクチャを構築することで、この確率はさらに下げられるのだが、とはいえ事実は残る。つまり、40年もの間、政策立案者たちはこうしたインフラへの投資を人々に十分納得させることができなかったのだ。原子力は、廃棄物管理にブレイクスルーが起きない限り、政治的に非常に難しいテーマであり続けるだろう。

なるほど、それなら……、木を育ててはいかがでしょう？

はい、育てるべきです——少なくとも1兆本は。シャベルを取ろう。

木を植えるベストタイムは30年前だ。そしてセカンドベストタイムは今日である。

1本の木を植えよう。孫たちが登れるように。もっと良くしたければ、3万本の木を植えよう。

付録

B　違いを生むのにあなたができること

仕事に取り掛かるときである。地球があなたにできることではなく、あなたが地球にできることは何かと問うのだ。全員が役割を持っている。

まず第一に、市民としての役割だ。政治的扇動者となって、違いを生むものごとに取り組み、21世紀の課題に対する21世紀の解決策を受け入れよう。多くのことが変わっていく。それでもノスタルジックになってよいのは本当に重要なことだけだ。気候変動の解決には、ありえなかったような協同が必要だ。あらゆる立場の人々をテーブルにつける必要がある——都市と田舎、政府とビジネス、赤い州と青い州、黒人と白人、組合員とギグワーカー、若者と老人などだ。

選挙権を持っているなら、次は気候変動を本気で受け入れている政治家に投票する。あなたがこうした政治家を支持し、彼らが本書で紹介したような野心的な計画を実施すれば、われわれ全員に輝かしい未来が待っている。あなたがそれをしなければ、次の100年はかなり厳しいものになるだろう。COVID－19パンデミックでわれわれが思い出した通り、遠く離れているように思えた危機は、予想よりはるかに突然、現実のものになることがある。パンデミックは起きる見通しがあり、専門家も警告していたのに、なぜか起きそうもないことと思われていた。そして、気候変動というはるかに大きな嵐が吹き荒れているのに、準備を始めるべきときはずっと前に過ぎ去っている。

パンデミックのような出来事はオールドエコノミーを痛めつけるが、ニューエコノミーには変革の機会となる。予測されていたものの計画には入ってなかった災害が次々に起きる中で、今の経済をどうにか維持することは可能だろう。ただし今世紀の中ごろにはCOVIDがピクニックに思えるような気候変動災害が延々と起き続けるだろう。それでも、いま目を覚ませば、より良い未来を築くことに取り組むことも可能なのだ。このプロジェクトには、これまで以上に多くの人々をより良い仕事で雇用する、新しいアメリカ経済の基盤になるだけのキャパシティがある。

投票できる年令に達していない人は、足で投票する、つまりプロテスト活動をするとよい。若者の気候変動ストライキは素晴らしい最初の一歩となる。あなたの未来を奪っている大人たちや産業に、さまざまな方法で訴訟を起こすことも考慮していただきたい。怒り、創造的になるのだ。しかしその中で楽しみ、偉大な友情を育むことを忘れてはならない。フェンスに自分を鎖で繋げ。隣の情熱的なアクティビストと恋に落ちるのだ。

消費者であるなら、小さな決断にこだわりすぎないようにしよう。バルクのシャンプーを買ってプラスチックを使わないとか、コンポストに入れられる自然素材の服を買うとかも有効かもしれないが、本当に影響があるのは重大なものを買うときの決断だ。次のクルマは電気自動車にしなくてはならない。家を太陽光発電でまかなうために、あらゆることをする必要がある。家を買おうとしているなら、小さい家やトレーラーハウスを検討しよう。あなたの家を、送電網に電気を戻せるひとつの大きなバッテリーにする投資はすべて、他のどんな購買決定よりも気候変動への大きなインパクトとなる。

農業従事者なら、農業を再構築する強烈な好機だ。アメリカの農業従事者とその信じられないほど生産的な農地は、グローバルな気候変動対策の中心である。農地の生産性を高め、炭素を排出するのではなく吸収する場所としよう。

エンジニアなら、やるべきことはたくさんある。電化された未来の細部を形作っていく仕事に取り掛かろう。新しい送電網をデザインしよう。いろいろなものをより高信頼で頑健で手ごろなものにしよう。パフォーマンスの最後の何パーセントかを絞り出すのだ。

弁護士なら、化石燃料企業に訴訟を起こすか、早期の安価な気候変動対策の実施を妨げている地方条例や建築基準法令の是正に務めるべきだろう。

中小企業の持ち主なら、よりクリーンかつグリーンな製品を早期に開発することで差別化を図ろう。全アメリカ人が欲しがる製品にするのだ。

学校やコミュニティカレッジの運営をしているなら、実習を増やしたり実技を受ける生徒を増やしたりしたいところだ。モノを作り、設置し、ネジを回し、ボルトを締め、未来を作り上げる方法を知っているアメリカ人がもっと必要である。

デザイナーであれば、他のものを買いたい人がいなくなるほど美しく直感的な電化製品を作ろう。運輸の再定義となるような電動車両を作り出すのだ。包装が不要になるような製品を作ろう。家宝にしたくなるような製品を作ろう。

組合の代表なら、雇用喪失の恐怖がゼロカーボン経済で作り出される膨大な雇用への道をふさがないようにしよう。環境ロビーストと協同で、雇用確保、給与や福利厚生レベルの維持、再教育プログラムなど、自分自身と自分の組合のための準備を進めるのだ。労働力なくして経済変革はないのだから。

教師や教授職にあるなら、彼らの前途に置かれた世代をまたぐ負担について、学生たちに明確に伝えていただきたい。科学と正義について教え、全員が活動家になるように鼓舞しよう。そして何よりも、誰かが救ってくれることなんかないということを、自分で自分を救うしかないことを生徒たちが理解できるようにしよう。

詩人やアーティストですって。我々には惑星地球へのラブレターがめちゃめちゃに必要なのだ。世界に、そしてお互いに感謝するために、美で我々を鼓舞してくれ。我々が適切な質問をする助けになってほしい。

投資家であれば、カーボンフリーの未来を目指す企業に投資しよう。化石燃料から撤退するのだ。欲は小さめに。地球が駄目になってしまえば元も子もないことを忘れないでいただきたい。

電気技術者であれば、かつてないほど忙しくなることを覚悟していただきたい。友人を訓練したり、子どもたちに教えていただきたい。

屋根職人なら、太陽光発電の設置業者にもなれるよう勉強し、需要の大幅な増加に備えよう。

時給で働く労働者であれば、再生可能経済を擁護していただきたい。これは時給が上がる道なのだ。正しくやれれば仕事は良くなっていく。

建築やリフォームの従事者であれば、オール電化住宅やソーラーパネル付きの建物への転換を顧客に勧めていただきたい。住宅を高効率化するヒートポンプやバッテリーの設置方法を学んでいただきたい。

建築家であれば、建物がソリューションの一部として貢献する可能性を最大化するような建築手法の普及に取り組む絶好の機会である。すなわち、屋根をよりフラットに、かつ太陽方向（北半球では南）を向けるのだ。すなわち、高効率住宅、軽量な建築方法を推進するのだ。そして建築物という非常に多くの材料を使用するものを、正味ではCO_2を排出ではなく吸収するものとする方法を見いだすのだ。

起業家であれば、10億ドル規模のクリーンエネルギー企業を立ち上げていただきたい。これはわれわれのエネルギー経済の0・5％に相当するので、あなたがたった200人いれば成功である。

医師や医療従事者であれば、公害や化石燃料がもたらす人的コストについて、声を大にしてはっきりと語っていただきたい。化石燃料の燃焼によって引き起こされる呼吸器系の病気は、世界中で数百万人の命を奪っている。喘息、気管支炎、肺炎は、死んだ恐竜を燃やしてできる粒子によって悪化するのだ。癌は炭化水素、ダイオキシン、その他の化石燃料経済から生まれた化学物質によって引き起こされ、増殖する。自動車を中心とした座りっぱなしのライフスタイルは、肥満、糖尿病、心臓病、その他の深刻な病気をまねく。クリーンエネルギー世界への素早い移行により、公衆衛生に飛躍的な改善がもたらされるだろう。

メカニックであれば、電動ホットロッドの製作をはじめよう。つまるところ、われわれが惚れ込むのは板金であり、エンジンではないのだ。

生物学者であれば、バイオ燃料やバイオ材料の実現に手を貸していただきたい。これは長距離フライトなど、風力、太陽光、原子力では動かせない経済セクターの動力となる。

テックワーカーであれば、ソーシャルメディアや出前アプリなんか作るのをやめて、アメリカの再生可能エネルギーへの移行を加速させる有用なソフトウェアを書きはじめよう。みんなのエネルギー消費を減らしてグリッドをバランスさせ、太陽光や風力発電プラントの設計を自動化し、公共交通機関を改善するのだ。

ソーシャルワーカーであれば、低所得者層がクリーンエネルギーを利用した住宅や交通機関を利用できるように支援する運動ができるだろう。

都市計画者であれば、アメリカの都市や町をゼロカーボンの未来に適したものにする手助けをしてほしい。

炭鉱労働者であれば、これまでありがとうございました。今後はバッテリーやモーターの材料の採掘をお願いしたいです。

石油産業労働者であれば、やはりこれまでの働きに感謝します。今後はアメリカがゼロカーボンの未来に向けて必要な巨大インフラの構築を助ける仕事をお願いします。

政治家であれば、人々の声に耳を傾ける必要がある。ただし科学者、子どもたち、エンジニアの順番で。そしてこの仕事を成し遂げるには、ひっきりなしの大騒ぎを乗り越えて、規制や財政上の筋道を付けていく必要がある。あらゆる人と協同していただきたい。政治における障壁、政党、連立の枠組みを再定義するのだ。

市、町、郡の議員であれば、有権者の声に耳を傾け、何が彼らを電気自動車の購入、太陽光発電の導入、電力会社からのクリーンエネルギーの購入、住宅の改良、住居向け脱炭素技術の購入に担保付きローンを使うことから遠ざけているか特定しよう。そしてこうした障壁をすべて取り除くのに、やるべきことをすべてやるのだ。

市長であれば、最も早く、最も安く脱炭素化する方法を促進するために、必要に応じて地域の建築基準を変更しよう。地域の建築物にクリーンエネルギーを導入するのだ。電気自動車のインフラを街中に整備するのだ。

州レベルの政治家であれば、州とは実験の場であることを意識するのが有用である。脱炭素化への完全な答えなんか誰も持っていないけど、お互い学ぶべきことを誰もが持っているのだ。大胆になろう。リスクを取ろう、クリーンエネルギーへの移行を加速させる素晴らしい法案を書こう。他の州のポリシーや連邦レベルのプログラムにカットアンドペーストで取り込まれるようなやつだ。

下院議員または**上院議員**であれば、駄目な影響力の前に立ちはだかろう。あなたは人々により選ばれたのであって企業にではないことを、またそれはアメリカ人の生活を長期的に向上させるためであることを覚えておこう。

大統領であれば、率いていただきたい。ビジョンを持って。FDRのあの感じを、チャーチルの粘りを、JFKの勢いを、レーガンの切迫を、マンデラの熟練を、そしてメルケルの大見得を試みるのだ。

企業のCEOであれば、未来への真のビジョンを持って会社を率い、10年後の完全な脱炭素経営に向けて準備を進めるべきだろう。一番若い社員の言うことに耳を傾ける、だけでなく、あなたが変わることを昔から進言してくれていた失意の古株社員の言うことも聞いてみよう。彼らには、おそらくすでにソリューションがある。社内にあるのだ。四半期ごとの数字を奉るのをやめ、未来に向けて会社を構築しよう。

億万長者であれば、化石燃料リースを1つ2つ買い取ってもいいかもしれない。人里離れた場所にある歴史のひとかけらを所有するのだ。自然保護区にしてしまおう。ポートフォリオから化石燃料を外そう。度外れたソリューションをもたらすスタートアップに投資しよう。すばやい保証されたリターンが見込めなくても、だ。若い活動家のスポンサーをしよう。24歳に戻ったように、一発狙いでお金をばらまくのだ。この惑星の他に本当に不可欠のものなんかないのだから。

ビーガンのサイクリストだって？　それはありがとう。長寿と繁栄を。

シンガーソングライターであれば。そう、人の心を動かすのに音楽ほど強力なものはない。我々の運動には歌が必要だ。ニール・ヤングのように、自分のヴィンテージのリンカーン・コンチネンタルを電動化して未来へのコミットメントを示してくれるような人が必要だ。キャット・スティーブンスやジョニ・ミッチェルにも入ってほしい。

いつもいつもそうじゃない？
なくすまで気づかないよね

あいつらは楽園を舗装して
駐車場にしちまった[*1]

豊かな緑に覆われた未来を築くため、みんなやるべきことがある。グッドラック。風が共にあらんことを。

付録

C

もっと詳しく：気候科学入門

○気候科学は多様な研究分野を包有し、レイヤーごとの複雑性もまた多様である。
○基本の気候科学は、地球のさまざまなシステムの裏にある物理と化学を慎重な観測により理解しようとする学問である。
○気候モデリングは、基本の気候科学の知見を、地球のシステム間の相互作用を表徴するモデルにまとめる学問である。
○初期の気候モデルはコンピュータ抜きで構築されたが、ほぼ適切に気候変化を予測できた。
○インパクトスタディは、気候モデルをもとに、気候変化の社会、経済、政治などにおける影響を予測する。
○炭素予算とは、ある気候目標（気温）を達成する場合に、今後排出可能と予測される排出量である。

○予想排出軌跡は、炭素予算の達成に必要な排出削減と技術転換の予測により得られる将来の排出量曲線である。

○統合評価はこれらのすべてのピースを組み合わせ、より広いオーディエンスに訴える報告書をまとめたものである。

○この科学はしっかりしたものである、つまり我々は何をしなければならないかを教えてくれる道具をすでに持っている。

気候科学を気候変動対策に活かすためのステップを以下に述べる。

気候科学

まず最初に、われわれは雲、氷河、海洋、土壌、排出物、その他の地球気候に影響を与える要素を観測、モデル化する精密な仕事として、気候科学をやる必要がある。これらの要素システムは物理学的に分解・計測可能なものであるが、そうやって生成された予測は観測に

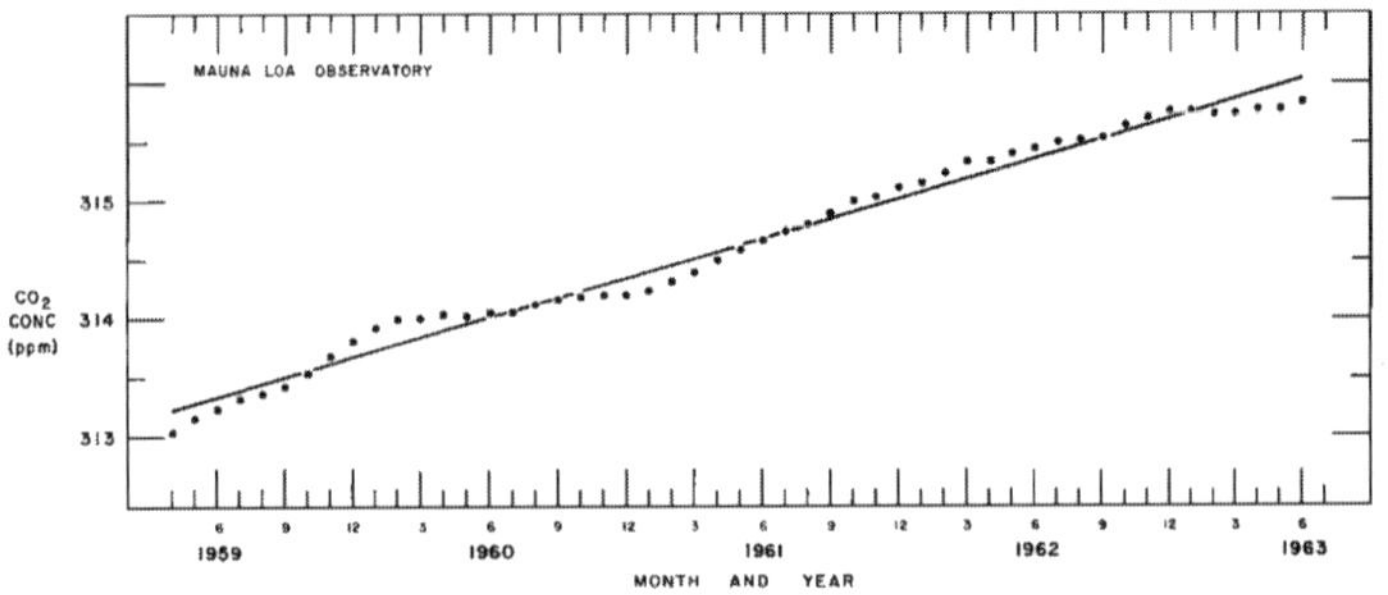

図20-1：大気中のCO2濃度上昇を示した「キーリング曲線」のオリジナルとその延長。
出典: Jack Pales and Charles Keeling, "The Concentration of Atmospheric Carbon Dioxide in Hawaii," Journal of Geophysical Research 70, no. 24, 1965.

よる検証が可能である。

これはたとえば、もっとも象徴的な気候科学研究のひとつ、大気中のCO_2濃度上昇を最初に記述したペールズとキーリングの仕事[*1]に見ることができる。CO_2濃度の「キーリング曲線」を現在知られている形式で示す（図20－1）。1959年から1963年にかけてハワイのマウナロア火山の観測点で行われた厳密な観測に基づくこの研究は、植物による季節的なCO_2吸収と、化石燃料の燃焼による擾乱および長期の上昇トレンドを示している。この研究の観測は以後も続けられ、上記のトレンドが続いていることが示された。[*2]

気候モデリング

気候科学に続いて、気候モデリングを行う必要がある。気候科学で得られたものをまとめ、気候シス

TABLE VII.—*Variation of Temperature caused by a given Variation of Carbonic Acid.*

Latitude.	Carbonic Acid=0·67.					Carbonic Acid=1·5.					Carbonic Acid=2·0.					Carbonic Acid=2·5.					Carbonic Acid=3·0.				
	Dec.–Feb.	March–May.	June–Aug.	Sept.–Nov.	Mean of the year.	Dec.–Feb.	March–May.	June–Aug.	Sept.–Nov.	Mean of the year.	Dec.–Feb.	March–May.	June–Aug.	Sept.–Nov.	Mean of the year.	Dec.–Feb.	March–May.	June–Aug.	Sept.–Nov.	Mean of the year.	Dec.–Feb.	March–May.	June–Aug.	Sept.–Nov.	Mean of the year.
70–60	−2·9	−3·0	−3·4	−3·1	−3·1	3·3	3·4	3·8	3·6	3·52	6·0	6·1	6·0	6·1	6·05	7·9	8·0	7·9	8·0	7·95	9·1	9·3	9·4	9·4	9·3
60–50	−3·0	−3·2	−3·4	−3·3	−3·22	3·4	3·7	3·6	3·8	3·62	6·1	6·1	5·8	6·1	6·02	8·0	8·0	7·6	7·9	7·87	9·3	9·5	8·9	9·5	9·3
50–40	−3·2	−3·3	−3·3	−3·4	−3·3	3·7	3·8	3·4	3·7	3·65	6·1	6·1	5·5	6·0	5·92	8·0	7·9	7·0	7·9	7·7	9·5	9·4	8·6	9·2	9·17
40–30	−3·4	−3·4	−3·2	−3·3	−3·32	3·7	3·6	3·3	3·5	3·52	6·0	5·8	5·4	5·6	5·7	7·9	7·6	6·9	7·3	7·42	9·3	9·0	8·2	8·8	8·82
30–20	−3·3	−3·2	−3·1	−3·1	−3·17	3·5	3·3	3·2	3·5	3·47	5·6	5·4	5·0	5·2	5·3	7·2	7·0	6·6	6·7	6·87	8·7	8·3	7·5	7·9	8·1
20–10	−3·1	−3·1	−3·0	−3·1	−3·07	3·5	3·2	3·1	3·2	3·25	5·2	5·0	4·9	5·0	5·02	6·7	6·6	6·3	6·6	6·52	7·9	7·5	7·2	7·5	7·52
10–0	−3·1	−3·0	−3·0	−3·0	−3·02	3·2	3·2	3·1	3·1	3·15	5·0	5·0	4·9	4·9	4·95	6·6	6·4	6·3	6·4	6·42	7·4	7·3	7·2	7·3	7·3
0–(−10)	−3·0	−3·0	−3·1	−3·0	−3·02	3·1	3·1	3·2	3·2	3·15	4·9	4·9	5·0	5·0	4·97	6·4	6·4	6·6	6·6	6·5	7·3	7·3	7·4	7·4	7·35
−10–(−20)	−3·1	−3·1	−3·2	−3·1	−3·12	3·2	3·2	3·2	3·2	3·2	5·0	5·0	5·2	5·1	5·07	6·6	6·6	6·7	6·7	6·65	7·4	7·5	8·0	7·6	7·62
−20–(−30)	−3·1	−3·2	−3·3	−3·2	−3·2	3·2	3·2	3·4	3·3	3·27	5·2	5·3	5·5	5·4	5·35	6·7	6·8	7·0	7·0	6·87	7·9	8·1	8·6	8·3	8·22
−30–(−40)	−3·3	−3·3	−3·4	−3·4	−3·35	3·4	3·5	3·7	3·5	3·52	5·5	5·6	5·8	5·6	5·62	7·0	7·2	7·7	7·4	7·32	8·6	8·7	9·1	8·8	8·8
−40–(−50)	−3·4	−3·4	−3·3	−3·4	−3·37	3·6	3·7	3·8	3·7	3·7	5·8	6·0	6·0	6·0	5·95	7·7	7·9	7·9	7·9	7·85	9·1	9·2	9·4	9·3	9·25
−50–(−60)	−3·2	−3·3	—	—	—	3·8	3·7	—	—	—	6·0	6·1	—	—	—	7·9	8·0	—	—	—	9·4	9·5	—	—	—

図20-2：アレニウスによる気温変動と炭酸（CO_2）濃度モデル（1897）。
出典: Svante Arrhenius, "On the Influence of Carbonic Acid in the Air upon the Temperature of the Ground," Astronomical Society of the Pacific 9, no. 54, 1897.

テム全体のモデルを作るのだ。システム同士の相互作用は複雑なので、現代のシステム全体レベルのモデルでは、大型コンピュータによる数値処理が一般的だ。現在のモデルは非常に優れたものになっており、その予測の正確性は過去のデータを用いて厳密に検証されている。不確実性は依然として存在するが定量化された小さいものであり、主要な現象についてはよく合意されている。

たとえば、気候モデル化の初期研究のひとつ、スウェーデンのノーベル賞受賞者スヴァンテ・アレニウスによる論文は、CO_2濃度の上昇と気温の関係を示したものだ（図20−2）。以来120年、気候科学者たちはこの単純なモデルに拡張を加え、増え続ける計算資源をテコに、その適用範囲を広げてきた（大気における温度平衡条件を確立した1967年の真鍋とウェザラルトによる画期的な論文はこの例だ[*3]）。こうして作られた現在の最良のさまざまなモデルの複雑性は相当なものだが、得られる結論は紙の上でも計算可能だ：「CO_2濃度の上昇は気温の上昇をもたらす」である。

インパクトスタディ

気候モデリングに続き、科学者は気候が我々に重要なその他のもの、つまり人類、自然地理、動物、地球系、経済、パンデミックといったものにどのような影響を与えるか、インパクトスタディ（影響研究）を行う。インパクトスタディは、気候変化が結果的に何をもたらすかを警告する。ある予想排出軌跡に対して海面上昇がどれほどあるか、移住を余儀なくされる人たちの規模はどれほどになるか、といったことを教えてくれるのだ。それは気候変化が農業や食料供給に与える影響を知らせてくれる。嵐や山火事などの発生パターンや強さがどのように変化するかを理解する助けとなる。インパクトスタディは経済学、政治学、工学など広範囲の研究を含み、扱う問題は食料安全保障[*4]、ツーリズム[*5]、貧困[*6]、移民[*7]、経済[*8]、戦争[*9]、大気質[*10]、疾病[*11]、そして労働問題[*12]までをもカバーする。インパクトスタディの範囲の広さには圧倒されそうになるが、ＩＰＣＣでは一般向けの要約を定期的に発行している[*13]。

炭素予算（カーボンバジェット）

気候モデルと、気候がわれわれにとって重要なものにどう影響するかをまとめたインパクトスタディを用いることで、われわれが有害な影響を管理可能なレベルに抑えつつ排出可能である炭素量の見積りである、炭素予算をまとめることができる。これが示すのは、排出可能なCO_2およびその他の温室効果ガスの具体的な量である。

炭素予算の研究でもっとも象徴的と思われるのは「1兆トン」論文である。この論文は、最終的に生じる気温上昇という観点から、われわれに残された炭素排出量予算を明確かつ冷静に算出する方法を示したものだ。[*14] この「1兆トン」論文が強調しているのは、累積炭素排出量を1兆トン未満で止める必要がある、ということである。

排出軌跡

炭素予測ができると、これをベースに排出軌跡（排出トラジェクトリ。バジェットに見合った排出可能量の年次推移）が作れるようになる。これは気候科学というより、むしろ気候社会経済学と言うべきもので、気候の温暖化に対応するために人類活動がどのように反応するかを

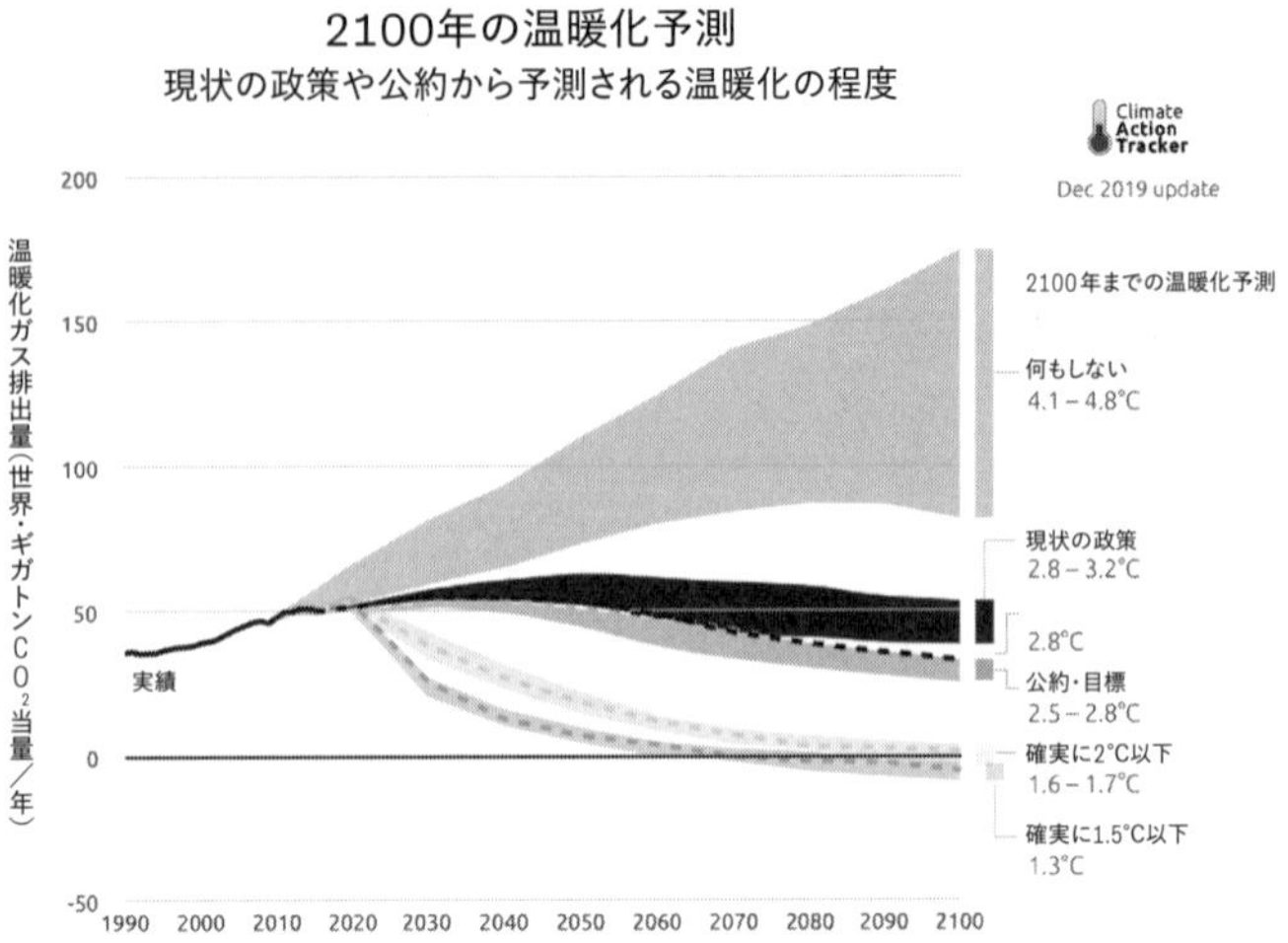

図20-3：政策、趨勢、公約、目標ごとの2100年までの温暖化予測。
出典: Climate Action Tracker, n.d., https://climateactiontracker.org/global/temperatures/

予測しようとするものである。図20−3は現在から2100年までのさまざまな排出軌跡予測のグラフである。現状の政策や世界公約やコミットメントのレベルでは、本来目指すべき1・5℃（2・7°F）目標には程遠く、2℃（3・6°F）も達成できない様子が明白である。

統合評価

最終段では、気候の科学と政策に取り組む人たちが統合評価を書く。これは上記のステップのすべてを含んだ理解可能なレポートであり政策提言である。これらのレポートは、数百人から数千人もの科学者の仕事を、何年もかけて取り込んでまとめたものだ。ＩＰＣＣの仕事はこれなのである。

我々には何が見えるようになっているか

これは簡単な問題ではないので、人々が誤解する余地もあれば、緊急性について同意しない可能性もかなりある。

誤解は以下のような形で出てくるものと想像している：インパクトスタディの新聞記事にたまたま目を留めてそれを読む → その記事はインパクトスタディの背後の科学を下手くそにまとめている可能性が高い → その元論文を読むことになるかもしれない → このあたりで自分たちに、あるいは自分が気にかけているもの――おそらくは見出しにあった記事を読もうと思わせたもの――に影響があるかどうかを無理やり判断する……である。さらに、影響を防ぐことと排出軌跡予測がどのように関連しているかを理解しようとする人もいるかもしれない。このあたりまで来ると、全体的な複雑さの中で迷子になっているのも仕方のないことだ。ここまで大丈夫でも、既存のすべての排出軌跡予測にまつわる気候モデルの不確実性のブラックホールを覗き込んだときには、次のステージに上がることになるだろう。

私にとっては、ごく単純なことだ。自分が子どものころに体験した、美しいものでいっぱいの珊瑚礁と熱帯雨林を持ち続けている世界に住みたいだけなのだ。さらに言うと、国の食

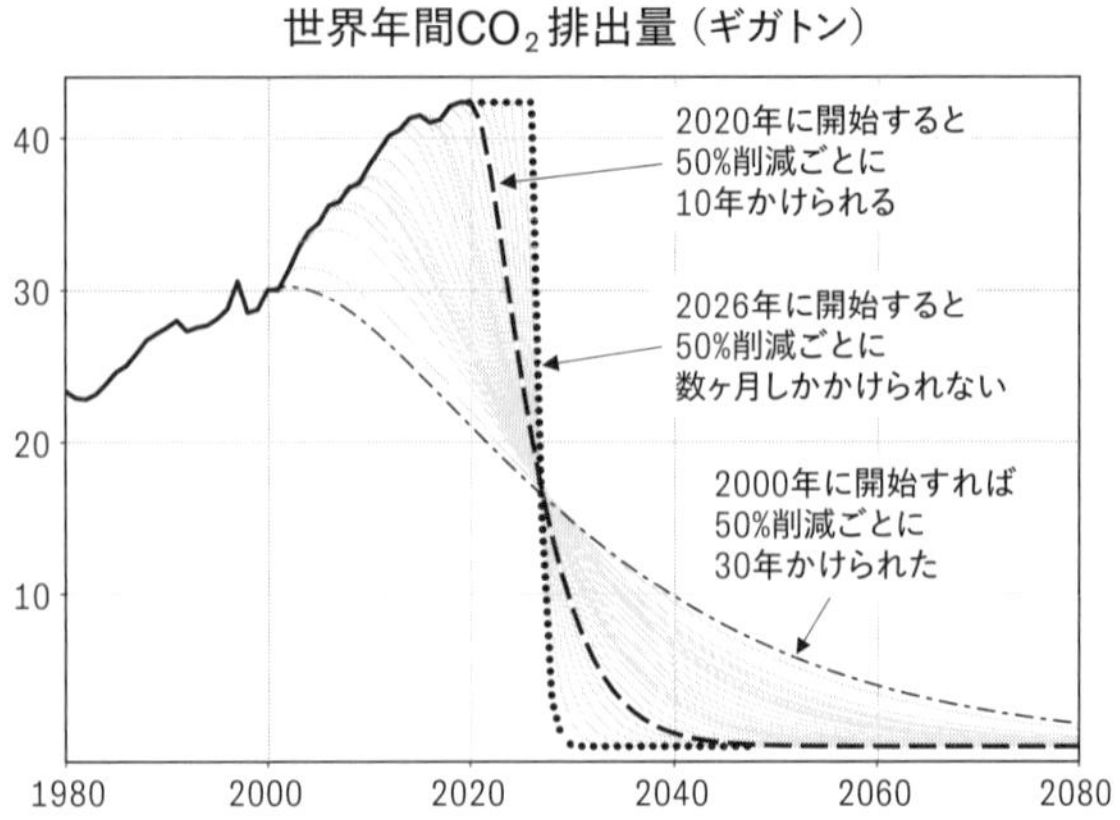

図20-4：Robbie Andrew, "It's Getting Harder and Harder to Limit Ourselves to 2°C,（2°Cに抑えることは次第に困難になる）" Desdemona Despair, April 23, 2020, https://desdemonadespair.net/2019/08/its-getting-harder-and-harder-to-limit-global-warming-to-2c-it-is-partly-this-hope-in-future-technologies-that-delays-action.html より再作成した緩和曲線。

料システムへの衝撃や悪影響が見えたときの人類のパニック反応が恐ろしい。1・5°Cの温暖化すら、世界に大規模な分裂とストレスを作り出すはずだが、せめてこの目標に少しでも近づく方法を考え出したいのである。

緩和曲線

緩和曲線は、1・5°C（2・7°F）や2°C（3・6°F）といった特定の気候目標を達成するのに必要な短期の排出反応をプロットしたものだ。図20－4に明確に示されているように、4年遅れるだけで、われわれが打てる手段がこうむる影響は相当なものになる。

結論は単純だ。われわれはいま、緊急に、戦時のような反応で、ヒューマニティが許す限り迅速に、排出量を削減する必要がある。気候変動の最悪の影響を体験してしまわないためには、このアグレッシブな緩和曲線を、生産予定表と成果物をともなう行動計画に落とし込む必要があるのだ。

付録

D もっと詳しく：サンキーフロー図の読み方

本書ではチャートを多用しているが、それは本を売れなくするレシピであると実際に言われてしまった。かなり多くのチャートを巻末に隠してあるのはこのためである。なかでも「サンキー図」というタイプのチャートはずいぶんと引用しているので、ここでその由来と読み方のイントロをやろうと思う。サンキー図は、複雑なことがらについて、全体像と細部を一度に伝えられるエレガントなツールでありながら、理解もわりあいシンプルなものである。

我々が知るようなサンキースタイルのフロー図を最初に描いたのは、シャルル・ジョゼフ・ミナール（Charles Joseph Minard）というフランスのエンジニアである。1845年、彼は鉄道を新規に敷設する経路を示すため、フランスのディジョン〜ミュルーズ間の道路交通の様子を示すフロー図を描いた。そして1869年、彼はそれにより最大の名声を得るこ

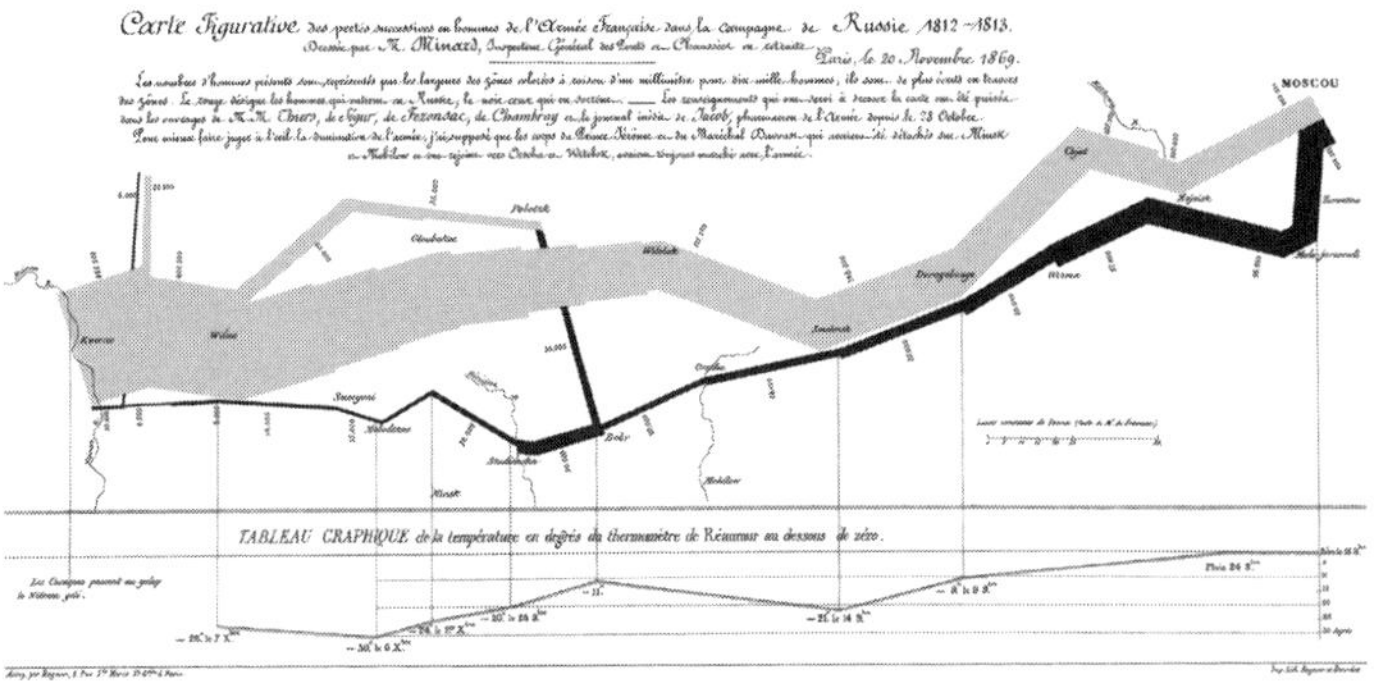

図21-1：ナポレオンの兵力レベルをロシアに侵攻、退却する経路とともに示した、1869年に描かれて今もよく引用される「サンキー」図。
出典: Sandra Rendgen, The Minard System: The Complete Statistical Graphics of Charles-Joseph Minard (Princeton, NJ: Princeton Architectural Press, 2018); from the collection of the École Nationale.

とになるチャートを作成した。ナポレオンのロシア侵攻を、彼の撤退を、そして遠征全体での兵士の損耗を可視化したものだ（図21－1）。

この2次元の帯図は6種類のデータを表示している。ナポレオンの兵力、彼らの進軍した距離、緯度と経度、進行方向、そして各日付における彼らの位置である。

左から太く始まるグレーの線は、その時点で生きている兵士の数に比例したものだ。線が細くなるほど悲劇の度合いが増すということである。モスクワに到達した時点で彼は兵士の2／3を失っていることが示されており、そこからの敗走過程でさらに失っていることは黒い線で示されている。この図は、彼がカウナスに帰還した時点で、422000人の兵力が10000人に減っていたことを示しているのだ。

ミナールがナポレオンの1812～13年ロシア遠征のフロー図を描いた数年後、アイルランドの船長マシュー・ヘンリー・フィニアス・リオール・サンキー（Matthew Henry Phineas Riall Sankey）が、（彼の船の動力であろう）蒸気機関の効率を可視化するフロー図を作成した。これが（後の用法と同じように）エネルギーフローの可視化にサンキー図を利用した最初の例だ。矢印の線の幅は、流れるエネルギーの量に比例している。

この時代には、石炭は外航船の動力の重要な燃料になっていたが、それにはもっともな理由があった。風は常には吹かず、望み通りの方向から吹くことも、そうそうなかったからである。石炭は船の底部に積んでおき、好きなときに掘り出せる。船乗りたちの多くがまだ主として天候と帆のことを気にしていた時代に、サンキーは石炭のエネルギーを加圧水と蒸気に変換される様子を図式化し、その過程でのエネルギーのロスを理解していたのである。

サンキー図がエネルギーの可視化に特に優れているのは、フローのすべての場所で比例関係が保たれているためだ。このことがエネルギー保存則や熱力学の第一法則との相性を良くしているのだ。どちらの法則においても、エネルギーは生成も破壊もされず、ある形態から別の形態に、ただ変換されることが定められている。

フローの中で、エネルギーが失われる場所を見ると、多くは熱になっていることがわかる。これは現代でもサンキー船長の時代でも同様に真である。すべてのエネルギーは、最終的に

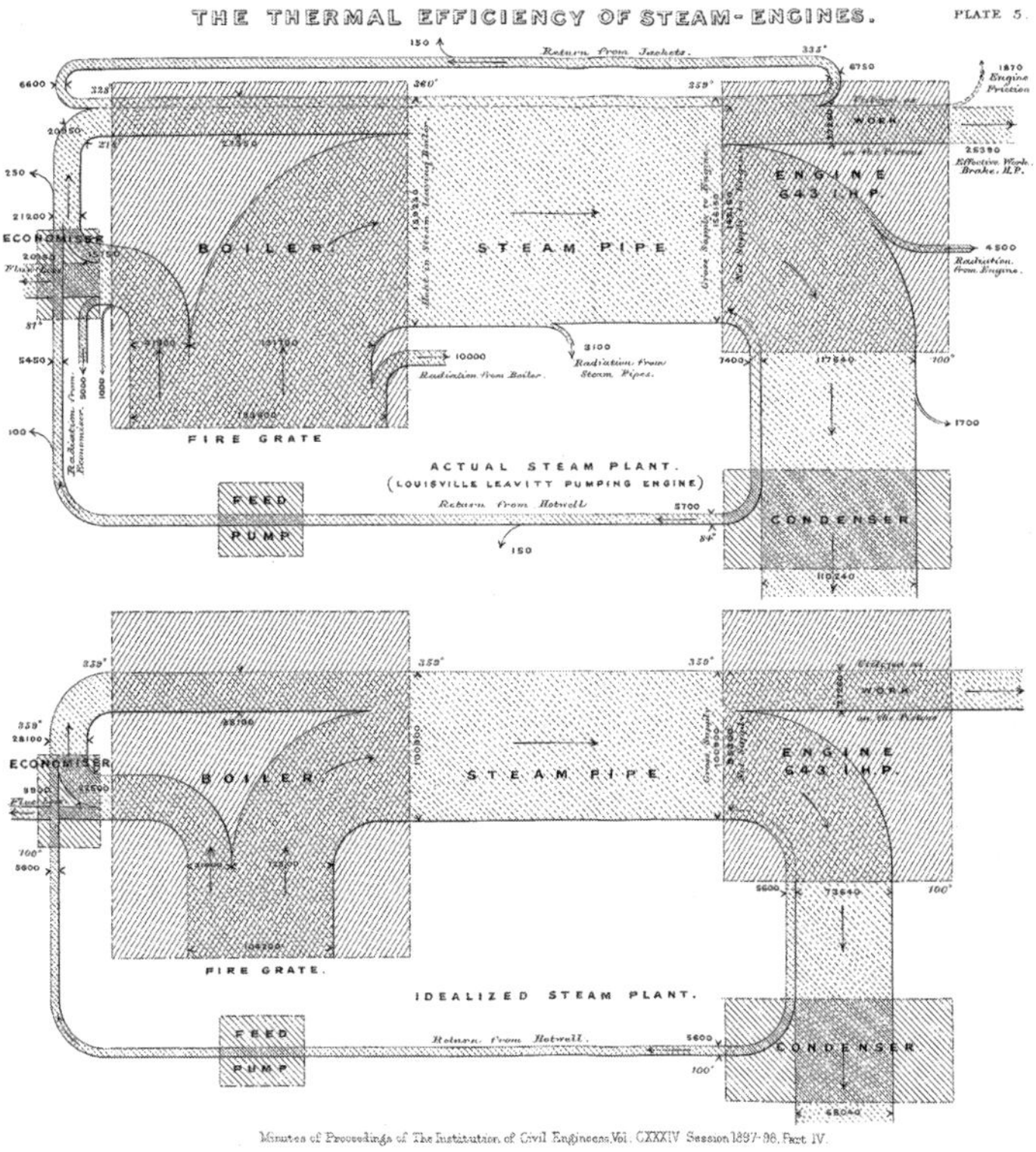

図21-2：サンキー船長による最初のサンキー図。このサンキー図では、石炭エネルギーがボイラーで加圧水及び蒸気に変換され、最後に船舶のスクリューで推進力になるまでの損失の様子が見て取れる。

出典: Alex B. W. Kennedy and H. Riall Sankey, “The Thermal Efficiency of Steam Engines,” Minutes of the Proceedings of the Institution of Civil Engineers 134, part IV (1898): 278–312, doi:10.1680/imotp.1898.19100.

は有用な仕事を取り出せない低グレードの熱になるという、冷徹な運命にあるのだ。宇宙の温度は2・73度K、すなわちマイナス270度C、つまりマイナス455度Fである——どの単位で表現しようが関係なく極寒だ。地球上のすべての排熱は、この宇宙の温度に冷やされながら宇宙空間に放射される運命にある。

本書はかなりの部分をエネルギー予算の話に割いた本だ。エネルギー予算と対比するために、多くの人がある程度理解している家計予算を示したのが、図21－3のアメリカの家計支出のサンキー図である。

この図は左から右に読むようになっている。家計へのインプットは勤労所得や利子収入などだ。これらの流れは総家計予算に流入する。総家計予算は4つの大分類に流れていく。住居費、交通費、食費、そして他のすべてを示す「その他」だ。これらはさらに、ガソリン、外食費、被服費、その他の日常生活での活動といった、細かいお金の使い道に分かれていく。同じデータは図21－4に表の形で示されている。

この平均アメリカ世帯を「消費者単位」と呼ぶ。消費者単位には、家族、独居または家計を別にする他者と同居する個人、家計の多くを分担する2人以上の同居者が含まれている。2019年に、アメリカの消費者単位の税引前の平均収入は78635ドルであった。

世帯総支出の平均は61224ドルである。ここでは4つの大分類への支出が見て取れる。交通費、住居費、食費、その他である。住居費は最大の支出項目だ。光熱費、燃料費、公共サービスには3477ドルが費やされている。エネルギーと家計予算の関連性が、さっそく見て取れるではないか。交通費はもうひとつの大項目だ。この部門の1／3はガソリン代に流れていく。平均世帯では、交通費よりわずかに少なく医療費に、わずかに多く貯蓄や退職資金積立に支出している。教育費はさらに大きく減って1000ドル未満となる。読書支出は年間わずか120ドル程度である。

自分の家計を1ドル単位まで追跡することに血道を上げる方というのをたまに見るが、私もそれと同様に、アメリカ経済や世界経済におけるエネルギーを1ジュール単位まで追跡したいと思っている。サンキー図はこうした分析の役に立つ。目を見開くようなライドをお楽しみいただきたい（開けていられるなら！）。

サンキー図は1970年代前半の石油危機の時代によく使われた。1973年、原子力合同委員会のジャック・ブリッジズ（Jack Bridges）はその卓越した著書『Understanding the National Energy Dilemma（国家的エネルギージレンマを理解する）』でサンキーの仕事を再現し、改良を加えた。米国は石油不足を経験したばかりであり、エネルギー問題への関心は高かった。

同書は非常に革新的だった。現状のエネルギートレンドを示すのにサンキー図を使用しただけでなく、過去の履歴と未来の予測のサンキー図を示すことで、国のエネルギー供給の計画と実践の困難さを伝えたのだ。過去と未来のアメリカのエネルギー消費を立体的にまとめ

図21-3：アメリカ家庭セクターの供給から需要に至るエネルギーの流れ。

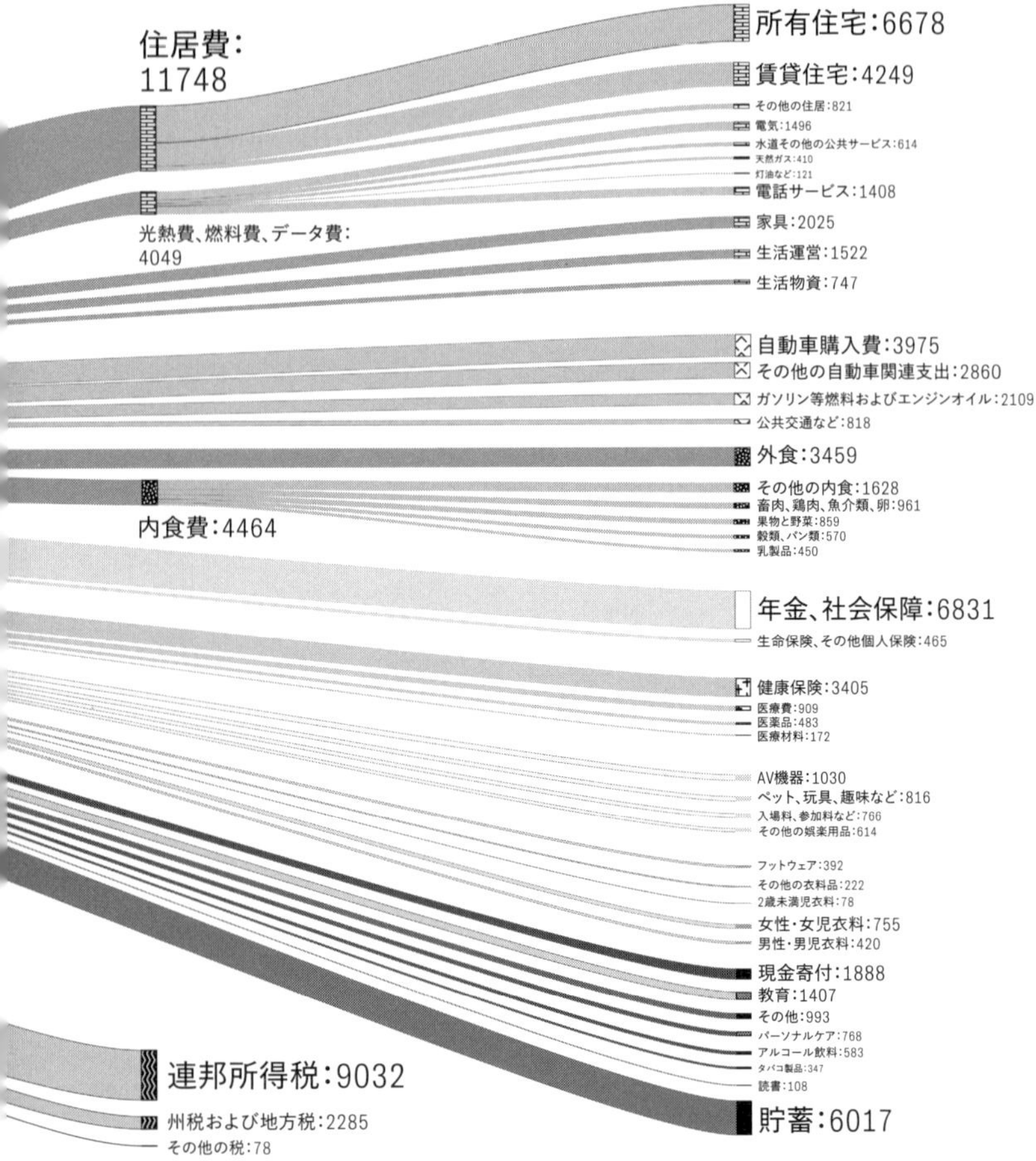
住居費:
11748
光熱費、燃料費、データ費:
4049
内食費:4464
連邦所得税:9032
州税および地方税:2285
その他の税:78
所有住宅:6678
賃貸住宅:4249
その他の住居:821
電気:1496
水道その他の公共サービス:614
天然ガス:410
灯油など:121
電話サービス:1408
家具:2025
生活運営:1522
生活物資:747
自動車購入費:3975
その他の自動車関連支出:2860
ガソリン等燃料およびエンジンオイル:2109
公共交通など:818
外食:3459
その他の内食:1628
畜肉、鶏肉、魚介類、卵:961
果物と野菜:859
穀類、パン類:570
乳製品:450
年金、社会保障:6831
生命保険、その他個人保険:465
健康保険:3405
医療費:909
医薬品:483
医療材料:172
AV機器:1030
ペット、玩具、趣味など:816
入場料、参加料など:766
その他の娯楽用品:614
フットウェア:392
その他の衣料品:222
2歳未満児衣料:78
女性・女児衣料:755
男性・男児衣料:420
現金寄付:1888
教育:1407
その他:993
パーソナルケア:768
アルコール飲料:583
タバコ製品:347
読書:108
貯蓄:6017

アメリカ平均世帯の家計支出
（2019年ドル価値）

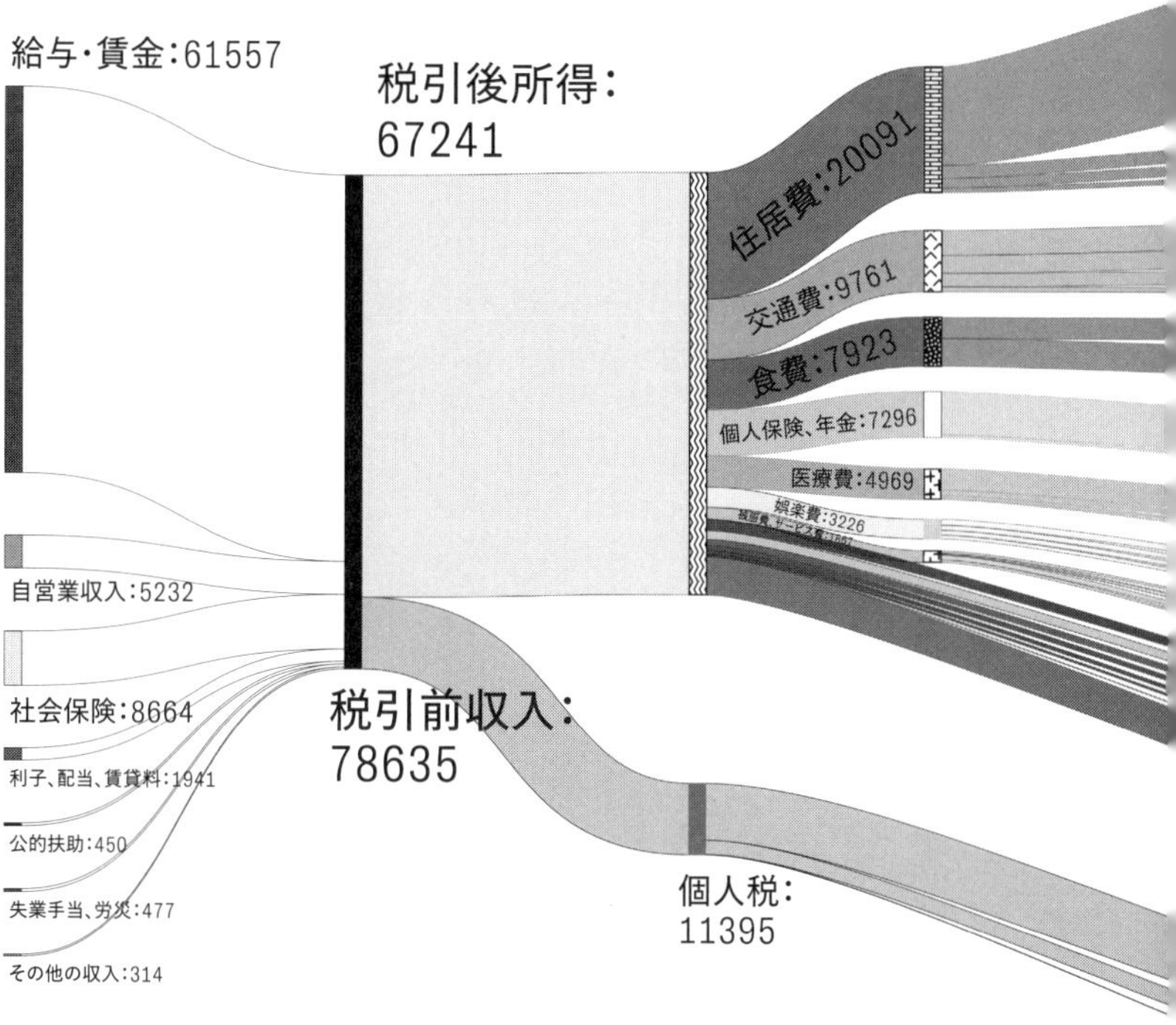

ることを意図して、１９５０年、60年、70年、80年、90年のサンキー図がフルカラーの折り込みで掲載された。急速に増大する総需要は「失われる」エネルギーと「利用される」エネルギーに分けて示されている。失われるエネルギーとは廃熱のことである。

この図が持っていた文脈を、エネルギー状況が激変していた当時の時代背景に身を置いて考えてみよう。当時はアメリカの石油要求の伸びが生産量の伸びを上回り、エネルギーの先行き、成長の余地、そして国家としての未来のすべてが史上初めて地政学と結びついたため、石油危機が大問題になっていた。すべてが混乱しつつあった。電力への欲求はガソリンへのそれに負けず劣らず強烈で、建設可能な場所のすべてに水力発電所を作ろうとしていた。原子力発電は実用化したばかりで、将来への見積もりは過大であり、すでに論争の的ともなっていた。

当時の原子力推進派は、「電気は測るには安すぎるようになる」と言っていたものだった。風力を利用した発電への関心が復活し、最先端にはソーラー建築や太陽熱利用について話しあいはじめた人々がいた。こういったエネルギー環境の変化と石油危機の緊急性により、アメリカと世界のエネルギー供給の未来を可視化し計画するツールの重要性はきわだったものになった。

これらの可視化ツールの背後にあるさまざまな手法は、現在もＥＩＡの年次エネルギーレビュー（ＡＥＲ：Annual Energy Review）やローレンスリバーモア国立研究所（ＬＬＮＬ）によるエネルギー経済年次まとめで使われている。

おそらくもっとも強烈なサンキー図はウェス・ハーマン（Wes Hermann）によるものだろう（図21－4）。この図をハーマンに初めて見せてもらったのは2007年ごろ、彼が私の会社、マカニ・パワーに面接に来たときだ。この面接はすごかったのだが、ウェスがうちに入社することはなかった。入ったのは若い電気自動車会社だった――テスラである。私が風力

項目	2018年支出（ドル）
平均税引前収入	78,635
平均年間支出	61,224
食品	7,923
内食	4,464
外食	3,459
住居	20,091
家屋	11,747
所有住宅	6,678
賃貸住宅	4,249
被服と関連サービス	1,866
交通	9,761
自動車購入	3,975
ガソリンなど燃料及びエンジンオイル	2,109
医療	4,968
健康保険	3,405
娯楽	3,226
パーソナルケア製品と関連サービス	768
教育	1,407
現金寄付	1,888
個人保険と個人年金	7,296
年金と社会保障	6,831
その他の支出	2,030

表21-1：アメリカのすべての消費者単位の平均収入と平均支出（2018）

出典: 米国労働統計局、“Consumer Expenditures—2019,” 2020年9月9日ニュースリリース、https://www.bls.gov/news.release/cesan.nr0.htm

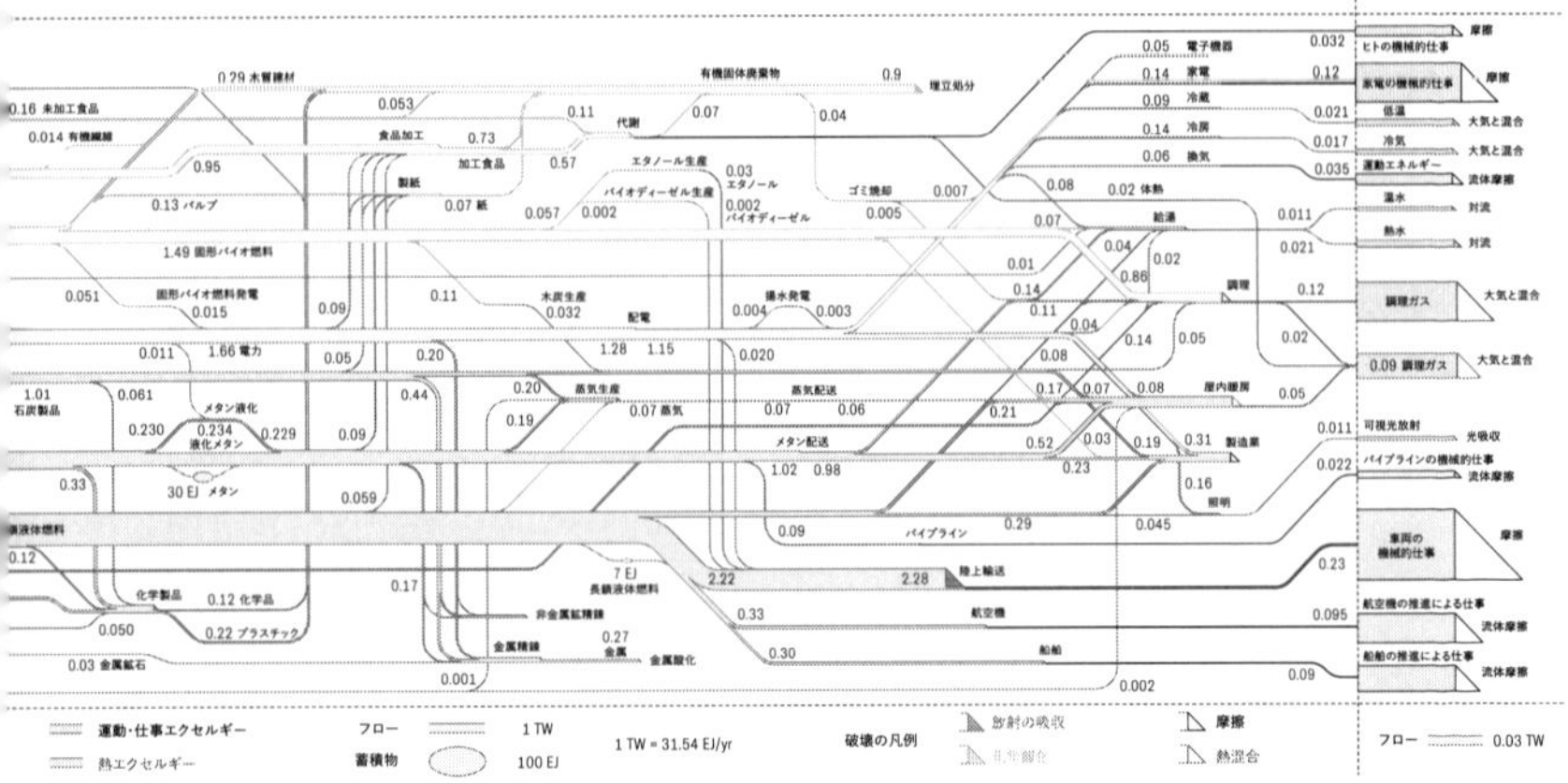

出典：Wes Hermann and A. J. Simon, Global Climate and Energy Project at Stanford University (http:// gcep.stanford.edu), © 2007.

世界におけるエクセルギーの貯蓄、フロー、破壊

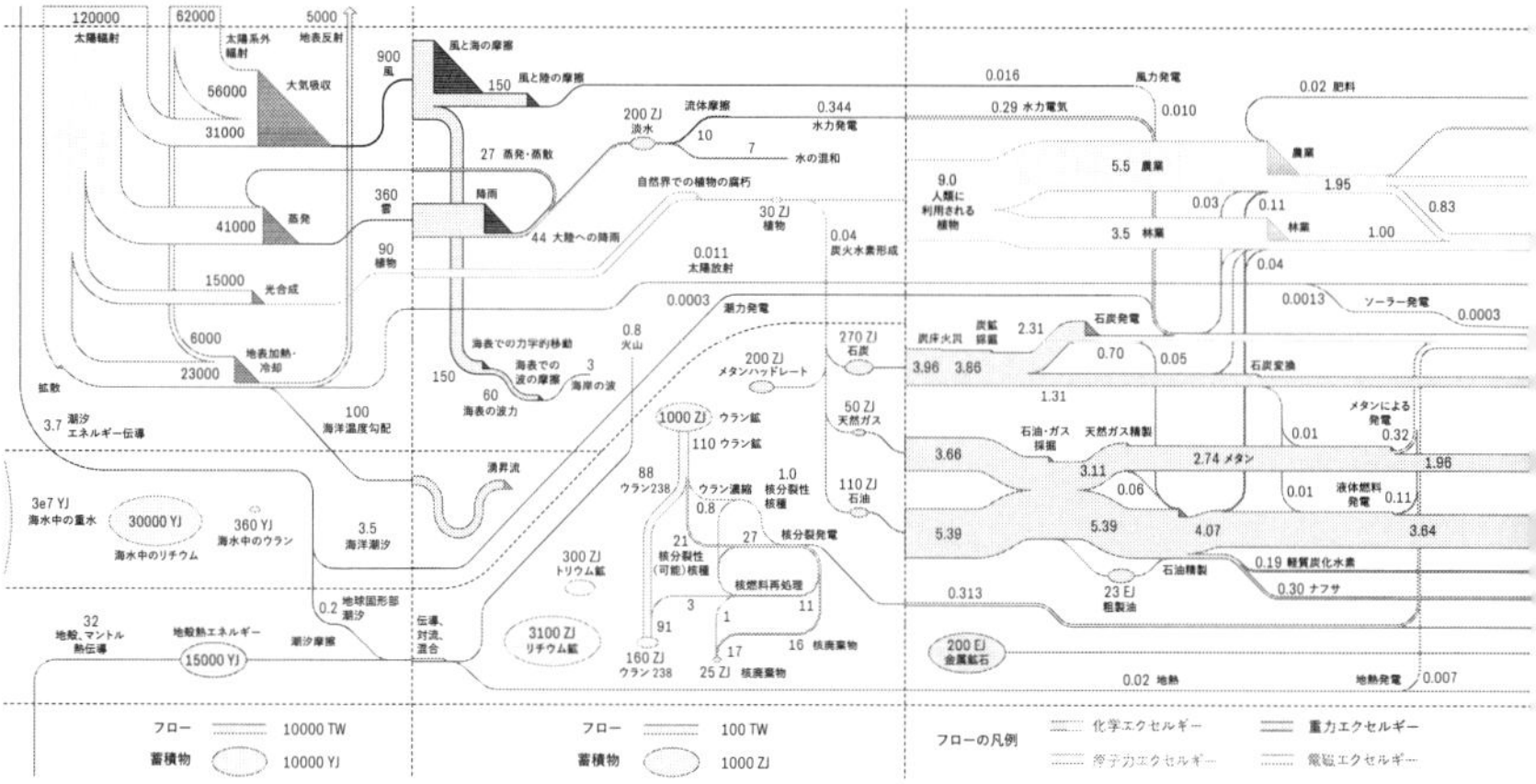

図21-4：ウェス・ハーマンによるエクセルギーおよび炭素のサンキー図。エクセルギー（有効エネルギー）は、エネルギーのうち仕事に変換可能でエネルギーサービスを実行可能な有効部分である。エネルギーが保存されるのに対し、そのエクセルギー部分は変換により失われうる。われわれは資源と呼ばれる自然界に存在し識別可能なエネルギー単体物質の形でエクセルギーを収集する。これらの資源はキャリアと呼ばれる、工場、車両、建物で利用しやすい形式のエネルギーに変換される。この図は生物圏と人類のエネルギー系におけるエクセルギーの流れを追ったものである。エクセルギーの蓄積、相互連絡、変換と、最終的な自然または人為的な破壊の様子を描いている。エクセルギー資源、エクセルギーキャリア、またその利用方法の選択は、環境に影響を及ぼす。利用可能な資源と現状の人類によるエクセルギー利用状況を分析することで、世界の成長し続ける人口と経済が利用可能であるすべてのエネルギー選択肢が定まる。このような視点があれば、利用するエネルギーの削減や、エネルギー利用と環境破壊の切り離しの助けになるだろう。

編注：上のサンキー図については、拡大可能なPDFデータを本書の書籍情報ページ（https://www.oreilly.co.jp/books/9784814400157/）にて公開している。

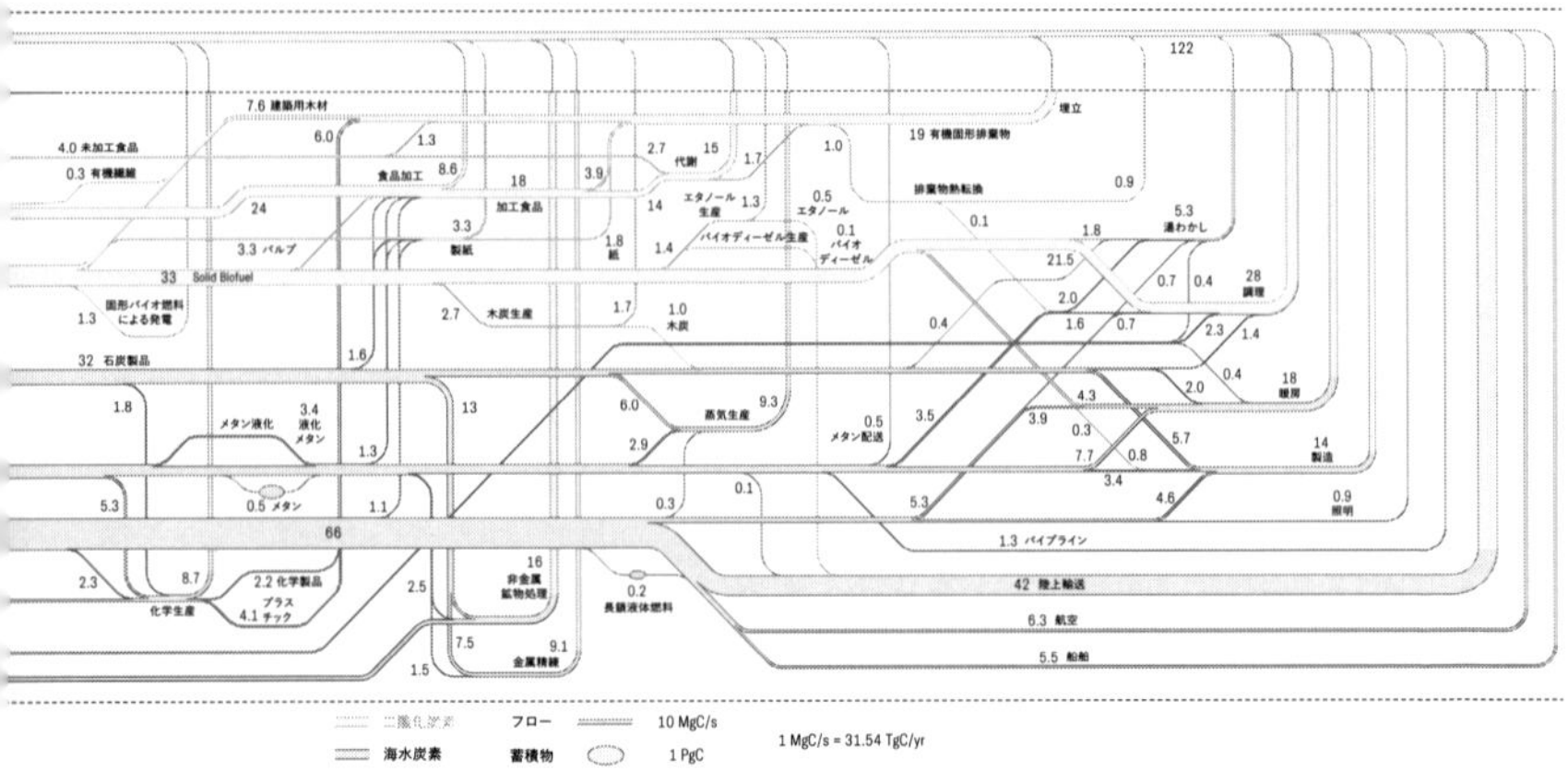

出典: Wes Hermann and A. J. Simon, Global Climate and Energy Project at Stanford University (http:// gcep.stanford.edu), © 2007.

自然と人為の炭素循環

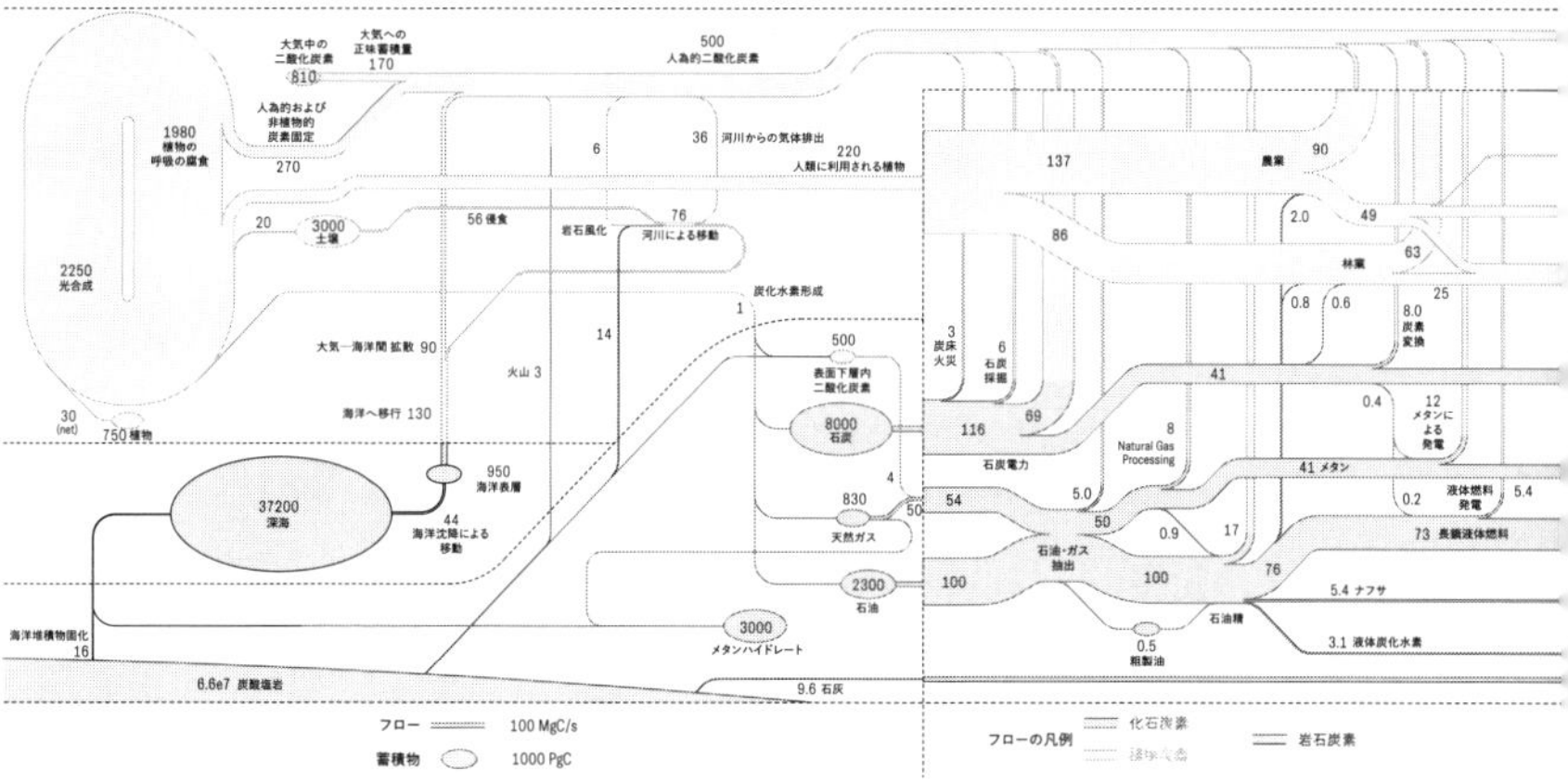

図21-5：ウェス・ハーマンによるエクセルギーおよび炭素のサンキー図。炭素化合物分子は、大量の有用エネルギー、すなわちエクセルギーを溜め込む能力によって、自然界と人間界のエネルギーシステムにおける重要なエネルギー単体となった。人類の化石燃料利用は、自然による炭素隔離をはるかに超えるスピードで、炭素を生物圏に再導入する。この大規模で加速しつつある大気や海洋上層への炭素移動は世界的な環境変化につながりうるし、それはわれわれの生活の質に悪い影響を与えるだろう。この図は地球表面から浅地下、生物圏、人類のエネルギーシステムまでの炭素のフローを追跡する。人為的な二酸化炭素発生につながるエネルギー変換をすべて網羅している。前のグローバルなエクセルギー図と組み合わせることで、化石炭素を必要としない、またそれを大気や海洋表面に蓄積しないようなエネルギーの通り道を、現在のエクセルギー利用や炭素フローと関連づけた形で検討できる。

編注：上のサンキー図については、拡大可能なPDFデータを本書の書籍情報ページ（https://www.oreilly.co.jp/books/9784814400157/）にて公開している。

発電の重要性を言い募りながら、なぜそちらを選んだのかとたずねたところ、彼はシンプルに答えた。「クルマを走らすのにガソリンを燃やすなんて、システム全体から見れば愚かな破壊行為の極みで、電気自動車しかないからですよ。」彼は電気自動車について正しかった。でも、風力だって依然として重要だ。彼がそのサンキー図を作成したのは、スタンフォード大のGlobal Climate and Energy Programの学生としてのことだった。この図を読み解くには私がここで書ける以上の説明が必要だが、示しているのは、地球上のすべての可能なエネルギー源である。化石燃料も含まれているが、すべての可能なエネルギー源から見ると、その割合は非常に小さなものでしかない。他にもたくさんあるのだ。

エネルギー源と利用状況を可視化することで、すべてを電化したときに必要なエネルギー量が、現状よりはるかに少なくなることがわかった。このサンキー図は、カーボンフリーの未来をはっきり見る機会を、われわれに与えてくれたものなのだ。

付録

E　もっと詳しく：自分で探そう

エネルギー情報局（EIA）"Monthly Energy Review"（エネルギー月報）
https://www.eia.gov/totalenergy/data/monthly/

EIA "by Sector Energy Use"（セクター別エネルギー使用状況）
https://www.eia.gov/totalenergy/data/annual/

EIA "Manufacturing Energy Consumption Survey"（製造部門エネルギー消費調査）
https://www.eia.gov/consumption /manufacturing/

EIA "Residential Energy Consumption Survey"（家庭部門エネルギー消費調査）
https://www.eia.gov/consumption/residential/about.php

EIA "Commercial Business Energy Consumption Survey"（商業部門エネルギー消費調査）
https://www.eia.gov/consumption/commercial/about.php

環境保護局（EPA）"Greenhouse Gas Inventory Data Explorer"（温室効果ガス内訳データエクスプローラー）
https://cfpub.epa.gov/ghgdata/inventoryexplorer/

連邦エネルギー管理プログラム（FEMP）
https://energy.gov/eere/femp/federal-energy-management-program

Material Flow Analysis Reporter（物質フロー分析レポーター）
http://www.materialflows.net/visualisation-centre/raw-material-profiles/

オークリッジ国立研究所（ORNL）National Household Transit Survey（全国家庭部門輸送調査）
http://nhts.ornl.gov/

ORNL "Transportation Energy Data Book"（運輸エネルギーデータブック）
http://cta.ornl.gov/data/index.shtml

US Consumer Expenditure Surveys（アメリカ消費者支出調査）
https://www.bls.gov/cex/

米国雇用統計
https://www.bls.gov/ces/

US Unemployment Data（米国失業データ）
https://www.bls.gov/cps/tables.htm

謝辞

本書はたくさんの偉大な人々からの協力と影響を受けている。以下の方々にいただいたインスピレーション、フィードバック、援助に感謝する：マーサ・エイムラム（Martha Amram）、デビッド・ベンズラー（David Benzler）、アルジャン・バルギャバ（Arjun Bhargava）、クレイトン・ボイド（Clayton Boyd）、ダナ・ボイスン（Dane Boysen）、スチュワート・ブランド（Stewart Brand）、スティーブ・チュウ（Steve Chu）、サイモン・クラーク（Simon Clark）、ハンス・フォン・クレム（Hans von Clemm）、リサ・カニンガム（Lisa Cunningham）、ニック・ドラゴッタ（Nick Dragotta）、マーク・デューダ（Mark Duda）、ドリュー・エンディ（Drew Endy）、ジェイコブ・フリードマン（Jacob Friedman）、トッド・ジョルゴパパダコス（Todd Georgopapadakos）、ジェニファー・ジャービー（Jennifer Gerbi）、タッカー・ギルマン（Tucker Gilman）、パメラ・グリフィス（Pamela Griffith）、アーウィン・オライリー・グリフィス（Arwen O'Reilly Griffith）、ロス・グリフィス（Ross Griffith）、セレナ・グリフィス（Selena Griffith）、ブロンテ・グリフィス（Bronte Griffith）、ハックスリー・グリフィス（Huxley Griffith）、ポール・ホークン（Paul Hawken）、ジョアンナ・ファン（Joanne Huang）、クリスティーナ・イゾベル（Christina Isobel）、ナサニエル・ジョンソン（Nathanael Johnson）、アレックス・カウフマン（Alex Kaufman）、ケビン・ケリー（Kevin Kelly）、ジョナサン・クーミー（Jonathan Koomey）、アレックス・ラスキー（Alex Laskey）、エミリー・レスリー（Emily Leslie）、パッティ・ロード（Patti Lord）、ピート・リン（Pete Lynn）、デイヴィッド・J・C・マッケイ（David J. C. MacKay。記憶の中の）、レイラ・メイドローン（Leila Madrone）、デボラ・マーシャル（Deborah Marshall。記憶の中の）、イェロン・ミルグロム＝エルコット（Yaron Milgrom-Elcott）、ティム・ニューウェル（Tim Newell）、ティム・オライリー（Tim O'Reilly）、ジェン・パールカ（Jen Pahlka）、ダン・レクト（Dan Recht）、キルク・フォン・ロール（Kirk von Rohr）、ヴィンス・ロマニン（Vince Romanin）、グウェン・ローズ（Gwen Rose）、ジョエル・ローゼンバーグ（Joel Rosenberg）、ジェイソン・ラガロ（Jason Rugolo）、キャロライン・スピアーズ（Caroline Spears）、ナット・F・C・トーキントン（Nat F. C. Torkington）、ロン・トローナー（Ron Trauner）、ジョージ・ワーナー（George Warner）、ジェイソン・ウェスラー（Jason Wexler）、エリック・ウィルヘルム（Eric Wilhelm）、セス・ズッカーマン（Seth Zuckerman）、アダム・ズロフスキー（Adam Zurofsky）。

そしてサム・カリッシュ（Sam Calisch）とローラ・フレイザー（Laura Fraser）に特別な感謝を。サムはほとんど共著者のようなもので、データの塹壕、無限のスプレッドシートに可視化スクリプト、といったものを切り抜けてくれた。ローラは、サムと私に締切を守る方法を教えてくれたうえ、優れた文法、優れたスペル、そしてちょっとした楽しみと愛を、無味乾燥になりがちなトピックに盛り込むのを助けてくれた。キース・パスコ（Keith Pasko）、ジム・マクブライド（Jim McBride）、そしてプーシャン・パンダ（Pushan Panda）には、データ、数字、LaTeX、グラフィックス、データベース、ウェブスクレイピングを補助してくれただけでなく、エネルギーという巨大な課題を理解した上でそれをしてくれたことに感謝する。最後にMIT時代の恩師であるニール・ガーシェンフィールドに感謝を。彼はMIT Pressと、本書を受けてくれたそのスタッフに紹介してくれただけでなく、一緒に働いて楽しく、しかも辛抱強くいてくれた（私の好きな単語には「イキ（訂正をやめて原文を生かす）」が新しく加わった）。巧みな編集で本書を大きく改良してくれたベス・クレベンジャー（Beth Clevenger）に。信じられないほど鋭い目を持つ校正編集者のウィル・マイヤーズ（Will Myers）とヴァージニア・クロスマン（Virginia Crossman）に。そしてアンソニー・ザニオ（Anthony Zannino）、ショーン・ライリー（Sean Reilly）、デザイナーのマージ・エンコミアンダ（Marge Encomienda）、ジャネット・ロッシ（Janet Rossi）、広報のヘザー・ゴス（Heather Goss）、そのほかこの原稿に関わってくれたすべての人に心からの謝意を。

原注

1章

1 World Resources Institute, "World Greenhouse Gas Emissions: 2016,（「世界の温室効果ガス排出：２０１６」）" February 2020, https://www.wri.org/resources/data-visualizations/world-greenhouse-gas-emissions -2016.

2章

1 PewResearch Center, *Americans, Politics, and Science Issues,* July 1, 2015, 89, https://www.pewresearch.org/internet/wp-content/uploads/sites/9/2015/07/2015-07-01_science-and-politics_FINAL-1.pdf.

2 Paige Hanley, "Pope Demands Action for Failing Fight against Climate Change,（「教皇、失敗しつつある気候変動対策への行動を要望」）" Catholic News Service, December 4, 2019, https://www.catholicnews.com/pope-demands-action-for-failing-fight-against-climate-change/.

3 Jim Tolbert, "Republicans Came to the Table on Climate This Year,（「今年の共和党は気候問題に取り組み始めた」）" The Hill, December 30, 2019, https://thehill.com/blogs/congress-blog/energy-environment/476210-republicans-came-to-the-table-on-climate-this-year.

4 Andrew Rafferty and Ellen Rolfes, "How Young Conservatives Hope to Make Climate a GOP Issue,（「保守派の若者は気候問題を共和党の課題にすることをどの程度望んでいるか」）" Newsy, September 4, 2019, https://www.newsy.com/stories/how-conservatives-are-trying-to-make-climate-a-gop-issue/.

5 Pew Research Center, *US Public Views on Climate and Energy,*

November 25, 2019, 2, https://www.pewresearch.org/science/wp-content/uploads/sites/16/2019/11 /Climate-Energy-REPORT-11-22-19-FINAL-for-web-1.pdf.

6 Jeff McMahon, "Former UN Climate Chief Calls for Civil Disobedience,（「元国連気候総長、市民的不服従を呼びかける」）" *Forbes*, February 24, 2020, https://www.forbes.com/sites/jeffmcmahon/2020/02/24/former-un-climate-chief-calls-for-civil-disobedience/.

7 Cara Buckley, "Jane Fonda at 81, Proudly Protesting and Going to Jail,（「ジェーン・フォンダ81歳、堂々と抗議し刑務所へ」）" *New York Times*, November 3, 2019, https://www.nytimes.com/2019/11/03/arts/television/04jane-fonda-arrest-protest.html.

8 Frederica Perera, "Pollution from Fossil-Fuel Combustion is the Leading Environmental Threat to Global Pediatric Health and Equity: Solutions Exist,（「化石燃料燃焼による汚染は世界の小児の健康と公平を脅かす主要な環境脅威：解決法が存在」）" *International Journal of Environmental Research and Public Health* 15, no. 1 (January 2018): 16, https://www.ncbi.nlm.nih.gov/pmc/articles/PMC5800116/.

9 Paris Agreement, Chapter XXVII, 7.d., United Nations Treaty Collection, December, 12, 2015, https://unfccc.int/sites/default/files/english_paris_agreement.pdf.

10 Intergovernmental Panel on Climate Change, *Global Warming of 1.5°C*, retrieved October 7, 2018, https://www.ipcc.ch/sr15/.

11 Intergovernmental Panel on Climate Change, *Global Warming of 1.5°C*.

12 Kurt Zenz House et al., "Economic and Energetic Analysis of Capturing CO_2 from Ambient Air,（「大気CO_2捕獲の経済・エネルギー分析」）" *Proceedings of the National Academy of Sciences* 108, no. 51 (December 20, 2011), https://doi.org/10.1073/pnas.1012253108.

13 Timothy N. Lenton, "Climate Tipping Points——Too Risky to Bet Against,（「気候のティッピングポイント——逆張りはリスクが高すぎる」）" *Nature*, November 27, 2019, https://www.nature.com/articles/d41586-019-03595-0.

14 Michaela D. King et al., "Dynamic Ice Loss from the Greenland Ice Sheet Driven by Sustained Glacier Retreat,（「氷河の持続的後退によるグリーンランド氷床の動的な氷消失」）" *Communications Earth and Environment* 1, no. 1 (August 2020), https://doi.org/10.1038/s43247-020-0001-2.

15 Zeke Hausfather, "UNEP: 1.5C Climate Target 'Slipping out of Reach,'（「UNEPいわく、1・5℃気候目標には「手が届かなくなりつつある」」）" Carbon Brief, November 26, 2019, https://www.carbonbrief.org/unep-1-5c-climate-target -slipping-out-of-reach.

16 Robbie Andrew, "It's Getting Harder and Harder to Limit Ourselves to 2°C,（「2℃に抑えることは難しくなりつつあ

る」)" Desdemona Despair, April 23, 2020, https://desdemonadespair.net/2019/08/its-getting-harder-and-harder-to-limit-global-warming-to-2c-it-is-partly-this-hope-in-future-technologies-that-delays-action.html.

17 Johan Rockström et al., "A Roadmap for Rapid Decarbonization, (「高速脱炭素ロードマップ」)" *Science* 355, no. 6,331 (March 24, 2017): 1,269.

18 Dan Tong et al., "Committed Emissions from Existing Energy Infrastructure Jeopardize 1.5°C Climate Target, (「既存のエネルギーインフラからの約束された排出量が1・5℃気候目標を危うくしている」)" *Nature* 572, no. 7,769 (August 2019): 373–377, https://www.nature.com/articles/s41586-019-1364-3.

19 "In 2018, 66% of New Electricity Generation Capacity Was Renewable, Price of Batteries Dropped 35%, (「2018年、新電力容量の66%は再生可能エネルギーに。電池価格は35%下落」)" *SDG Knowledge Hub* (blog), "International Institute for Sustainable Development, April 9, 2019, https://sdg.iisd.org/news/in-2018-66-of-new-electricity-generation-capacity-was-ren.

20 National Association of Home Builders and Bank of America Home Equity, *Study of Life Expectancy of Home Components* (「住宅構成部材の寿命に関する研究」), February 2007, https://www.interstatebrick.com/sites/default/files/library/nahb20study20of20life20expectancy20of20home20 components.pdf; "By the Numbers: How Long Will Your Appliances Last?It Depends, (「数字で見る：家電製品の寿命は？ 答え：場合によります』)" *Consumer Reports*, March 21, 2009, https://www.consumerreports.org/cro/news/2009/03/by-the-numbers-how-long-will-your-appliances-last-it-depends/index.htm.

3章

1 Dayton Duncan and Ken Burns, *The National Parks: America's Best Idea, An Illustrated History* (『国立公園：アメリカの最高のアイデア。その歴史図解』) (New York: Alfred A. Knopf, 2009).

2 National Park Service, "100th Anniversary of President Theodore Roosevelt and Naturalist John Muir's Visit at Yosemite National Park, (「セオドア・ルーズベルト大統領とジョン・ミューアのヨセミテ国立公園訪問100周年」)" news release, May 13, 2003, quoted in National Park Service, "John Muir," https://www.nps.gov/jomu/learn /historyculture/people.htm.

3 Michelle Mock, "The Electric Home and Farm Authority, 'Model T Appliances,' and the Modernization of the Home Kitchen in the South, (「家庭農場電化局、「T型家電」と南部の住宅キッチンの近代化」)" *The Journal of Southern History* 80, no. 1 (February 2014): 73–108, https://www.jst

or.org/stable/23796844.

4 US Department of Energy, "FY 2020 Budget Request Fact Sheet,（「2020年度予算要求ファクトシート」）" March 11, 2019, https://www.energy.gov/articles/department-energy-fy-2020-budget-request-fact-sheet.

5 Centers for Disease Control and Prevention, "History of the Surgeon General's Reports on Smoking and Health,（「喫煙と健康に関する公衆衛生総局長官報告書の歴史」）" November 15, 2019, https://www.cdc.gov/tobacco/data_statistics/sgr/history/index.htm.

6 Theodore R. Holford et al., "Tobacco Control and the Reduction in Smoking- Related Premature Deaths in the United States, 1964–2012,（「米国のタバコ規制と喫煙関連早期死の減少（1964〜2012年）」）" JAMA 311, no. 2 (2014): 164–171, https://doi.org/10.1001/jama.2013.285112.

7 World Health Organization, "Health Benefits Far Outweigh the Costs of Meeting Climate Change Goals,（「気候変動目標達成のコストをはるかに上回る健康メリット」）" news release, December 5, 2018, https://www.who.int /news/item/05-12-2018-health-benefits-far-outweigh-the-costs-of-meeting-climate -change-goals.

8 US Environmental Protection Agency, "Climate Impacts on Human Health,（「ヒトの健康への気候影響」）" January 19, 2017, https://19january2017snapshot.epa.gov/climate-impacts/climate-impacts-human-health_.html.

9 "Montreal Protocol,（「モントリオール議定書」）" Wikipedia, https://en.wikipedia.org/wiki/Montreal_Protocol.

10 J. Maxwell and F. Briscoe, "There's Money in the Air: The CFC Ban and DuPont's Regulatory Strategy,（「空気の中にカネがある：フロン類の使用禁止とデュポンの規制戦略」）" *Business Strategy and the Environment* 6, no. 5 (January 1997): 276–286, https://doi.org/10.1002/(SICI)1099-0836(199711)6:5<276::AID-BSE123> 3.0.CO;2-A.

11 Chandra Bhushan, "A Monopoly Like None Other,（「類を見ぬほどの独占」）" Down to Earth, April 20, 2016, https://www.downtoearth.org.in/blog/climate-change/a-monopoly-like-none-other-53610.

12 Sharon Lerner, "How a DuPont Spinoff Lobbied the EPA to Stave Off the Use of Environmentally-Friendly Coolants,（「デュポンのスピンオフ企業が環境保護庁に働きかけて環境に優しい冷媒の使用を抑えた事例」）" *The Intercept*, August 25, 2018, https:// theintercept.com/2018/08/25/chemours-epa-coolant-refrigerant-dupont/.

4章

1 US Congress Joint Committee on Atomic Energy, *Understanding the "National Energy Dilemma*（「我が国のエネル

ギージレンマ」)" (Washington: The Center for Strategic and International Studies, 1973).
2 A. L. Austin and S. D. Winter, *US Energy Flow Charts for 1950, 1960, 1970, 1980 and 1990*(『１９５０、１９６０、１９７０、１９８０、１９９０年の米国エネルギーフロー図』)(Livermore, CA: Lawrence Livermore National Laboratory, 1973).
3 US Energy Information Administration, Manufacturing Energy Consumption Survey (MECS) 2014(「製造部門エネルギー消費実態調査(MECS)２０１４年版」), September 6, 2018, https://www.eia.gov/consumption/manu facturing/data/2018/.
4 US Energy Information Administration, Residential Energy Consumption Survey (RECS) 2015(「家庭部門エネルギー消費実態調査(RECS)２０１５年版」), https://www.eia.gov/consumption/residential/.https://www.eia.gov/con sumption/residential/.
5 US Energy Information Administration, Commercial Buildings Energy Consump tion Survey (CBECS) 2012(「商業ビルエネルギー消費実態調査(CBECS)２０１２年版」), https://www.eia.gov/consumption/commercial/data/2012/.
6 US Department of Transportation, National Household Travel Survey, 2017(「全米家計交通調査２０１７年」), https://nhts.ornl.gov/.
7 Office of NEPA Policy and Compliance, US Department of Energy, *An Open-Source Tool for Visualizing Energy Data to Identify Opportunities, Inform Policy, and Increase Energy Literacy*(「エネルギーデータを可視化し、機会を特定し、政策に反映させ、エネルギーリテラシーを向上させるオープンソースツール」), Advanced Research Projects Agency (DOE), n.d., Project Grant DEAR0000853, https://www.energy.gov/nepa/downloads/cx-016689-open-source-tool-visualizing-energy-data-identify-opportunities-inform.
8 Eric Masanet et al., "Recalibrating Global Data Center Energy-Use Estimates,(「世界のデータセンターのエネルギー使用量推計を見直す」)" *Science* 367, no. 6,481 (February 28, 2020): 984–986.

5章

1 US Environmental Protection Agency, "Evolution of the Clean Air Act,(「大気汚染防止法の変遷」)" https://www.epa.gov/clean-air-act-overview/evolution-clean-air-act.
2 An Act to Amend the Federal Water Pollution Control Act(連邦水質汚濁防止法の１部改正案), Pub. L. No. 92-500, October 18, 1972.
3 Edward Cowan, "President Urges 65° as Top Heat in Homes to Ease Energy Crisis(「大統領、エネルギー危機緩和のため家庭での設定温度を65度までとするよう要

請」)," *New York Times*, January 22, 1977, https://www.nytimes.com/1977/01/22 /archives/president-urges-65-as-top-heat-in-homes-to-ease-energy-crisis-cites.html; "Transcript of Nixon's Speech on Energy Situation,（「エネルギー情勢に関するニクソン大統領の演説記録」）" *New York Times*, January 20, 1974: 36, https://timesmachine.nytimes.com/timesmachine/1974/01/20/93255285 .html?pageNumber=36.

6章

1 US Department of Energy, *2016 Billion-Ton Report: Advancing Domestic Resources for a Thriving Bioeconomy*（「２０１６年版 10億トンレポート：活況を呈すバイオ経済に向けた国内資源の高度化」）, Volume I, July 2016, https://www.energy.gov/sites/prod /files/2016/12/f34/2016_billion_ton_report_12.2.16_0.pdf.

2 Paul E. Brockway et al., "Estimation of Global Final-Stage Energy-Return-on-Investment for Fossil Fuels with Comparison to Renewable Energy Sources,（「世界における化石燃料の最終段エネルギー投資回収率の推計と再生可能エネルギーとの比較」）" *Nature Energy* 4 (July 2019): 612–621, https://www.nature.com/articles/s41560-019-0425-z.

7章

1 David J. C. MacKay, *Sustainable Energy——Without the Hot Air*（『持続可能なエネルギー —— 空騒ぎに熱くなることなく』）(Cambridge, UK: UIT Cambridge, 2009), 33.

2 US Department of Agriculture, "Feedgrains Sector at a Glance,（「ひと目でわかる飼料穀物」）" October 23, 2020, https://www.ers.usda.gov/topics/crops/corn-and-other-feedgrains/feedgrains-sector -at-a-glance/.

3 S. De Stercke, *Dynamics of Energy Systems: A Useful Perspective*（「エネルギーシステムの動態：有益な観点」）, IIASA Interim Report No. IR-14-013 (Laxenburg, Austria: International Institute for Applied Sys- tems Analysis, 2014).

4 Steve Hanley, "New Mark Z. Jacobson Study Draws A Roadmap To 100% Renewable Energy（「１００％再生可能エネルギーへのロードマップを描き出したマーク・Z・ジェイコブソンの新研究」）," CleanTechnica, February 8, 2018, https://cleantechnica.com /2018/02/08/new-jacobson-study-draws-road-map-100-renewable-energy/.

5 Mark Z. Jacobson et al., "Low-Cost Solution to the Grid Reliability Problem with 100% Penetration of Intermittent Wind, Water, and Solar for All Purposes（「間欠性電源である風力、水力、ソーラーの全用途１００％普及という送電網信頼性問題への低コストソリューション」）," *Proceedings of the National Academy of Sciences* 112, no. 49

(December 8, 2015): 15,060– 15,065, https://www.pnas.org/content/112/49/15060.

6 Christopher T. M. Clack et al., “Evaluation of a Proposal for Reliable Low-Cost Grid Power with 100% Wind, Water, and Solar（「風力、水力、ソーラー100%によるローコスト高信頼送電網の提案を評価する」）,” *Proceedings of the National Academy of Sciences* 114, no. 26 (June 27, 2017): 6,722–6,727, https://www.pnas.org /content/114/26/6722.

7 Mark Z. Jacobson et al., “The United States Can Keep the Grid Stable at Low Cost with 100% Clean, Renewable Energy in All Sectors Despite Inaccurate Claims（「不正確な主張に反し合衆国はクリーンな再生可能エネルギーを全部門に100%採用して低コストな系統安定を得られること」）,” *Proceedings of the National Academy of Sciences* 114, no. 26 (June 27, 2017): 6,722–6,727, https://www.pnas.org/content/114/26/6722.

8 *Response to Jacobson et al.* (June 2017)（「Jacobson et al.への返答（2017年6月）」）, Dr. Staffan Qvist, https://www.vibrant cleanenergy.com/wp-content/uploads/2017/06/ReplyResponse.pdf.

9 National Renewable Energy Laboratory, *Renewable Electricity Futures Study Volume 1: Exploration of High-Penetration Renewable Electricity Futures*（「再生可能電源の将来研究第1巻：高普及再生可能電源の検討」）, US Department of Energy, 2012, https://www.nrel.gov/docs/fy12osti/52409-1.pdf.

10 Steve Fetter, “How Long Will the World’s Uranium Supplies Last?（「世界のウラン供給はいつまで続くのか」）,” *Scientific American*, January 26, 2009, https://www.scientificamerican.com/article/how-long -will-global-uranium-deposits-last/.

11 Thomas Wellock, “‘Too Cheap to Meter’: A History of the Phrase（「言い回しの歴史：測るには安すぎる」）,” US Nuclear Regulatory Commission Blog, June 3, 2016, https://public-blog.nrc-gateway.gov/2016 /06/03/too-cheap-to-meter-a-history-of-the-phrase/.

12 Mark Diesendorf, “Dispelling the Nuclear Baseload Myth: Nothing Renewables Can’t Do Better（「原発ベースロードの呪縛を解く：どの再生可能エネルギーでもベターにやれないことはない」）,” *Energy Post*, March 23, 2016, https://energypost.eu/dispelling-nuclear-baseload-myth-nothing-renewables-cant-better/.

13 “Watts Bar Nuclear Plant（「ワッツバー原子力発電所」）,” Wikipedia, https://en.wikipedia.org/wiki/Watts_Bar_Nuclear_Plant.

14 US Energy Information Agency, “Nuclear Explained: US Nuclear Industry（「解説 原子力：アメリカの原子力産業」）,” April 15, 2020, https://www.eia.gov/energyexplained/nuclear/us-nuclear-industry.php.

15 Office of Energy Efficiency and Renewable Energy, “Solar Energy Technologies Office Fiscal Year 2019 Funding

Program（「太陽エネルギー技術室 ２０１９年度 助成プログラム」），” US Department of Energy, 2019, https://eere-exchange.energy.gov/FileContent.aspx?FileID=d2f56f78-decb-4cc1-9a88 -0f6241708508.

8章

1 Kevin Ridder, “The Problem with Monopoly Utilities（「電力独占の弊害」），” *The Appalachian Voice*, October 17, 2018, https://appvoices.org/2018/10/17/the-problem-with-monopoly -utilities/.

2 “Hills Hoist（「ヒルズホイスト」），” Wikipedia, https://en.wikipedia.org/wiki/Hills_Hoist.

3 US Energy Information Administration, “Figure 2.1: Energy Consumption by Sector（図２・１：部門別エネルギー消費），” *Monthly Energy Review*, February 2021, https://www.eia.gov/totalenergy/data /monthly/pdf/sec2_2.pdf.

4 “Underground Natural Gas Storage（「天然ガス地下貯留」），” Energy Infrastructure, 2020, https://energy infrastructure.org/energy-101/natural-gas-storage.

5 US Energy Information Administration,“Table 6.3 : Coal Stocks by Sector,”*Monthly Energy Review*, February 2021（「月間エネルギーレビュー ２０２１年２月」）, https://www.eia.gov/totalenergy/data/monthly/pdf /sec6_5.pdf; “Coal Stockpiles at US Coal Power Plants Were at Their Lowest Point in Over a Decade（「米国の石炭発電所における石炭備蓄量が過去10年以上で最低水準に」），” *Today in Energy* (blog), US Energy Information Administration, May 27, 2019, https://www.eia.gov/todayinenergy/detail.php?id=39512.

6 NoahKittner, Felix Lill, and Daniel M. Kammen, “Energy Storage Deployment and Innovation for the Clean Energy Transition（「クリーンエネルギー転換のためのエネルギー貯蔵施設の展開とイノベーション」），” *Nature Energy* 2, no. 17,125 (July 31, 2017), https://escholarship.org/content/qt62d4075g/qt62d4075g_noSplash_c77f50aad68d476a1432e17518430dac.pdf; Logan Goldie-Scot, “A Behind the Scenes Take on Lithium-ion Battery Prices（「リチウムイオン電池価格の舞台裏」），” BloombergNEF, March 5, 2019, https://about.bnef .com/blog/behind-scenes-take-lithium-ion-battery-prices/.

7 MacKay, *Sustainable Energy*, 153.

8 Office of Energy Efficiency and Renewable Energy, “Energy Analysis, Data, and Reports: Manufacturing Energy Bandwidth Studies（「エネルギー分析、データ、レポート：製造業のエネルギー帯域幅調査」），” US Department of Energy, 2013, https://www.energy.gov/eere/amo/energy-analysis-data-and-reports.

9 “Atlas of 100% Renewable Energy（「再生可能エネルギー１００％への地図帳」），” Wärtsilä, 2020, https://www.wartsila.com/energy/towards-100-renewable-energy/atlas-of-

100-percent-renewable-energy#/.

10 US Energy Information Administration, "Table 10.1: Renewable Energy Production and Consumption by Source（表10・1：再生可能エネルギーの生産・消費量（供給源別）," *Monthly Energy Review*, February 2021, https://www.eia.gov/totalenergy/data/monthly/pdf/sec10_3.pdf.

10章

1 *Lazard's Levelized Cost of Energy Analysis*（ラザードによる平準化エネルギーコスト分析）, Version 13, Lazard, November 7, 2019, https://www.lazard.com/perspective/lcoe2019.

2 Office of Energy Efficiency and Renewable Energy, "Soft Costs（ソフトコスト）," US Department of Energy, 2020, https://www.energy.gov/eere/solar/soft-costs.

3 Edward Rubin et al., "A Review of Learning Rates for Electricity Supply Technologies（「電力供給技術の学習率の展望」）," Energy Policy 86 (November 2015): 198–218, https://www.cmu.edu/epp/iecm/rubin/PDF%20files/2015/A%20review%20of%20learning%20rates%20for%20electricity%20supply%20technologies.pdf.

4 T. P. Wright, "Factors Affecting the Cost of Airplanes（「航空機コストへの影響要因」）," *Journal of Aeronautical Sciences* 3, no. 4 (February 1936), https://arc.aiaa.org/doi/10.2514/8.155.

5 Gordon E. Moore, "Cramming More Components onto Integrated Circuits（「集積回路の内蔵部品数を増やしていくこと」）," *Electronics*, April 19, 1965, 114–117.

6 Béla Nagy et al., "Statistical Basis for Predicting Technological Progress（「技術進歩予測の統計的根拠」）," *PLOS One* 8, no. 2 (February 23, 2013): e52,669, https://journals.plos.org/plosone/article ?id=10.1371/journal.pone.0052669.

7 Rubin, "A Review of Learning Rates," 198–218.

8 "Sunny Uplands（「日の当たる高地」）," *The Economist*, November 21,2012, https://www.economist.com/news/2012/11/21/sunny-uplands.

9 Nancy M. Haegeletal., "Terawatt-Scale Photovoltaics: Trajectories and Challenges（「テラワット規模の太陽電池：予測と課題」）," *Science* 356, no. 6,334 (April 14, 2017): 141–143, https://science.sciencemag.org/content/356/6334/141.summary.

10 International Renewable Energy Agency, "Renewable Energy Now Accounts for a Third of Global Power Capacity（「世界給電量の1/3を占めるようになった再生可能発電」）," news release, April 2, 2019, https://www .irena.org/newsroom/pressreleases/2019/Apr/Renewable-Energy-Now-Accounts-for -a-Third-of-Global-Power-Capacity.

11 数字は世界人口成長や生活レベルごとのパーセンテージ

により異なる。De Stercke, *Dynamics of Energy Systems*（「エネルギーシステムの動態」）.

11章

1 Saul Griffith and Sam Calisch, “No Place Like Home: Fighting Climate Change (and Saving Money) by Electrifying America’s Households（「我が家が最高：アメリカの家庭を電化して気候変動と戦う（節約もする）」）,” Rewiring America, October 2020, https://www.rewiringamerica.org/household-savings-report.

2 US Bureau of Labor Statistics, “Consumer Expenditure Surveys: State-Level Expenditure Tables by Income（「消費者支出調査：州レベルの所得別支出表」）,” 2020, https://www.bls.gov/cex/csxresearchtables.htm.

3 US Energy Information Administration, “State Energy Data System (SEDS): 1960–2018 (complete)（「州エネルギーデータシステム（SEDS）：１９６０～２０１８年（完全版）」）,” 2020, https://www.eia.gov/state/seds/seds-data-complete.php.

4 Office of Energy Efficiency and Renewable Energy, “Find and Compare Cars: 2020 Honda Civic 4Dr（「自動車の検索比較：２０２０年ホンダシビック４ドア」）,” US Department of Energy, https://www.fueleconomy.gov /feg/noframes/42150.shtml.

5 Office of Energy Efficiency and Renewable Energy, “Find and Compare Cars: 2019 BMW 540i（「自動車の検索比較：２０１９年BMW 540i」）”, US Department of Energy, https://www.fueleconomy.gov/feg /noframes/40477.shtml.

6 Office of Energy Efficiency and Renewable Energy, “Find and Compare Cars: 2019 Chevrolet Silverado LD C15 2WD（「自動車の検索比較：２０１９年 シボレーシルバラードLD C15 2WD」）,” US Department of Energy, https://www .fueleconomy.gov/feg/noframes/40258.shtml.

7 National Renewable Energy Laboratory, “Typical Meteorological Year (TMY)（「標準気象年（TMY）」）,” National Solar Radiation Database, https://nsrdb.nrel.gov/about/tmy.html.

8 Sanden Water Heater, “Sanden SANCO2: Heat Pump Water Heater Technical Information（「サンデンSANCO2：ヒートポンプ給湯器技術情報」）,” Sanden Water Heater, October 2017.

9 Office of Energy Efficiency & Renewable Energy (EERE), “Commercial and Residential Hourly Load Profiles for all TMY3 Locations in the United States（「アメリカ国内全ＴＭＹ３地点の商業・住宅用時間帯別負荷プロファイル」）,” US Department of Energy, last updated July 2, 2013, https://openei.org/doe-opendata/dataset/commercial-and-residential-hourly-load-profiles-for-all-tmy3-locations-in-the-united-states.

10 Heather Lammers, "News Release: NREL Raises Rooftop Photovoltaic Technical Potential Estimate(「ニュースリリース：米国再生可能エネルギー研究所、屋根上太陽光発電の技術ポテンシャルの推定値を引き上げ」)," *National Renewable Energy Laboratory*, March 24, 2016, https://www.nrel.gov/news/press/2016/24662.html.

12章

1 "Home Owners' Loan Act (1933)(「住宅所有者融資法(1933年)」)," The Living New Deal, 2020, https://livingnew deal.org/glossary/home-owners-loan-act-1933/.

2 Mock, "The Electric Home and Farm Authority."

13章

1 James McKellar, "Oil and Gas Financing: 'How It Works'(「石油とガスのファイナンス：そのしくみ」)" (presentation, 32nd Annual Ernest E. Smith Oil, Gas, & Mineral Law Institute, Houston, TX, March 31, 2006).

2 R. Allen Myles et al., "Warming Caused by Cumulative Carbon Emissions towards the Trillionth Tonne(「累積炭素排出量が1兆トンに向かうことで起こされる温暖化」)," *Nature* 458, no. 7,242 (May 2009): 1,163–1,166.

3 Office of Energy Efficiency & Renewable Energy (EERE), *Manufacturing Energy Bandwidth Studies*(「エネルギー分析、データ、レポート：製造業のエネルギー帯域幅調査」) (2014 MECS), Energy Analysis, Data and Reports, US Department of Energy, https://www.energy.gov/eere/amo/energy-analysis-data-and-reports.

4 J. F. Mercure et al., "Macroeconomic Impact of Stranded Fossil Fuel Assets(「石油関連座礁資産のマクロ経済への影響」)," *Nature Climate Change* 8 (2018): 588–593, https://doi.org/10.1038/s41558-018-0182-1.

5 Richard Knight, "Sanctions, Disinvestment, and US Corporations in South Africa(「制裁、投資放棄と南アフリカの米国企業」)," in *Sanctioning Apartheid*, ed. Robert E. Edgar (Trenton, NJ: Africa World Books, 1991).

6 "Oil Company Earnings: Reality Over Rhetoric(「石油企業の収益：美辞麗句より現実を」)," *Forbes*, May 10, 2011, https:// www.forbes.com/2011/05/10/oil-company-earnings.html.

14章

1 Jon Henley and Elisabeth Ulven, "Norway and the A-ha Moment that Made Electric Cars the Answer(「電気自動車をノルウェーの答えとした「A-ha体験」」)," *The Guardian*, April 19, 2020, https://www.theguardian.com/environment/2020/apr/19/norway-and-the-a-ha-moment-that-

made-electric-cars-the-answer.

2 California Energy Commission, "2019 Building Energy Efficiency Standards（２０１９年建築物エネルギー効率基準）," 2020, https://www.energy.ca.gov/programs-and-topics/programs/building-energy-efficiency-standards/2019-building-energy-efficiency.

3 San Francisco Planning Department, *Zoning Administrator Bulletin No. 11: Better Roofs Ordinance*（より良い屋根条例）, 2019, https://sfplanning.org/sites/default/files/documents/publications/ZAB_11_Better_Roofs.pdf.

4 Susie Cagle, "Berkeley Became First US City to Ban Natural Gas. Here's What That May Mean for the Future（「バークレー、全米初の天然ガス禁止都市に。未来にとっての意味は？」）," *The Guardian*, July 23, 2019, https://www.theguardian .com/environment/2019/jul/23/berkeley-natural-gas-ban-environment.

5 Chris D'Angelo, "The Gas Industry's Bid to Kill A Town's Fossil Fuel Ban（「ある町の化石燃料禁止令を阻止しようとするガス産業の動き」）," *Huffington Post*, December 16, 2019, https://www.huffpost.com/entry/massachusetts-natural-gas-ban_n_5de93ae2e4b0913e6f8c07d.

6 "Net Metering（「ネットメータリング」）," Solar Energy Industries Association, 2020, https://www.seia.org/initiatives/net-metering.

7 California Public Utilities Commission, "What Are TOU Rates?（「TOUレートとは？」）," 2020, https:// www.cpuc.ca.gov/general.aspx?id=12194.

8 Legal Pathways to Deep Decarbonization（深い脱炭素化への法的道のり）, https://lpdd.org.

15章

1 Richard Scarry, *What Do People Do All Day?*（「みんな一日何をしているの？」和訳『スキャリーおじさんのうちゅういちすてきなはなし』『スキャリーおじさんのせかいいちすてきなはなし』に分収）(New York: Golden Books, 1968).

2 "Fact Sheets," National Association of Convenience Stores, 2020, https://www.convenience.org/Research/FactSheets.

3 Saul Griffith and Sam Calisch, "Mobilizing for a Zero-Carbon America: Jobs, Jobs, and More Jobs（「ゼロカーボンアメリカへの動員：雇用、雇用、もっと雇用」）," Rewiring America, July 2020, https://www.rewiringamerica.org /jobs-report.

4 Arthur Herman, *Freedom's Forge: How American Business Produced Victory in World War II*（「自由のかなとこ：アメリカビジネス界は第２次大戦の勝利をどのようにもたらしたか」）(New York: Random House, 2012); *US War Production Board, Wartime Production Achievements and the Reconversion Outlook: Report of the Chairman*, October 9, 1945, https://cat

alog.hathitrust.org/Record/001313077.

16章

1 “We Shall Fight on the Beaches（「渚で戦う」演説），” International Churchill Society, 2020, https://winstonchurchill.org/resources/speeches/1940-the-finest-hour/we-shall-fight-on-the-beaches/.

2 *Journal of the House of Representatives of the United States*, 77th Congress, Second Session, January 5, 1942 (Washington, DC: US Government Printing Office, 1942), 6; emphasis mine.

3 William M. Franklin and William Gerber, eds., *Foreign Relations of the United States: Diplomatic Papers, The Conferences at Cairo and Tehran*（カイロ会議とテヘラン会議の外交文書）, 1943, President’s Log at Tehran entry on Tuesday, November 30, 8:30 p.m. (Washington DC: US Government Printing Office, 1961), 469, https://history.state.gov/historicaldocuments/frus1943CairoTehran/d353.

17章

1 Nicholas Rees and Richard Fuller, *The Toxic Truth: Children’s Exposure to Lead Pollution Undermines a Generation of Future Potential*（「有毒な真実：将来世代の可能性を蝕む子どもの鉛汚染曝露」）, UNICEF and Pure Earth, 2020, https://www.unicef.org/media/73246/file/The-toxic-truth-children’s-exposure-to-lead-pollution-2020.pdf.

2 Sérgio Faias, Jorge Sousa, Luís Xavier, and Pedro Ferreira, “Energy Consumption and CO_2 Emissions Evaluation for Electric and Internal Combustion Vehicles Using a LCA Approach（「電気車と内燃機車のエネルギー消費及びCO$_2$排出のLCAアプローチによる評価」），” *Renewable Energies and Power Quality Journal*1, no. 9 (May 2011): 1382–1388, http://www.icrepq.com/icrepq’11/660-faias.pdf.

3 Office of Energy Efficiency and Renewable Energy, “Energy Analysis, Data and Reports（「エネルギー分析、データとレポート」），” US Department of Energy, 2020, https://www.energy.gov/eere/amo/energy -analysis-data-and-reports.

4 Stephen Nellis, “Apple Buys First-Ever Carbon-Free Aluminum from Alcoa-Rio Tinto Venture（「アップル、アルコア-リオチントのベンチャーから最初のカーボンフリーアルミ材を購入」），” Reuters, December 5, 2019, https://www.reuters.com/article/us-apple-aluminum/apple-buys-first-ever-carbon-free-aluminum-from-alcoa-rio-tinto-venture-idUSKBN1Y91RQ.

5 Center for International Environmental Law, *Plastic & Climate: The Hidden Costs of a Plastic Planet*（「プラスチックと気候：プラスチック惑星の隠れたコスト」）, May 2019, https://

www.ciel.org/wp-content/uploads/2019/05 /Plastic-and-Climate-FINAL-2019.pdf.
6 CIEL, Plastic & Climate.

付録A

1 BenBlatt, "*Where's Waldo*'s Elusive Hero Didn't Just Get Sneakier. He Got Smaller（「『ウォーリーをさがせ』彼は隠れ方がうまくなっていくだけではなく小さくなっていった」）," Slate, March 7, 2017, https://slate.com/culture/2017/03/where-s-waldo-didn-t-just -get-harder-to-find-he-got-80-percent-smaller.html.
2 House, "Economic and Energetic Analysis."
3 World Resources Institute, "World Greenhouse Gas Emissions: 2016."
4 Mustapha Harb et al., "Projecting Travelers into a World of Self-Driving Vehicles: Estimating Travel Behavior Implications via a Naturalistic Experiment（「自動運転車の世界に旅行者を投入：自然風実験的手法により旅行行動への影響見積もり」）," *Transportation* 45, no. 6 (November 2018): 1,671–1,685.

付録B

1 Joni Mitchell, "Big Yellow Taxi," Ladies of the Canyon (1970).

付録C

1 Jack Pales and Charles Keeling, "The Concentration of Atmospheric Carbon Dioxide in Hawaii（「ハワイにおける大気二酸化炭素濃度」）," *Journal of Geophysical Research* 70, no. 24, 1965.
2 Pieter Tans and Ralph Keeling, "Mauna Loa $_2$ Monthly Mean Concentration（「マウナロア月平均CO^{2}濃度」）," Wikimedia Commons, January 6, 2019, https://commons.wikimedia.org/w/index.php?curid=40636957.
3 Syukuro Manabe and Richard T. Wetherald, "Thermal Equilibrium of the Atmosphere with a Given Distribution of Relative Humidity（「相対湿度分布に対応した大気の熱平衡」）," *Journal of the Atmospheric Sciences* 24, no. 3, 1967.
4 William W. L. Cheung et al., "Large-Scale Redistribution of Maximum Fisheries Catch Potential in the Global Ocean under Climate Change（「気候変動時の地球海洋における最大漁獲可能量の大規模な再分布」）," *Global Change Biology* 16, no. 1, January 2010, https://onlinelibrary.wiley.com/doi/abs/10.1111/j.1365 -2486.2009.01995.x; Cynthia Rosenzweig et al., "Assessing Agricultural Risks of Climate Change in the 21st Century in a Global Gridded Crop Model Intercomparison（「21世紀気候変

動の農業リスクを全球グリッド作物モデルの相互比較により評価する」)," *Proceedings of the National Academy of Sciences* 111, no. 9 (March 4, 2014), https://www.pnas.org/content/111/9/3268.

5 Daniel Scott and Stefan Gössling, *Tourism and Climate Mitigation: Embracing the Paris Agreement*(観光と気候変化緩和：パリ協定を受けて), Brussels: European Travel Commission, March 2018, https://etc-corporate.org/uploads/2018/03/ETC-Climate-Change-Report_FINAL.pdf.

6 Stephane Hallegatte et al., *Shock Waves: Managing the Impacts of Climate Change on Poverty*(気候変動の貧困への影響を緩和する) (Washington, DC: World Bank, 2016), https://openknowledge.worldbank.org/handle/10986/22787.

7 Calum T. M. Nicholson, "Climate Change and the Politics of Casual Reasoning: The Case of Climate Change and Migration(「気候変動と安易な理由付けの政治：気候変動と移住のケース」)," *The Geographical Journal* 180, no. 2 (June 2014), https://rgs-ibg.onlinelibrary.wiley.com/doi/abs/10.1111/geoj.12062.

8 Solomon Hsiang et al., "Estimating Economic Damage from Climate Change in the United States(「気候変動による米国経済の損失を見積もる」)," *Science* 356, no. 6,345 (June 30, 2017): 1,362–1,369, https:// science.sciencemag.org/content/356/6345/1362.

9 Solomon Hsiang and Marshall Burke, "Climate, Conflict, and Social Stability: What Does the Evidence Say?(「気候、衝突、社会安定：証拠は何を語る？」)," *Climatic Change* 123 (2014): 39–55, https://link .springer.com/article/10.1007/s10584-013-0868-3.

10 Marko Tainio, "Future Climate and Adverse Health Effects Caused by Fine Particulate Matter Air Pollution: Case Study for Poland(「未来の気候と微粒子大気汚染による健康への悪影響：ポーランドの場合」)," *Regional Environmental Change* 13 (2013): 705–715, https://link.springer.com/article/10.1007/s10113-012-0366-6.

11 Zhoupeng Ren et al., "Predicting Malaria Vector Distribution under Climate Change Scenarios in China: Challenges for Malaria Elimination(「中国での気候変動シナリオにおけるマラリアベクター分布を予測する：マラリア撲滅への課題」)," *Scientific Reports* 6, no. 20,604 (February 12, 2016), https://www.ncbi.nlm.nih.gov/pmc/articles / PMC4751525/.

12 Tord Kjellstrom, R. Sari Kovats, Simon J. Lloyd, Tom Holt, and Richard S. J. Tol, "The Direct Impact of Climate Change on Regional Labor Productivity(「気候変動が地域労働生産性に与える直接影響」)," *Archives of Environmental and Occupational Health* 64, no. 4 (Winter 2009): 217–227, doi: 10.1080/19338240903352776.

13 Ove Hoegh-Guldberg et al., "Impacts of 1.5°C Global Warming on Natural and Human Systems(「1・5℃

地球温暖化の自然・人間システムへの影響」），” in Global Warming of 1.5°C, eds. Valérie Masson-Delmotte et al., Intergovernmental Panel on Climate Change, 2019, https://www.ipcc.ch/site/assets/uploads/sites/2/2019/06/SR15_Chapter3_Low_Res.pdf.

14 R. Allen Myles et al., “Warming Caused by Cumulative Carbon Emissions towards the Trillionth Tonne（「累積炭素排出量が1兆トンに向かうことで起こされる温暖化」），” *Nature* 458, no. 7,242 (May 2009): 1,163–1,166.

付録D

1 Sandra Rendgen, *The Minard System: The Complete Statistical Graphics of Charles-Joseph Minard*（『ミナール・システム：シャルル・ジョセフ・ミナールによる完全な統計グラフィクス』）(Princeton, NJ: Princeton Architectural Press, 2018).

2 US Bureau of Labor Statistics, “Consumer Expenditures—2019（「消費者支出——２０１９」），” news release, September 9, 2020, https://www.bls.gov/news.release/cesan.nr0.htm.

3 Lawrence Livermore National Laboratory, “How to Read an LLNL Energy Flow Chart (Sankey Diagram)（「ＬＬＮＬエネルギーフローチャート（サンキー図）の読み方」），” YouTube, April 19, 2016, https://www.youtube.com/watch?v=G6dlvECRfcI.

訳者あとがき

本書はソール・グリフィス〝Electrify〟の訳書である。やっと出版にこぎつけられてうれしい。

著者ソール・グリフィス（Saul Griffith）はオーストラリア出身のアメリカ人で、変人だ。彼のホームページ（https://www.saulgriffith.com/）の写真を見ていただければわかりやすいと思うが、弊衣蓬髪に髭をたくわえ、日に焼けたぶっとい腕を組んで優しげな目で微笑む姿は荒野から来た野蛮人にしか見えない。

ところが彼はＭＩＴでＰｈ．Ｄを得たエンジニアであり、科学者であり、成功したシリアルアントレプレナーだ。創業企業の中にはグーグルから出資され、最終的には買収された巨大凧による発電企業のマカニパワー（Macani Power。エンガジェットやギズモードで見たことがある人も多いだろう）なども含まれ、現在は２０１９年に共同創業したリワイヤリング・アメリカ（Rewiring America。これもＥＶの充電価格比較などでよく目にするポピュラーな会社だ）のチーフサイエンティストである。

本書の論点は非常に明確だ。1：CO_2削減は待ったなしで、現在のペースでは実はまったく追いつかない。2：使用エネルギーをすべて電気にすれば早期のゼロ排出が達成可能。3：その実現に必要なものは量産体制の構築と金融的サポート。4：これらすべてに早期の政策変更が必要であり、社会的働きかけが重要。この4点である。

グリフィスのとてつもなく非凡なところは、本を書いて提言するだけではなく、実現のための活動をおこなう企業（リワイヤリング・アメリカ、リワイヤリング・オーストラリアなど）を創業し、成功させ、ジョー・バイデンの気候アドバイザーとして実際に政策に影響を与えたことだ。序文にもある通り、バイデン政権の目玉政策の1つ、米国内の再生可能エネルギー開発に強烈な予算を投入するインフレ低減法（Inflation Reduction Act of 2022）は、ほぼほぼ「すべてを電化せよ法」である。

本書は上記の4点について、理解に必要なサイエンスやエネルギーの統計、こうした規模の大胆な構想が実現可能であることを示す歴史的事例を紹介している。非常に幅広く、しかもきちんとしたサイエンスやエンジニアリングを踏まえており、引用文献も興味深い。

訳出する上で、ぜひ紹介したいと考えた部分は多い。たとえば、現在の各国のCO_2削減の取り組みさえも、大気CO_2捕集のような夢の技術の実現を前提とした甘いものであり、このままでは2℃目標ですら達成不能であろうことはもっと知られてよい。完全電化によって人類が必要とするエネルギーが半分になることも知られるべきだし、家計のエネルギー支出が激減して個人個人の生活が楽になることも知られてほしい。

実際のデータも非常に興味深い。たとえば、地球やアメリカのエネルギーフロー全体を見せたサンキー図だ。エネルギーの流れ全体を見通すことなしにエネルギー戦略を考えることはできないし、それが見えれば解は自然に導かれる。地道な統計と基礎科学が示すデータがこうした可視化を可能にしているのだが、これを収集してまとめたのも、グリフィスの創設したアザーラボ（Otherlab）である。

化石燃料の探査、採掘、運送が全体の統計に現れるほどエネルギーを消費しているなんて想像もつかなかった。そして廃熱として失われるエネルギーの量ときたら！　これらは化石燃料が膨大な質量を持ち、熱という形でしかエネルギーを取り出せないことから来る構造的な非効率だ。化石燃料をやめて地産地消の再生可能エネルギーを中心とした電力に転換すれば、エネルギーは信じられないほど大幅に節約できるのである。

そして本書で扱っているのは、こうした大きな話題だけではない。もっともっとささやかな、家計のエネルギーコスト削減のような細かい話題も外れがない。家計に関連するのはソーラーパネルやバッテリーだが、私（訳者）が自宅にソーラーパネルを導入するに至ったのも、そのコスト計算や将来の見通しについて方法が示され、納得が行ったからだ。

配電コストがかからない屋根上ソーラーがオーストラリアで、すでにグリッドパリティ、つまり配電網から買うよりも電気代が安くなっていることは、本書でも取り上げられている。

ここで私が考えたのは、コストは年々低下しているのだから、電気代の上がった日本でもすでに実現しているのでは、ということだ。

それは正しかった。というか、思っていたよりはるかに正しかった。自分で電気工事士の免許を取って配線し、架台も溶接で自作するというあまり普通でない方法ではあるものの、6kW（キロワット）ほどのソーラーパネルにハイブリッドインバータ、15kWh（キロワット時）のリン酸鉄リチウムバッテリー（4000回の充放電に耐える安価なバッテリー）を含めた導入コストは100万円以下でしかなく、これで電気代が無料になることがわかった。これまで払っていた電気料金で4年以内に元が取れる額だ。

考えてみてほしい。この投資は、単利とはいえ年利25％だ。4年で回収できてその後も同率でお金を生み続ける100万円を出したくない人なんかいない。たとえ工事費の外注などでコストが2倍になったとしても、8年で回収できるのだ。

これに違和感を持つ人もいるかもしれない。日本の再生可能エネルギーの普及って、固定価格買取制度（FIT）の縮小とともに萎んでしまったんじゃないですか、と。

それは違う。再生可能エネルギーのFITが導入されたのは、当時の初期コストが非常に高く、回収の見通しを確実にする必要があったからだ。FITによって量産規模が確保され、初期コストが下がってしまえば、その後はさらに有利な取引になるのである。今後はむしろ圧倒的に流行するだろう。

そしてグリフィスの目は、そんな有利な投資から締め出されている人たちにも注がれている。彼の提唱する政策のもうひとつの柱は、低利の担保融資制度である。収入が生活をぎりぎり回せる分しかない人たちでも低利の新規融資が受けられればパネルが載せられる。彼は言う。「半分の人にしか買えないもので気候問題を解決することはできない」と。

さあ、強烈な量産体制を整えてメイド・イン・アメリカのソーラーパネルとバッテリーと発電風車を（第二次大戦当時のリバティ船のように）ありあまるほど大量かつ安価に生産し、金融制度で誰もが買えるようにした上で、その据付とメンテナンスで膨大な雇用を生み、さらに長距離送電の強化と末端消費者も公平に電気をやり取りできる配電システムの開発により、大陸全体を使って系統安定する。これが数字で裏打ちされたグリフィスの構想であり、アメリカがいまやっていることである。

本書にはこうした「アメリカの方法」が、歴史的なものも含めてすべて書かれている。引用文献リストも省略することなくすべて掲載した。中身が知りたいと思わないだろうか。

余談になるが、自分でソーラーとバッテリーを導入してみて実感したことのひとつに、グリフィスがごく軽くしか触れていなかった重要な事実がある。

つまり、ソーラーパネルやバッテリーは今や本当に安く、しかもさらに安くなるので、エネルギーは無料に近づき、使い放題になっていくということだ。本書では再生可能エネルギーを過剰設備状態にすることで系統安定させるという話がちらっと書いてあるだけなのだが、無料に近い豊富なエネルギーは人類の行動に国家レベルの変容をもたらす可能性がある。なぜそうなるか。人類の課題の大部分は、エネルギーが使い放題になれば解決するからだ。たとえばジェット燃料について考えてみよう。長距離航空を実現できるほどエネルギー密度が高く、燃焼により得られる推進力がきわめて大きいジェット燃料は電動化が困難なエネルギーであり、化石燃料を必然的に使用することになるので、飛行機旅行は環境に悪いとされてきた。しかし、無料の電気を使って水素を作り、そこから改質して作ったジェット燃料を使えばどうだろうか。クリーンなジェット燃料が安価に作れるのではないか。

こうした「合成燃料」は現在きわめて高価だ。しかしそれは現在のエネルギー価格を前提としたコスト体系が高価であるというだけのことで、改善の余地は山ほどある。現代社会では原油価格の上昇がＧＤＰ成長率の低下すらもたらすが、これは運輸、電力をはじめとするあらゆるコストに石油価格が何重にも反映されているためだ。

石油が担っていた一次エネルギーを無料の電気で置き換えれば、それは逆転する。あらゆるものが安価になる。水素エネルギーの効率が悪いのも、化学プロセスが高価なのも、すべてエネルギーのコストを反映しているからだと考えれば、クリーンな合成燃料を石油由来のケロシンのように安価にすることも可能かもしれないのだ。

エネルギーがさらに安価になれば、金属のリサイクルに溶融電気分解が気軽に使えるようになる。あらゆる元素を海水から回収できる。ある方法が経済的か否かは相対コストによって決まるので一概には言えないものの、だいたいのことが以前より気軽にできるようになる。それはユートピアにきわめて近いと訳者は思う。

そんなわけで、訳者が付け加えたい本書の実感的な読み方は次のとおりだ。1：すべてを電化せよ。2：その電気代をタダにせよ。3：使い放題になった電気で遊べ。である。ここまでやると、温暖化が止まり、エネルギーが無料になった未来が容易に実感できるようになる。

それはなんと豊かな世界だろうか。

人類の未来は明るく、それは先取りできるのである。

や行

ら行

な行

か行

索引

数字

アルファベット

あ行

［著者紹介］

Saul Griffith（ソール・グリフィス）

Saul Griffithは発明家、起業家、エンジニアで、
すべての電化によりアメリカを脱炭素化するための非営利法人、リワイヤリングアメリカ
（Rewiring America）の創立者であり、アザーラボ（Otherlab）の創立者にして
チーフ・サイエンティストでもある。2007年にはマッカーサーフェロープログラム
［アメリカでよく"Genious Grant"、天才助成金と言われるもの］の受賞者となっている。

［訳者紹介］

鴨澤 眞夫（かもさわ まさお）

鴨澤 眞夫はMakerで翻訳家で生物学者で電気工事士（2種）である。
多摩川の河川敷に育ち、沖縄で30年以上暮らしている。

すべてを電化せよ！

科学と実現可能な技術に基づく脱炭素化のアクションプラン

2023年 7月24日 初版第1刷発行

著者	Saul Griffith（ソール・グリフィス）
訳者	鴨澤 眞夫（かもさわ まさお）
発行人	ティム・オライリー
デザイン	中西 要介（STUDIO PT.）、寺脇 裕子
印刷・製本	日経印刷株式会社

発行所　株式会社オライリー・ジャパン
〒160-0002　東京都新宿区四谷坂町12番22号
Tel（03）3356-5227　Fax（03）3356-5263
電子メール　japan@oreilly.co.jp

発売元　株式会社オーム社
〒101-8460　東京都千代田区神田錦町3-1
Tel（03）3233-0641（代表）
Fax（03）3233-3440

Printed in Japan（ISBN978-4-8144-0015-7）